Lawinen

OUTDOORPRAXIS

Stephan Harvey · Hansueli Rhyner · Jürg Schweizer

LAWINEN

Verstehen, beurteilen und risikobasiert entscheiden

BRUCKMANN

Inhalt

Einleitung

Zehn Jahre ist es her seit der ersten Auflage des vorliegenden Buches. Viel geändert hat sich seither in der Lawinenkunde wohl nicht – so dachten wir zu Beginn der Überarbeitung des Buches. Doch als wir uns vertiefter mit dem Inhalt auseinandersetzten und die Anwendung in der Praxis reflektierten, wurde immer deutlicher, dass sich Vieles doch weiterentwickelt hat.

Wir verstehen heute noch besser, wie die filigrane Mikrostruktur des Schnees zur Bildung gefährlicher Lawinen beiträgt. Auf den ersten Blick kann man sich fragen, ob dies für die Beurteilung der Lawinengefahr praxisrelevant ist. Wer jedoch die verschiedenen Prozesse zur Lawinenbildung kennt, kann

a) Beobachtungen richtig einordnen,
b) die Eigenheiten von Lawinensituationen erkennen sowie
c) räumlich und zeitlich präziser beurteilen und
d) Unsicherheiten besser einschätzen und im Entscheidungsprozess berücksichtigen.

Besonders Fortgeschrittene sind im Vorteil, wenn sie sich bei der Beurteilung an den Prozessen der Lawinenbildung orientieren.

Technologien und Informationsmöglichkeiten haben sich – wie überall im Alltag – auch im Bereich Schnee und Lawinen enorm weiterentwickelt. Basierend auf hochaufgelösten, digitalen Geländemodellen sind heute verschiedene Kartenlayer verfügbar, die auf potenzielles Lawinengelände hinweisen und das Kartenlesen im Hinblick auf das Lawinenrisiko wesentlich vereinfachen. Während der Tour lassen sich aktuelle Daten einer nah gelegenen Messstation live konsultieren, um sich so von der bisherigen lokalen Wetterentwicklung ein Bild zu machen. Das Smartphone ist also auch im Wintersport allgegenwärtig und nicht mehr wegzudenken. Wir brauchen es zur Informationsbeschaffung, zur Tourenplanung und zur Orientierung im Gelände. Es ermöglicht zudem, Informationen mit den Teilnehmenden einer Tour umgehend zu teilen oder sogar der ganzen Internet-Community verfügbar zu machen. All diese Informationen sind interessant und meist wertvoll, die Entscheidungsfindung bleibt jedoch anspruchsvoll.

Die Lawinenkunde ist bekanntlich keine exakte Wissenschaft. Trotz laufend neuer Erkenntnisse in der Forschung bleiben Lawinen räumlich und zeitlich nur mit Untersicherheiten – die mal größer, mal kleiner sind – vorhersehbar. Folglich gibt es viele Konzepte, Tools, Faustregeln und Plattformen von unterschiedlicher Qualität, um die Lawinensituation zu beurteilen. Vieles muss interpretiert werden und ist somit zu einem gewissen Grad subjektiv – der Faktor Mensch spielt mit.

Wenn wir im Lawinengelände unterwegs sind, müssen wir die wesentlichen Zusammenhänge erkennen, mit Unsicherheiten umgehen und daraus risikobasiert die richtigen Schlüsse ziehen können. Genau hier setzt dieses Lawinenbuch an. Wir versuchen, Orientierung für risikobasiertes Entscheiden im Gelände zu geben – immer auf der Basis des heutigen Stands der Forschung und des Wissens. Die Grundlage bilden einfache Konzepte, die beliebig verfeinert werden können.

Neuerungen

Obwohl sich der Aufbau dieser Neuauflage nicht wesentlich von der Erstauflage unterscheidet, wurde inhaltlich vieles erneuert und erweitert. Die Vertiefung des Inhalts orientiert sich stets am Gesamtbild einer risikobasierten Entscheidung, die sich auf fünf Fragen reduzieren lässt:

1. Wo ist man vorab durch Lawinen gefährdet?
2. Wie wahrscheinlich ist eine Lawinenauslösung?
3. Was wären die Folgen einer Auslösung?
4. Wie hoch ist das Risiko unter Berücksichtigung geeigneter Maßnahmen?
5. Wie ist der Entscheid und wie ist er vom Faktor Mensch beeinflusst?

Im Folgenden greifen wir einige Neuerungen heraus.

Gelände beurteilen

Wenn es einen Faktor gibt, der zuverlässig und genau beurteilt werden kann, ist es das Gelände. Mit guter Geländebeurteilung lassen sich gefährdete Stellen erkennen und es kann eine risikoarme Spur angelegt werden. Hierbei unterstützen spezielle Kartenlayer, die wertvolle Information zum Lawinengelände geben. In einem eigenen Kapitel zur Geländebeurteilung gehen wir vertieft auf verschiedene Facetten des Geländes ein, inklusive Lawinengeländekarten.

Schneedecke interpretieren und Lawinensituationen erkennen

Lawinensituationen können anhand typischer Charakteristiken – den Lawinenproblemen – beschrieben werden. Für eine Schneebrettlawine braucht es letztlich aber immer eine schwache Schneedecke. Wir zeigen die Eigenheiten der Lawinenprobleme aus Sicht der lawinenbildenden Prozesse auf. Für eine vertiefte Einschätzung der Lawinensituation kommt man nicht um die Interpretation der Schneedecke herum, etwa um die Schlüsselfragen: Hat es in der Schneedecke eine Schwachschicht? Wird die Schwachschicht von einem Schneebrett überlagert? Wir zeigen verschiedene Möglichkeiten auf, wie man schnell und einfach wesentliche Informationen aus der Schneedecke erhält, und gehen zudem auf die Interpretation von Schneeprofilen und Schneedeckentests ein.

Lawinenrisiko an Schlüsselstellen mit dem RiskCheck einschätzen
Der RiskCheck stellt ein einfaches, grafisches Konzept für die Risikobeurteilung an Schlüsselstellen dar – in der Tourenplanung und am Einzelhang. Wenige Schlüsselfragen lenken den Fokus auf das Wesentliche. Das Konzept ist einfach und mit unterschiedlichen Vorkenntnissen und Informationen anwendbar. Es hilft vor allem, bei der Entscheidungsfindung das große Ganze nicht aus den Augen zu verlieren.

Mithilfe des Cockpits entscheiden
Mit dem Cockpit präsentieren wir ein robustes System, um mit Unsicherheiten umzugehen. Es berücksichtigt objektive Fakten ebenso wie subjektive – den Faktor Mensch. Es bringt das Bauchgefühl und objektive Kriterien in eine Balance, um auf beides abgestützt zu entscheiden. Das Cockpit gibt – wie beim Fliegen – einen Überblick über die wichtigen Elemente und Einflussfaktoren im Entscheidungsprozess.

Bezug zum Merkblatt »Achtung Lawinen« und zur Plattform »White Risk«

Die digitale Unterstützung macht auch bei der Lektüre dieser Neuauflage nicht halt. Diverse QR-Codes ergänzen die Inhalte visuell, leiten auf Listen mit direkten Weblinks oder bieten Arbeitsblätter zum Download an. Der digitale Arm dieses Buches ist die Plattform »White Risk« (whiterisk.ch und App). Viele Inhalte finden sich zudem in konzentrierter Form im Merkblatt »Achtung Lawinen«, das den Konsens für die Lawinenausbildung in der Schweiz und in Deutschland auf unterschiedlichen Ausbildungsstufen beschreibt.

Aufbau und Begrifflichkeiten

Aufbau
Das vorliegende Buch richtet sich an alle an der Materie Interessierten, unabhängig von der Ausbildungsstufe – Einsteiger, Fortgeschrittene und Profis. Das erste Kapitel »Basics« vermittelt wichtiges Basiswissen, sodass Einsteiger die wesentlichen Elemente zur Gefahrenerkennung und Risikobeurteilung kennenlernen. In den nachfolgenden 14 Kapiteln werden alle Themen vertieft erläutert, immer im Kontext des Gesamtbildes mit den eingangs erwähnten fünf Fragen. Die ersten vier dieser Kapitel enthalten vertiefte theoretische Grundlagen zu Schnee und den damit verbundenen lawinenbildenden

KURZ UND KNAPP

Wer es eilig hat, findet in den »Kurz und Knapp«-Kästen sowie den »Expertentipps« in allen Kapiteln Zusammenfassungen wichtiger Grundlagen und Hinweise.

Prozessen. Die folgenden Kapitel sind eher praxisorientiert und vermitteln, wie in der Vorbereitung und unterwegs die Lawinensituation sowie das Gelände beurteilt werden und dies in die Risikobeurteilung einfließt. Zwei weitere Kapitel erläutern, wie unter Einfluss menschlicher Faktoren ein besonnener Entscheid gefällt wird. Zuletzt wird auf die Eigenheiten beim Freeriden und auf die improvisierte Rettung eingegangen.

Begrifflichkeiten

Die Begriffe **»günstig«** und **»ungünstig«** – häufig im Zusammenhang mit der Schneedecke oder der Lawinensituation verwendet – beziehen sich auf die Auswirkungen für Wintersportler. Eine »günstige« Lawinensituation ist für den Wintersportler vorteilhaft und ungeeignet für Schneebrettlawinen. Umgekehrt ist viel Neuschnee »ungünstig« für uns, da geeignet für eine Lawinenauslösung.

Aus Gründen der besseren Lesbarkeit wird bei Personenbezeichnungen und personenbezogenen Hauptwörtern in diesem Buch die männliche Form verwendet. Entsprechende Begriffe gelten im Sinne der Gleichbehandlung grundsätzlich für alle Geschlechter. Die verkürzte Sprachform hat nur redaktionelle Gründe und beinhaltet keine Wertung.

Fachliche Unterstützung und Dank

Jedes Buch ist eine Teamleistung, so haben uns auch bei der vorliegenden Ausgabe verschiedene Personen fachlich beraten. Für schneephysikalische Fragen stand uns Henning Löwe zur Seite, beim Kapitel Lawinenbulletin gaben Thomas Stucki und Christoph Mitterer hilfreiche Inputs, und bei der Entwicklung des RiskCheck-Konzepts haben uns Chris Semmel und vor allem Benjamin Reuter inspiriert und unterstützt. Das Entscheidungs-Cockpit wurde zusammen mit Markus Müller und Roman Cortesi sowie dem Kernausbildungsteam »Lawinenprävention Schneesport« (KAT) neu entwickelt, und Manuel Genswein begleitete das Kapitel Rettung.

Dass die zahlreichen QR-Codes funktionieren, ist Colin Lüönd und Cyrill Hänni vom White Risk-Team am SLF geschuldet, und die vielen Grafiken wurden von Eliane Friedli erstellt. Christine Huovinen hat den Inhalt lektoriert und den roten Faden durch die Kapitel gestärkt.

Nicht zuletzt hat auch der wertvolle Austausch mit dem Kernausbildungsteam »Lawinenprävention Schneesport« (KAT) sowie mit weiteren Bergführerkolleginnen und -kollegen zum Gelingen dieses Buches beigetragen. Auch Kursteilnehmende unterschiedlicher Ausbildungsstufen unterstützten uns, indem sie Prototypen der vorgestellten Konzepte und Methoden ausprobieren »mussten«.

All diesen Personen gebührt ein herzliches Dankeschön!

Ferner möchten wir uns bei folgenden Personen bedanken, die uns in irgendeiner Weise unterstützt haben: Hans Martin Henny, Martin Ruggli, Lukas Dürr, Kurt Winkler, Benjamin Zweifel, Alec van Herwijnen, Roger Würsch, Julian Fisch, Andreas Egloff und Yvo Keller.

Basics

Die verschneiten Berge faszinieren immer wieder aufs Neue. Ob als Tourengeher, Freerider, Schneeschuhläufer oder Winteralpinist, wir alle möchten unvergessliche Tage in den Bergen verbringen – aber auch wieder gesund nach Hause kommen. Die Lawinengefahr begleitet uns in den winterlichen Bergen stetig. Durchschnittlich sterben in den europäischen Alpen jedes Jahr rund 100 Menschen durch Lawinen. Für Schneesportler birgt die Schneebrettlawine die größte Gefahr. Schon eine einzelne Person kann eine solche auslösen und dabei eine ganze Schneetafel großflächig in Bewegung setzen, die sich immer schneller talwärts bewegt.
Das Risiko, von einer Schneebrettlawine ernsthaft bedroht zu werden, hängt einerseits von der Gefahr ab, wie wahrscheinlich das Auslösen einer Lawine ist. Andererseits bestimmen auch die Konsequenzen einer Lawinenerfassung das Risiko; abhängig vom Gelände sind dies oft eine Verschüttung oder schwere Verletzungen, beispielsweise durch Absturz. In der ersten halben Stunde sinkt die Überlebenschance verschütteter Personen rapide.
In diesem Kapitel werden Grundlagen vermittelt, um die Gefahr durch Lawinen zu erkennen und das Risiko grob zu beurteilen. Alle Themen werden in den restlichen 13 Kapiteln noch detaillierter behandelt, sodass auf diesem Grundwissen aufgebaut werden kann.

Bereits mit wenig Grundwissen kann die verschneite Bergwelt erlebt werden.

Lawinen sind gefährlich

Eine Lawinenverschüttung ist meistens kein Zufall. Nur knapp fünf Prozent der Lawinenopfer werden von einer Lawine erfasst, die spontan (also ohne menschliches Dazutun) niedergeht. In den allermeisten Fällen wird die Lawine von den Betroffenen selbst oder einer Begleitperson ausgelöst. Es ist deshalb maßgeblich, wie sich jede und jeder Einzelne im Gelände verhält.

KURZ UND KNAPP

In den letzten 20 Jahren waren bei tödlichen Lawinenunfällen in der Schweiz 21 der 22 Todesopfer Freizeitsportler. Die Lawinen hatten dabei folgende Eigenschaften:

- Gut 95 % waren Schneebrettlawinen.
- Über 90 % waren trocken und weniger als 10 % nass.
- Rund 8 % gingen spontan ab.
- Bei 2 % handelte es sich um Gleitschneelawinen.

Wann entstehen Lawinen?

Es gibt verschiedene Arten von Lawinen, die sich durch ihren Entstehungsprozess unterscheiden. Die drei wichtigsten sind Schneebrettlawinen, Gleitschneelawinen und Lockerschneelawinen. Für Wintersportler **besonders gefährlich ist die Schneebrettlawine**, weil 1.) sie durch die Belastung einer Person ausgelöst werden kann und 2.) sich in Kürze große Schneemengen in Bewegung setzen.

Eine typische durch Personen ausgelöste Schneebrettlawine

Damit Schneebrettlawinen entstehen, braucht es eine ungünstig geschichtete Schneedecke an einem Hang, der mindestens 30 Grad steil ist. Schneebrettlawinen treten typischerweise auf:

- nach markanten Schneefällen,
- wenn Schnee vom Wind verfrachtet wird und sich sog. Triebschnee bildet oder
- wenn der Schneedeckenaufbau allgemein sehr ungünstig ist.

Wenn Wasser aufgrund von Schmelze oder Regen erstmals tiefer in die Schneedecke eindringt, entstehen Nassschneelawinen, die sich von der Bildung trockener Lawinen unterscheiden.

Mehr dazu:

- *S. 45, Kap. Lawinenarten und Lawinenbildung*
- *S. 91, Kap. Lawinenprobleme*
- *S. 185, Kap. Geländebeurteilung*

KURZ UND KNAPP

Damit sich eine Schneebrettlawine löst, muss der Hang mindestens 30 Grad steil sein. Je steiler, desto einfacher ist die Auslösung.

Wo ist man durch Lawinen gefährdet?

Auf einer Tour sind wir gewöhnlich nur an wenigen Stellen potenziell durch Lawinen gefährdet. Solche Stellen – sie werden als **»Schlüsselstellen«** bezeichnet – gilt es zu erkennen und für diese beurteilen wir das Lawinenrisiko. Grundlegend sind alle Hänge über 30 Grad Neigung als Schlüsselstellen zu betrachten.

Steilhänge (A) sind die häufigsten Gefahrenstellen. In kritischen Situationen können wir auch schon in flacheren Bereichen (B) gefährdet sein. An den C-Stellen besteht, im Normalfall, keine Gefährdung. Sie können als sichere Standorte betrachtet werden.

Die folgenden Beispiele beschreiben Bereiche, wo wir unterschiedlich stark gefährdet sind (siehe Abbildung oben):

- **A** **Bereiche über 30 Grad**: Sie werden als Steilhänge bezeichnet und sind mögliche Anrissgebiete von Lawinen. Die allermeisten Lawinen werden in Steilhängen ausgelöst. Bei der Risikobeurteilung ist der Fokus primär auf diese Geländebereiche zu legen.
- **B** **Bereiche unter 30 Grad mit Steilhang oberhalb**: In kritischen Lawinensituationen können wir bereits in mäßig steilem Gelände gefährdet sein.

  B1 Lawinen können etwa am Fuß des Hanges fernausgelöst werden. Fernauslösungen sind bei sehr ungünstigem Schneedeckenaufbau in einer Altschneesituation oder kurz nach einem bedeutenden Schneefall typisch.

  B2 Ist das Gelände zum Steilhang durch eine Felswand unterbrochen, können sich spontane Lawinen oberhalb der Felswand lösen und die darunterliegenden Stellen gefährden.
- **C** **Im Normalfall sichere Bereiche**: Stellen oberhalb von Steilhängen oder solche weit weg vom Hangfuß, wo selbst große Lawinen kaum hinfließen.

Mittels Hangneigungskarten und speziellen Lawinengeländekarten sind potenziell durch Lawinen gefährdete Bereiche, genannt Lawinengelände, einfach zu erkennen (außer es treten sehr große Lawinen auf).

Mehr dazu:

› *S. 196, Kap. Digitale Lawinengeländekarten*

Lawinenrisiko

Wenn wir uns in potenzielles Lawinengelände begeben, setzen wir uns einer möglichen Gefahr aus und gehen dabei ein Risiko ein. Das Risiko ergibt sich aus der Wahrscheinlichkeit einer Auslösung (oder **Gefahr**) und den möglichen Folgen (oder **Konsequenzen**) eines Lawinenabgangs. Bei hoher Gefahr und großen Konsequenzen ist das Risiko hoch.

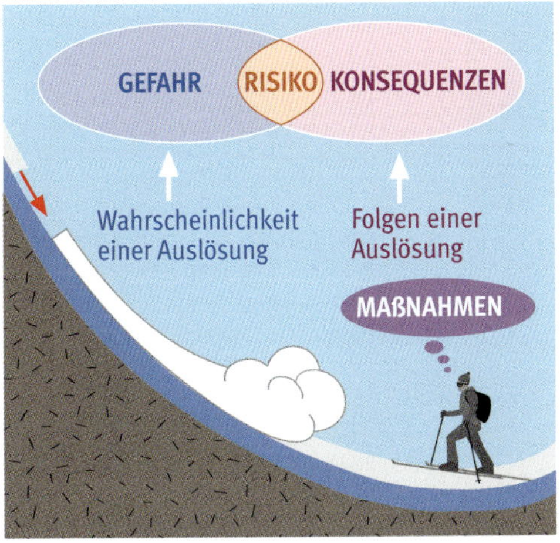

Das Lawinenrisiko ergibt sich aus der Kombination von Gefahr und Konsequenzen.

Im umgekehrten Fall liegt ein tiefes Risiko vor. Typisches Lawinengelände mit bedeutenden Konsequenzen bei einer Lawinenerfassung begehen wir sinnvollerweise nur, wenn die Wahrscheinlichkeit einer Lawinenauslösung – also die Gefahr – tief ist. Die Konsequenzen lassen sich oft sicherer abschätzen als die Gefahr. Mit unserem Verhalten beeinflussen wir beides und können daher mit der Situation angepassten Maßnahmen das Lawinenrisiko verringern.
Mit dem **RiskCheck** (siehe Abbildung rechts) beurteilen wir das Lawinenrisiko an den Schlüsselstellen. Das Schema zeigt grafisch, wie sich aus Gefahr und Konsequenzen unter Berücksichtigung von Maßnahmen das Risiko ergibt. Idealerweise ergibt sich ein tiefes Risiko. Treffen sich die Einschätzung von Gefahr und Konsequenz in der Mitte, sind eine detailliertere Beurteilung und wirksame Maßnahmen notwendig. Ergibt die Kombination von Gefahr und Konsequenzen ein Risiko im Bereich der oberen rechten Ecke, ist das Risiko hoch: die Schlüsselstelle sollte nicht begangen werden. Ein solch hohes Risiko ist oft typisch bei einem großen, schattigen und sehr steilen Hang, wenn die Lawinenauslösewahrscheinlichkeit nach einem Schneefall erhöht und der Schneedeckenaufbau ungünstig ist.

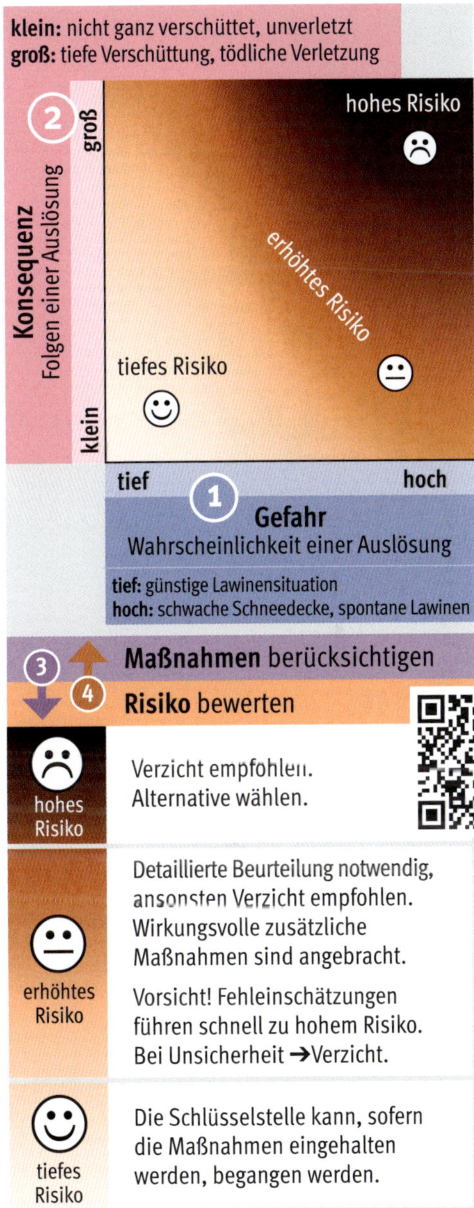

Der RiskCheck zeigt grafisch, wie sich aus Gefahr (1) und Konsequenz (2) unter Berücksichtigung von Maßnahmen (3) ein Risiko (4) ergibt.

KURZ UND KNAPP

Folgende ungünstige Faktoren führen kombiniert zu einem hohen Risiko:
Erhöhte Lawinenauslösewahrscheinlichkeit bei:

- Lawinengefahrenstufe 3 (»erheblich«) oder höher,
- selten befahrenen Hängen und
- sehr steilem, schattigem Gelände

Bedeutende Konsequenzen als Folge einer Auslösung:

- große Hänge ohne Möglichkeiten für defensive Spuranlage
- Absturzgefahr oder Gefahr tiefer Verschüttung

Mehr dazu:

- *S. 201, Kap. Risikomanagement*
- *S. 219, Kap. 3x3 – Anwendung RiskCheck-Konzept*

Stufe	Lawinensituation und Empfehlung
5 sehr groß	**Außerordentliche Lawinensituation** Empfehlung der Behörden befolgen.
4 groß	**Sehr kritische Lawinensituation** Sich auf mäßig steiles Gelände beschränken. Auslaufbereiche sehr großer Lawinen beachten. Unerfahrene bleiben auf den geöffneten Abfahrten und Routen.
3 erheblich	**Kritische Lawinensituation** Sehr steile Hänge der im Lawinenbulletin angegebenen Expositionen und Höhenlagen meiden. Unerfahrenen wird empfohlen, auf den geöffneten Abfahrten und Routen zu bleiben. **Für Wintersportler kritischste Situation!**
2 mäßig	**Mehrheitlich günstige Lawinensituation** Vorsichtige Routenwahl, vor allem an Hängen der im Lawinenbulletin angegebenen Expositionen und Höhenlagen. Sehr steile Hänge einzeln befahren.
1 gering	**Allgemein günstige Lawinensituation** Extrem steile Hänge einzeln befahren und Absturzgefahr beachten.

Die fünf Gefahrenstufen mit den wichtigsten Empfehlungen

Im Folgenden werden einfache Faustregeln und Werkzeuge erläutert, um die Gefahr zu erkennen und zu beurteilen, die Konsequenzen abzuschätzen und letztlich – unter Berücksichtigung möglicher Maßnahmen – das Risiko zu bewerten.

Gefahr erkennen und beurteilen

Eine erste Gefahreneinschätzung erfolgt aus der Kombination der Lawinengefahrenstufe aus dem Lawinenbulletin mit der Hangneigung. Unterwegs helfen einfache Beobachtungen, die Gefahr zu erkennen und grob zu beurteilen.

Lawinenbulletin

Das Lawinenbulletin ist die wichtigste Grundlage, um die aktuelle Lawinengefahr einzuschätzen. Die Lawinengefahr wird täglich einer der fünf europäischen Lawinengefahrenstufen zugeordnet (siehe Abbildung): gering (1) – mäßig (2) – erheblich (3) – groß (4) – sehr groß (5). Neben der Gefahrenstufe sind ergänzende Informationen wie Gefahrenstellen, Lawinenprobleme und die Beschreibung der Lawinengefahr mit Informationen zu Schneedecke und Wetter ebenso wichtig für das Verständnis der Lawinensituation.
Für Wintersportler sind vor allem die ersten vier Gefahrenstufen relevant, wobei die Stufe 3 »erheblich« besonders kritisch ist, weil bei dieser Stufe Personen leicht Lawinen auslösen können. Zuweilen lösen sich Lawinen bei »erheblich« sogar spontan. Die Ge-

fahr ist dann recht offensichtlich. Manchmal beschränken sich Instabilitäten aber auch auf bestimmte Geländeteile und die Gefahr ist schwieriger zu erkennen.

> **KURZ UND KNAPP**
>
> Rund die Hälfte aller tödlichen Lawinenunfälle ereignet sich bei der Gefahrenstufe **»erheblich«**.

Das Lawinenbulletin beschreibt die Lawinensituation für eine Region und dient als Grundlage für eine erste Einschätzung bei der Tourenplanung. Die Prognose sollte insbesondere dann überdacht werden, wenn Beobachtungen vor Ort auf eine offensichtlich höhere Gefahr hinweisen.

Mehr dazu:

› *S. 133, Kap. Lawinengefahrenstufen und Lawinenbulletin*

Grafische Reduktionsmethode (GRM)

Je steiler ein Hang und je höher die Lawinengefahrenstufe, desto eher lässt sich eine Lawine auslösen. Mithilfe der grafischen Reduktionsmethode (GRM) lässt sich die Gefahr einer Lawinenauslösung an einem bestimmten Hang grob abschätzen. Für die Bewertung des Risikos müssen zudem auch die Konsequenzen betrachtet werden.

Die GRM beruht auf der Reduktionsmethode, die der Schweizer Bergführer Werner Munter auf der Basis einer Lawinenunfallanalyse Mitte der 1990er-Jahre entwickelt hat. Mit der GRM werden die beiden wichtigen Faktoren »Gefahrenstufe« und »Hangsteilheit« miteinander kombiniert. Als ähnliche, abgewandelte Methoden gelten in Deutschland die »Snow Card« und in Österreich die »Stop and Go«-Methode. Eine digitale Weiterentwicklung der GRM ist auf der Webseite *skitourenguru.ch* umgesetzt.

Aus der Kombination von Gefahrenstufe und Hangsteilheit lässt sich die Gefahr einer Lawinenauslösung grob einschätzen: tiefe Gefahr (grüner Bereich), erhöhte Gefahr (oranger Bereich) und hohe Gefahr (roter Bereich). Auch bei tiefer Gefahr – also tiefer Auslösewahrscheinlichkeit – sind Lawinen in Steilhängen potenziell möglich. Diese Einschätzung kann als grobe Beurteilung für die Gefahr im RiskCheck verwendet werden. Die Gefahrenabschätzung mit der GRM gilt für die im Lawinenbulletin explizit angegebenen ungünstigen Expositionen und Höhenlagen. In günstigen Hanglagen kann die Lawinengefahr um eine Stufe niedriger angenommen werden (z. B. Stufe 2 statt Stufe 3).

Als günstige Hanglagen können Hänge bezeichnet werden, die:

› außerhalb der im Lawinenbulletin erwähnten Gefahrenstellen liegen oder
› aufgrund von Beobachtungen nicht vom erwähnten Lawinenproblem betroffen sind – z. B. keinen Triebschnee aufweisen.

> **KURZ UND KNAPP**
>
> Bereits durch das Verknüpfen von Lawinengefahrenstufe, Hangneigung und Hanglage (günstig/ungünstig) kann die Lawinenauslösewahrscheinlichkeit (Gefahr) grob beurteilt werden. Für die Bewertung des Risikos an einer Schlüsselstelle müssen auch die Folgen einer Auslösung (Konsequenzen) betrachtet werden (RiskCheck).

Unerfahrene bleiben besser unter der schwarzen Linie (siehe Abbildung S. 20) und beschränken sich bei offensichtlichen Anzeichen für Lawinengefahr (z. B. Alarmzeichen,

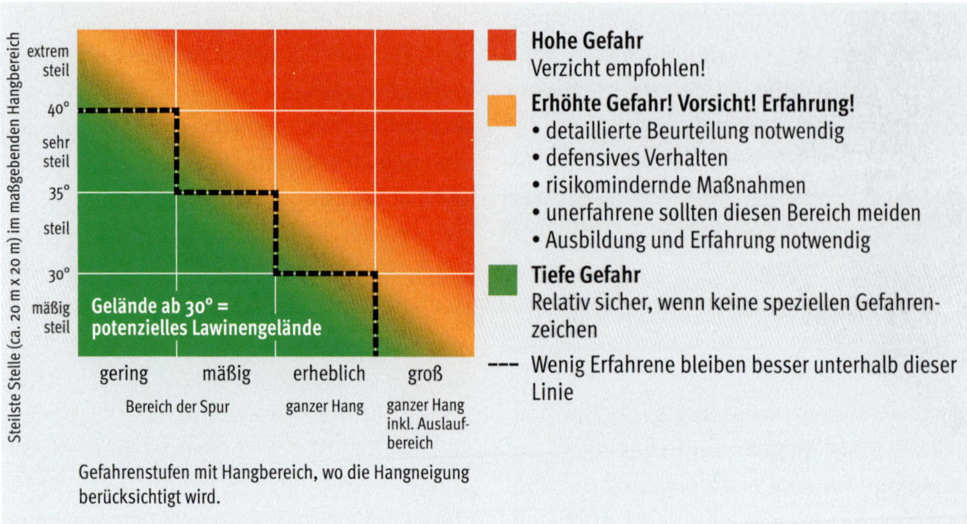

Die grafische Reduktionsmethode ist eine einfache Methode, um durch Kombinieren von Lawinengefahrenstufe und Hangneigung die Wahrscheinlichkeit einer Lawinenauslösung (Gefahr) grob einzuschätzen.

viel Neuschnee) auf mäßig steiles Gelände, also Hänge, die weniger als 30 Grad steil sind.

Anwendungsbeispiele:

› *S. 219, Kap. 3x3 Anwendung RiskCheck-Konzept*

Alarmzeichen

Der beste Hinweis auf erhöhte Gefahr sind frische Schneebrettlawinen. Damit sich Lawinen bilden, müssen in der Schneedecke Brüche entstehen und sich ausbreiten. Solche Brüche können wir manchmal sogar hören – als sogenannte **Wumm-Geräusche** – oder sehen, wenn sich **Risse** durch die Schneedecke bis hin zur Oberfläche bilden. Diese Gefahrenhinweise nennen wir Alarmzeichen. Sie zeigen deutlich, dass die Bedingungen für Schneebrettlawinen gegeben sind. Gibt es keine Alarmzeichen, heißt dies jedoch nicht, dass keine Lawinengefahr besteht.
Als Alarmzeichen gelten:

› frische Schneebrettlawinen, spontan abgegangen oder ausgelöst durch Wintersportler oder Sprengung,
› Wumm-Geräusche oder
› Rissbildung.

KURZ UND KNAPP

› Alarmzeichen sind deutliche Hinweise für eine erhöhte Lawinengefahr!
› Wenn Alarmzeichen fehlen, ist die Lawinengefahr nicht automatisch tief.

Mehr dazu:

› *S. 154, Kap. Alarmzeichen*

Neuschnee

Als Neuschnee wird der Schnee bezeichnet, der die letzten ein bis drei Tage gefallen ist. Neuschnee führt meist zu einem Anstieg der Lawinengefahr. Allgemein gilt: **Je mehr Neuschnee fällt, desto mehr steigt die La-**

Rissbildung ist ein Alarmzeichen und weist auf eine hohe Auslösewahrscheinlichkeit hin.

winengefahr an. Der Anstieg der Lawinengefahr hängt jedoch nicht nur von der Neuschneemenge ab, sondern insbesondere auch von:

- der Beschaffenheit der Altschneeoberfläche vor dem Schneefall und
- den Eigenschaften und der Schichtung des Neuschnees.

Bereits geringe Neuschneemengen von zehn bis 20 Zentimeter können etwa in Verbindung mit starkem Wind und ungünstiger Altschneeoberfläche zu hoher Auslösewahrscheinlichkeit für Lawinen führen.

Mehr dazu:

- *S. 157, Kap. Kritische Neuschneemenge*
- *S. 94, Kap. Neuschneeproblem*

KURZ UND KNAPP

Wichtige Merksätze:

- Markanter Schneefall oder Regen führt immer zu einem Anstieg der Lawinengefahr.
- Frische Triebschneeansammlungen lassen sich oft leicht auslösen.
- Der erste schöne Tag nach einem Schneefall gilt als besonders unfallträchtig.
- Schlechte Sicht (Nebel) erschwert die Beurteilung der Lawinengefahr vor Ort stark.

Frischer Triebschnee

Wenn der Wind Schnee verfrachtet, entsteht Triebschnee, der je nach Windstärke und Temperatur hart oder weich sein kann. Frischer Triebschnee ist oft leicht als Schneebrettlawine auslösbar. Triebschnee kann sich auch bei sonnigem und windigem Wetter bilden und eine relativ günstige Lawinensituation in Kürze lokal verschärfen.

Häufig sammelt sich Triebschnee kleinräumig sehr unterschiedlich an, meistens jedoch in Windschattenlagen (z. B. hinter Geländekanten oder in Mulden). Steile Stellen mit frischem Triebschnee sollten möglichst gemieden werden. Oftmals lässt sich frischer Triebschnee durch geschicktes Spurenlegen umgehen.

Mehr dazu:

- *S. 100, Kap. Triebschneeproblem*
- *S. 158, Kap. Triebschneespuren*

Nasser Schnee

Regen auf trockene Schneedecke

Durch Regen wird die Schneedecke innerhalb kurzer Zeit in allen Expositionen angefeuchtet und zusätzlich belastet. Wenn sie schwache Schichten aufweist, kann die Lawinengefahr dadurch rasch und stark ansteigen. Regnet es im Laufe einer Schneefallperiode, ist ebenfalls mit hoher Lawinengefahr und spontaner Lawinenaktivität zu rechnen.

Markante Erwärmung des Schnees in den Bereich von null Grad Celsius

Tageszeitliche Erwärmung und starke Sonneneinstrahlung können zu oberflächlicher Schmelze führen. Wasser beginnt, in die Schneedecke einzudringen und diese zu schwächen – insbesondere an markanten Schichtgrenzen. Am schwächsten wird die Schneedecke, wenn sie das erste Mal richtig feucht wird. In nassen, oberflächennahen Schichten lassen sich mitunter auch Lockerschneelawinen auslösen, die in exponiertem Gelände zum Absturz führen.
Um typischen Nassschneesituationen auszuweichen, sollten Touren frühzeitig beendet werden.

Mehr dazu:

› *S. 119, Kap. Nassschneeproblem*

Einfluss von Spuren

Sind im zu beurteilenden Hang bereits viele Spuren vorhanden, wurde die Stabilität der Schneedecke schon mehrfach getestet und die grob eingeschätzte Gefahr kann als tiefer eingestuft werden. Eine Lawinenauslösung ist im Spurbereich deutlich weniger wahrscheinlich als an unverspurten Stellen.
Wissen wir, dass eine Variante oder ein Hangbereich häufig befahren wurde, ist das ebenfalls ein Hinweis für eine tiefere Auslösewahrscheinlichkeit. Dieser Aspekt kommt oft beim Freeriden zum Tragen.

Mehr dazu:

› *S. 88, Kap. Häufiges Befahren*

Konsequenzen abschätzen

Die Folgen einer Lawinenerfassung sind wesentlich vom Gelände abhängig, insbesondere von der Hanggröße und dem Gelände unterhalb des Anrissgebietes. Zudem spielt auch die Schneedecke eine wichtige Rolle. Ist zum Beispiel die Anrisshöhe einer Lawine gering, sind oft auch die Konsequenzen eher klein.

Hanggröße

Je größer der Hang, desto größer kann die Lawine werden und desto wahrscheinlicher kommt es zu einer ernsten Verschüttung. Wesentlich ist in erster Linie die Hanggröße oberhalb des Erfassungsortes.

Geländefallen

Mulden am Hangfuß führen zu großen Verschüttungstiefen. Wenn die Lawine über eine Felswand fließt, führt dies zum Absturz. Solch ausgeprägte Geländefallen erhöhen die Konsequenzen schon bei kleinen Lawinen drastisch.

Anzahl von Personen gleichzeitig im Hang

Wenn mehrere Personen erfasst werden, nehmen die Konsequenzen einer Lawinenauslösung zu. Entsprechend ist darauf zu achten, dass sich möglichst nur eine Person im Gefahrenbereich befindet.

Mehr dazu:

› *S. 208, Kap. Konsequenzen abschätzen*
› *S. 195, Kap. Geländefallen*

Sind bereits viele Spuren vorhanden, wurde die Stabilität der Schneedecke schon mehrfach getestet.

Am wirksamsten sind Maßnahmen, wenn sie kombiniert werden, z. B.: Hangbereich im Spurband einzeln abfahren und Besammlung der Gruppe an »sicheren Inseln«.

Maßnahmen berücksichtigen

Haben wir die Gefahr beurteilt und die Konsequenzen abgeschätzt, so lässt sich mit gezielten Maßnahmen das Risiko oft noch verringern. Im Gegensatz zur Gefahrenbeurteilung, die manchmal schwierig ist, brauchen folgende Maßnahmen wenig Kenntnisse, sind einfach umzusetzen und verringern das Risiko wirkungsvoll:

› Möglichst nur **eine Person im gefährdeten Bereich** (einzeln fahren/Abstände): So kann die Gefahr von mehreren Verschütteten verringert werden. Dies lässt sich erreichen, wenn die anderen Gruppenmitglieder an einem sicheren Ort ober- oder unterhalb der Gefahrenstelle warten. Solche Sammelorte sollten also nicht im Hang oder mitten im potenziellen Auslaufbereich sein.
› Die **steilsten Hangbereiche meiden**. Je geringer die Steilheit, desto schwieriger wird es für Wintersportler, Lawinen auszulösen.
› Hang im **bereits verspurten Bereich begehen** oder befahren: Eine Lawinenauslösung ist im Spurbereich nach mehrfach erfolgten Belastungen deutlich weniger wahrscheinlich.

Weitere wirkungsvolle Maßnahmen sind:

› rückenartiges Gelände bevorzugen,
› große Belastungen meiden (Stürze, Besammlung, Sprünge),
› frischen Triebschnee meiden,
› Stellen mit hoher Absturz- bzw. Verschüttungsgefahr meiden und

› Sammelpunkte in nicht gefährdeten Bereichen wählen (»sichere Inseln«).

Eine einfache Tour planen und durchführen

Vor der Tour

Ein ausgewähltes Tourenziel muss zur aktuellen Wetter- und Lawinensituation sowie den Bedürfnissen und Fähigkeiten aller Beteiligten passen. Anhand des Lawinenbulletins und des Wetterberichtes wird eine Region mit günstiger Lawinensituation und gutem Wetter ausgewählt. Eine einfache Tour weist höchstens wenige und kurze steile Passagen auf.
Mithilfe von Hangneigungskarten gilt es, potenziell gefährdete Stellen (sog. Schlüsselstellen) zu erkennen und bezüglich ihres Risikos zu beurteilen. Für eine erste Beurteilung der Gefahr eignen sich die GRM oder ähnliche Methoden. Anhand der Karte lassen sich Geländeeigenschaften wie Hanggröße und Geländefallen erkennen und so die möglichen Konsequenzen grob abschätzen. Somit lässt sich das Risiko bewerten.
Bei kritischer Lawinensituation (ab Gefahrenstufe »erheblich«) ist es besser, eine Tour ganz ohne Schlüsselstellen (Steilhänge) oder eine viel begangene Tour (Modetour) auszuwählen.

KURZ UND KNAPP

Zur Tourenplanung hervorragend geeignet ist *whiterisk.ch*. Der QR-Code führt zu weiteren nützlichen Weblinks für die Planung.

Während der Tour

Vor Ort gilt es, das Resultat der Risikobeurteilung zu überprüfen, also zu beobachten, ob die aktuellen Verhältnisse den Prognosen im Lawinenbulletin und Wetterbericht entsprechen. **Nützliche Beobachtungen** dafür sind:

› Neuschneemenge: Wie viel hat es wirklich geschneit?
› Windeinfluss: Gibt es frischen Triebschnee?
› Abkühlung über Nacht (im Frühling): Ist die Schneeoberfläche über Nacht dick gefroren?

Bei größeren Abweichungen gegenüber der Prognose oder schlechterer Sicht als erwartet ist allenfalls das Tourenziel anzupassen oder die Tour abzubrechen.
Um die Gefahrenbeurteilung zu verfeinern, sind Beobachtungen zu **Alarmzeichen** und **Spuren** anderer Wintersportler aufschlussreich. Sind deutliche Alarmzeichen vorhanden, ist die Gefahr als hoch einzustufen. In Hängen, die bereits viele Spuren aufweisen, kann die Gefahr im RiskCheck-Schema zurückgestuft werden, zum Beispiel von »mittel« zu »tief«.
Eine abschließende Beurteilung der Konsequenzen ist meist erst unmittelbar an der Schlüsselstelle möglich. Bei markanten Geländefallen sind die Konsequenzen immer als groß einzuschätzen, egal wie groß der Hang ist. Es reicht dann schon eine kleine Lawine für eine ernsthafte Verschüttung oder einen Absturz.
Auch wenn wir bei der Tourenplanung eine Route als machbar eingeschätzt haben, kann es an der Schlüsselstelle im Einzelhang immer wieder vorkommen, dass sich die Verhältnisse vor Ort anders präsentieren und wir auf ein Weitergehen oder Befahren verzichten müssen.

Mehr dazu:
- *S. 267, Kap. Entscheiden und umsetzen*
- *S. 219, Kap. 3x3 – Anwendung RiskCheck-Konzept*

Nach der Tour

Nach der Tour blicken wir auf das Erlebte zurück und fragen uns: »Würde ich das nächste Mal etwas anders machen?«. Auf diese Weise verarbeiten wir unsere Erlebnisse und unsere Erfahrung wächst.

Ausrüstung

Selbst bei umsichtiger Beurteilung und angepasstem Verhalten verbleibt im Lawinengelände ein gewisses Restrisiko, selbst dann, wenn unsere Bewertung ein Risiko unten links im RiskCheck-Schema ergeben hat. Eine gute Ausrüstung kann die Überlebenschancen bei einer Lawinenverschüttung erhöhen, vorausgesetzt man hat trainiert, wie die Notfallausrüstung einzusetzen ist.
Eine Lawinenverschüttung ist ein Wettlauf gegen die Zeit. In den ersten 15 Minuten ist die Wahrscheinlichkeit relativ hoch, Verschüttete lebend zu bergen. Danach sinkt sie rapide. Die Kameradenrettung ist daher von größter Bedeutung. Mithilfe des **LVS** (Lawinenverschütteten-Suchgerät) können Verschüttete schnell geortet werden. Dies setzt voraus, dass alle Tourenteilnehmer unterwegs ihr LVS eingeschaltet am Körper tragen und mit der LVS-Suche vertraut sind. Die LVS müssen vor jeder Tour auf ihre Funktionstüchtigkeit überprüft werden (Funktionskontrolle). Zur Unterstützung bei der Ortung dient die **Lawinensonde**. Für das rasche Ausgraben von Verschütteten ist eine gute **Lawinenschaufel** unabdingbar. Folgende Ausrüstungsgegenstände gehören daher zur **Standard-Notfallausrüstung:**

Die Handhabung der Notfallausrüstung muss trainiert sein, damit sie im Ernstfall richtig angewendet wird.

Die frische Schneebrettlawine weist auf eine hohe Gefahr hin. Eine defensive Spuranlage in mäßig steilem Gelände und gebührend Abstand von großen Steilhängen ist sinnvoll.

- LVS (immer auf SENDEN gestellt am Körper tragen)
- Lawinenschaufel
- Lawinensonde

Als zusätzliche Notfallausrüstung ist ein Lawinen-Airbag zu empfehlen, welcher die Verschüttungstiefe verringert und oft nach dem Lawinenabgang im abgelagerten Schnee sichtbar ist.
Eine Lawinenerfassung kommt einem Absturz gleich, der zu schweren Verletzungen durch Kollision mit Bäumen oder Felsen führen kann. Je nach Gelände rückt diese Gefahr bei einer Lawinenerfassung sogar in den Vordergrund. Dieses Risiko können wir zum Beispiel durch das Tragen eines Helmes allenfalls verringern.
Mit auf die Tour gehören zudem:

- ein aufgeladenes Handy mit Karten-App (Achtung, die Mobiltelefon-Netzabdeckung im Gebirge ist zum Teil lückenhaft!),
- eine Notfallapotheke (inklusive Rettungsdecke) sowie
- Sonnen- und Kälteschutz.

Standard-Notfallausrüstung: Lawinenverschütteten-Suchgerät (LVS), Schaufel und Sonde

Schnee und Schneedecke

Schnee ist – entgegen unserem Empfinden – eigentlich ein »heißes« Material. Damit ist gemeint, dass er sich immer nahe an seinem Schmelzpunkt befindet. Ist beispielsweise Eisen ähnlich nah am Schmelzen, glüht es bereits. Schnee kann sich deshalb leicht verändern – ein Faktor, der für die Lawinenbildung entscheidend ist. Entsprechend wichtig ist es, die typischen Veränderungen, die in der Schneedecke ablaufen, zu kennen.

Schnee und seine Struktur

Eiskristalle bilden sich in der Atmosphäre. Sie fallen meist als sechseckige Kristalle vom Himmel. Auf dem Boden liegend verbinden sie sich zu einer Schneeschicht, die ähnlich porös ist wie ein Schwamm. Neben dem Gerüst aus Eiskristallen besteht sie vor allem aus luftgefüllten Hohlräumen und allenfalls wenig Wasser. Der Luftanteil liegt zwischen 60 und 90 Prozent.

Schnee als poröses Material

Wie stark die Eiskristalle miteinander verbunden und wie groß die Poren dazwischen sind, ist entscheidend für die Festigkeit des Schnees und damit auch für die Lawinenbildung. Je nach Anzahl und Stärke der Bindungen zwischen den Kristallen lässt sich die Struktur unterschiedlich einfach brechen. Schnee mit großen, eckigen Eiskristallen hat viel weniger Bindungen und größere Hohlräume als Schnee mit kleinen, runden Körnern. Auch die Struktur des Neuschnees lässt sich einfach brechen, da es wenig Bindungen zwischen den relativ großen Neuschneekristallen gibt und diese zudem schwach sind. Neuschnee ist deshalb auch sehr weich. Eine gefrorene Schmelzharschkruste hingegen hat starke Bindungen zwischen den Eiskörnern. Sie ist deshalb sehr hart und nur mit großem Kraftaufwand zu brechen.

KURZ UND KNAPP

Schnee ist hochporös und besteht aus viel Luft, Eis und allenfalls wenig Wasser. Weicher Schnee mit großen Hohlräumen (Poren) in der Struktur ist bruchanfällig.

Sintern und Brechen

Wenn sich zwei Eiskristalle berühren, verbinden sie sich und wachsen immer mehr zusammen – sie sintern. Die verbundenen Eiskörner ergeben mit der Luft dazwischen die Struktur des porösen Schnees. Je unter-

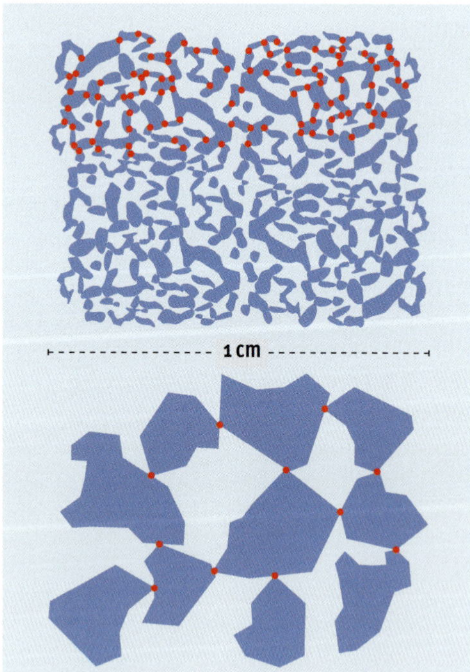

Die Anzahl und Stärke der Bindungen zwischen den Eiskristallen sind maßgebend für die Festigkeit des Schnees. Schnee, der aus kleinen, runden Eiskörnern besteht (oben, schematisch), hat mehr Bindungen (rot dargestellt) und kleinere Hohlräume und damit eine höhere Festigkeit als Schnee aus großen, kantigen Kristallen (unten, schematisch).

Struktur des Schnees (dreidimensional dargestellt mithilfe eines Computertomografen): Neuschnee (links), Triebschnee (Mitte), kantig aufgebauter Schnee (rechts). Die Kantenlänge der Würfel beträgt 3,6 mm.

schiedlicher die Korngrößen, je höher die Temperatur und je größer der Druck, desto mehr sintern die Körner und desto stärker werden die Bindungen – die Festigkeit nimmt zu. Wenn wir zum Beispiel zwei »warme« (annähernd 0 °C) Schneebälle aneinanderdrücken, kleben sie schneller zusammen als zwei »kalte« (etwa –10 °C). Für alle Arten von Schneebällen beziehungsweise Eiskristallen gilt jedoch: Je länger und je fester sie aneinandergedrückt werden, umso besser halten sie zusammen. Im Laufe der Zeit wachsen daher die Bindungen, und die Festigkeit nimmt grundsätzlich zu.

Schnee mit vielen und festen Bindungen ist hart, während bei weichem Schnee die Bindungen noch schwach und/oder aufgrund von großen Körnern weniger häufig sind. Schnee mit wenigen und schwachen Bindungen bildet eine sogenannte **Schwachschicht** (mehr dazu in Kap. Schwachschichten, S. 37). Durch das Eigengewicht des Schnees und seine Bewegung am Hang können die Verbindungen zwischen den Eiskörnern immer wieder brechen. Solange nur einzelne Bindungen brechen und sich gleichzeitig neue bilden, passiert nicht viel. Wenn aber mehr Bindungen brechen als neue entstehen – zum Beispiel durch die abrupte Belastung eines Wintersportlers – und sich die Brüche an einer Stelle konzentrieren, kann sich ein Riss in dieser schwachen Schicht bilden. Bei ausreichender Zufuhr von Verformungsenergie aus dem darüber liegenden Schnee breitet sich der Riss spontan in dieser Schwachschicht aus, bis schließlich eine Schneebrettlawine entsteht (siehe Kap. Bruchprozesse, S. 49).

Schneeumwandlung

Der Eiskristall, der vom Himmel fällt, bleibt nicht lange bestehen. Einmal am Boden, verändert er sich sofort und verbindet sich mit den benachbarten Kristallen. Die entstandene Schicht wandelt sich weiter um, je nach Temperaturverhältnissen, Dichte und dem Gewicht des darüberliegenden Schnees. Durch diese Schneeumwandlung, auch **Metamorphose** genannt, ändern Eiskörner und Bindungen ihre Form und Größe. Bei der Schneeumwandlung wird Eismasse von Korn zu Korn oder von Korn zu Verbindung umgelagert. In der trockenen Schneedecke geschieht dies primär über den mit Luft gefüllten Porenraum: Eis geht von der Oberfläche eines Eiskristalls in den gasförmigen Zustand (Wasserdampf) über und lagert sich an einem benachbarten Korn oder in konkaven Bereichen (Vertiefungen) wieder als Eis ab. Für diese Massenumlagerung sind Unterschiede des Wasserdampfdrucks im

Porenraum verantwortlich. Die vier wichtigsten Gründe für Dampfdruckunterschiede, die zu einem Wasserdampftransport im Porenraum des Schnees führen, sind die Folgenden (siehe Abbildung):

a) Je wärmer ein Schneekorn ist, desto mehr Eis verdampft als unsichtbarer Wasserdampf in den Porenraum. Gibt es in der Schneedecke auf kleinem Raum Temperaturunterschiede, was praktisch immer der Fall ist, kommt es demnach zu einem Wasserdampfgefälle. Die Natur ist bestrebt, dieses Gefälle auszugleichen, wodurch ein Massentransport in Form von Wasserdampf von wärmeren zu kälteren Kristallen entsteht.

b) An konvexen Oberflächen ist der Wasserdampfdruck größer als über konkaven Oberflächen. Analog zu a) entsteht ein Wasserdampftransport von konvexen zu konkaven Geometrien.

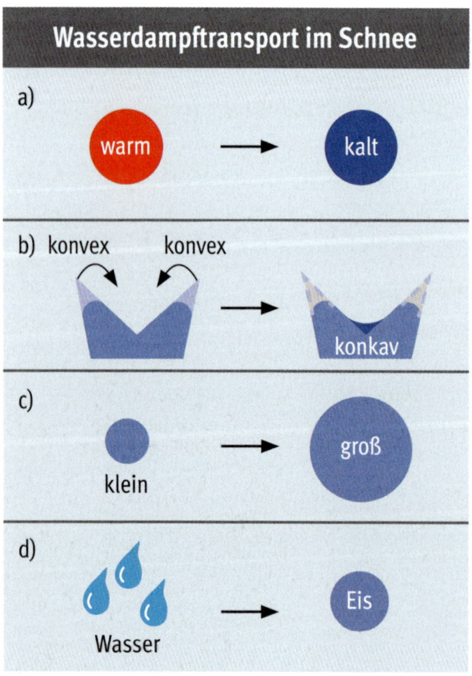

Möglichkeiten des Wasserdampftransports zwischen Eiskristallen bzw. Wassermolekülen

c) Ähnlich entsteht ein Wasserdampftransport von kleinen zu großen Eiskörnern aufgrund der unterschiedlichen Radien.

d) Wenn der Schnee zu schmelzen beginnt, bildet sich um die Körner eine Wasserschicht. Da der Wasserdampfdruck über dem Wasser größer ist als über dem Eis, entsteht ein Dampftransport von Wasser zu Eis. Die Schneestruktur wird gröber und runder, und Bindungen verstärken sich. Dies führt zu Beginn des Schmelzvorgangs (siehe Kap. Schmelzumwandlung, S. 37) zu einer Verfestigung, dem sogenannten Flüssigsintern.

Ob sich die Eiskörner durch die Massenumlagerung eher abrunden oder zu größeren Körnern mit Kanten und Ecken wachsen, hängt unter anderem von der Intensität des Dampftransports ab. Diese wird maßgeblich von den Temperaturverhältnissen in der Schneedecke und der Größe und Anordnung der Eiskörner beeinflusst. Wichtig ist insbesondere der Temperaturunterschied pro Höheneinheit: **der Temperaturgradient**.

Gibt es in der Schneedecke, vor allem nahe der Oberfläche, innerhalb einiger Zentimeter große Temperaturunterschiede, kann sich binnen eines Tages die Schneestruktur komplett verändern.

Auch wenn diese Veränderungsprozesse selten in reiner Form vorkommen, ist es in der Praxis üblich, die Schneeumwandlung folgendermaßen zu unterteilen:

› bei kleinen Temperaturgradienten: **»abbauende« Umwandlung**, verbunden mit Setzen und Sintern: Massentransport primär von konvex zu konkav (b) und von klein zu groß (c)
› bei großen Temperaturgradienten: **»aufbauende« Umwandlung**: Massentransport von warm zu kalt (a)

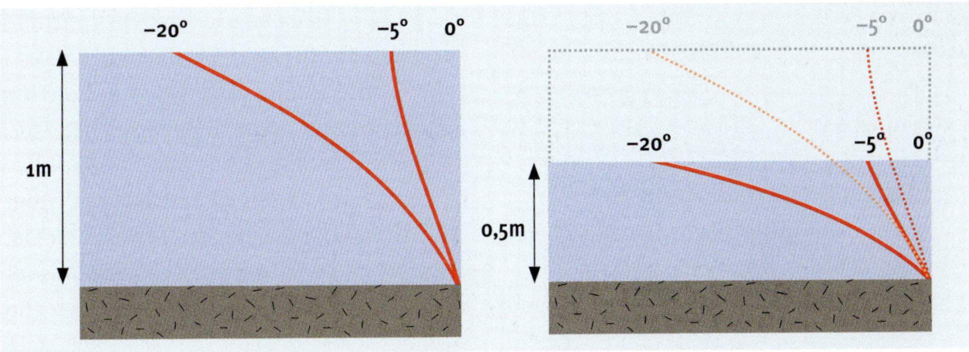

Unterschiedlicher Temperaturgradient bei verschiedener Schneemächtigkeit, aber gleicher Temperatur an der Schneeoberfläche und am Boden. Je flacher die Kurve, desto größer ist der Gradient.

› Schneetemperatur bei 0 °C: **Schmelzumwandlung** (d).

KURZ UND KNAPP

Der Temperaturgradient beschreibt den Temperaturunterschied in der Schneedecke pro Höheneinheit. Er spielt bei der Schneeumwandlung eine wichtige Rolle. Besonders die Temperatur an der Schneeoberfläche sowie die Gesamtschneehöhe beeinflussen den Temperaturgradienten.

»Abbauende« Umwandlung

Bei nur sehr geringen Temperaturunterschieden in der Schneedecke ist vor allem der Wasserdampftransport von konvexen zu konkaven Geometrien der treibende Motor für die Umwandlung. Dieser Prozess ist insbesondere bei Neuschneekristallen ausgeprägt, wodurch die sternförmigen Eiskristalle abgerundet und dichter »gepackt« werden.

Es entstehen mehr Bindungen und die Kristalle wachsen zusammen (sintern). Durch das Eigengewicht des Neuschnees wird der Sinterungsprozess noch verstärkt; das Volumen des Neuschnees nimmt ab, die Schneedecke setzt sich langsam und die Schneestruktur wird stabiler. Die tieferen Bereiche des Neuschnees werden dabei mehr verdichtet als diejenigen nahe der Schneeoberfläche. Als Folge des Sinterns wird der Neuschnee gebunden. »Warme« Temperaturen in der Schneedecke im Be-

Innerhalb von 24 Stunden hat sich 1 m Neuschnee um 30 cm gesetzt. Die Neuschneekristalle haben sich zu kleinen, runden Körnern umgewandelt. Das Volumen des Neuschnees hat abgenommen und der Schnee wurde dichter.

reich von null bis -5 °C begünstigen das Sintern zusätzlich und führen zu einem relativ schnellen Umwandlungs- und Setzungsprozess.

»Aufbauende« Umwandlung

Bei großen Temperaturgradienten in der Schneedecke, also großen Temperaturunterschieden auf kurzer Distanz, ist der Wasserdampftransport von wärmeren Körnern zu kälteren ausgeprägt, und die Eiskristalle wandeln sich schnell um. Die Eisablagerung an den kälteren Körnern führt zur Bildung von großen Kristallen mit kantigen Formen: Die Körner wachsen.

Bei anhaltendem Wasserdampftransport und wenig verdichtetem Schnee (z. B. leicht gesetztem Neuschnee) entstehen immer größere kantige Kristalle. Es bildet sich ein schwaches Eisgerüst mit großen Poren und wenig Bindungen zwischen den Eiskörnern – eine typische **Schwachschicht**. Dabei sind unter extremen Laborbedingungen die ursprünglichen Eiskörner schon nach wenigen Tagen verschwunden; die Kristalle haben sich nicht nur »umgewandelt«, sondern komplett neu gebildet und ausgerichtet. Dies ist in der Schneedecke draußen im Gelände kaum zu erkennen, da sich die Eigenschaft der Schneestruktur unter Umständen nicht wesentlich verändert.

Ist der Schnee hart und kompakt (z. B. harter Triebschnee), fehlt der Porenraum, den es braucht, damit bei großen Temperaturgradienten große Kristalle wachsen können – es entsteht keine kritische Schwachschicht oder wenn, dann nur sehr langsam.

Grundsätzlich wachsen die Kristalle umso schneller, je wärmer der Schnee ist. Dies führt unter anderem dazu, dass nahe am Boden größere Kristalle entstehen (oft große Becherkristalle) als nahe der Oberfläche, wo es deutlich kälter ist.

Wenn zwei Kristalle direkt übereinander liegen, kann der Wasserdampf vom unteren wärmeren Kristall direkt am kälteren darüber wieder anwachsen: Es herrscht ein stabiles Diffusionsfeld. Der konstante und anhaltende Dampftransport von unten nach oben führt dazu, dass mehr Verbindungen in vertikaler als in horizontaler Richtung entstehen. Entsprechend bildet sich eine säulen-

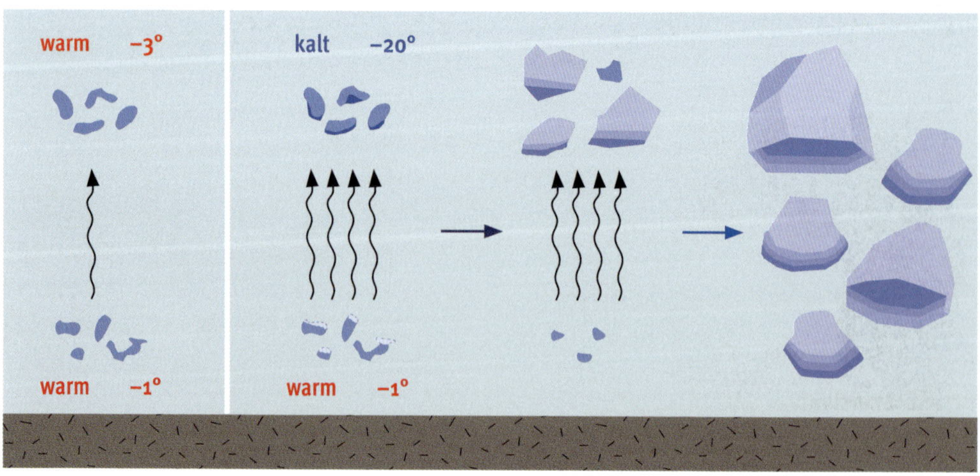

Schneeumwandlung bei Temperaturgradienten in immer gleicher Richtung. Je größer der Temperaturgradient, desto intensiver der Wasserdampftransport. Mit der Zeit entstehen große, kantige Kristalle oder sogar Becherkristalle.

artige Schneestruktur. Solche sogenannten anisotrope Strukturen sind oft steif und stark bei vertikaler Belastung, aber schwach bei Belastung von der Seite (Scherung). Wenn der Dampffluss etwas variiert, weil sich zum Beispiel die Anordnung der Eiskristalle leicht ändert (etwa wenn sich der Schnee gleichzeitig setzt), entstehen weniger ausgeprägte kantige Formen.

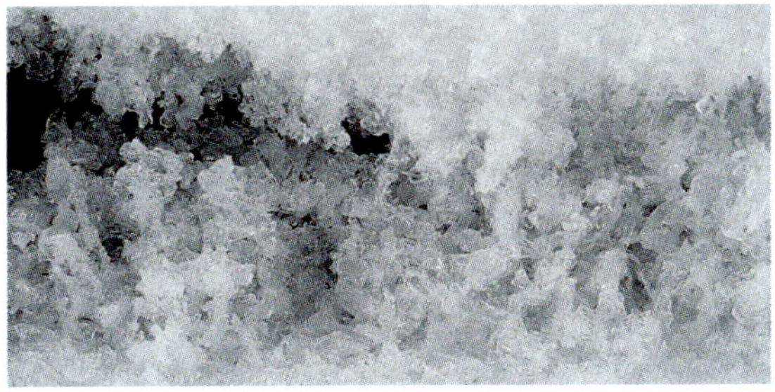

Bei anhaltendem Dampftransport von unten nach oben entsteht eine säulenartige Schneestruktur mit ausgeprägten kantigen Eiskristallen.

KURZ UND KNAPP

Je größer der Temperaturgradient, umso intensiver ist die aufbauende Umwandlung. Wird eine stark aufgebaute Schneeschicht eingeschneit, entsteht eine bruchanfällige Schwachschicht, die für die Lawinenbildung wichtig ist.

Gleichgerichteter Temperaturgradient

Ist der oberflächennahe Schnee stets kälter als der weiter unten liegende – wie dies vor allem in Schattenhängen der Fall ist –, so ist der Temperaturgradient immer gleichgerichtet und der Dampfaustausch

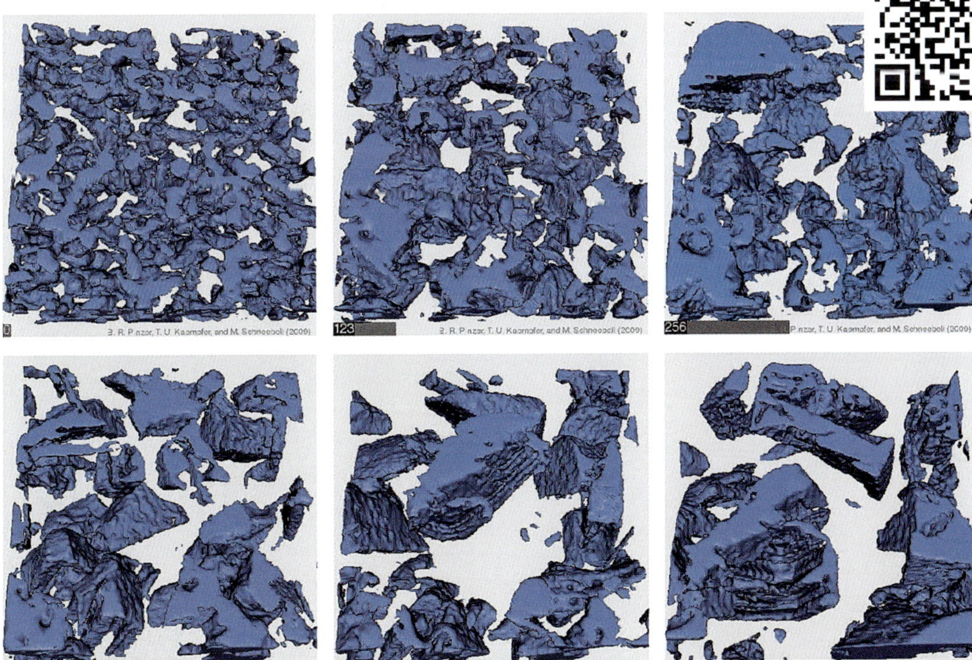

Umwandlung einer Schneeprobe (3,6 mm x 3,6 mm x 0,9 mm) im Labor. Innerhalb von 27 Tagen veränderte sich die feinkörnige Struktur (links oben) zur becherartigen Struktur (rechts unten). Der Temperaturgradient betrug 55 °C pro Meter; die Temperatur in der Mitte der Schneeprobe betrug −7,6 °C. Die ursprünglichen kleinen Eiskörner verschwanden komplett und es bildeten sich neue und große aufgebaute Kristalle (Becherkristalle). Die ganze Zeitserie ist als Video mit dem QR-Code zugänglich.

Becherkristalle, die als Folge der aufbauenden Umwandlung bei anhaltendem, gleichgerichtetem und großem Temperaturgradienten enstanden

findet nur von unten nach oben statt. Es entstehen immer größere kantige Formen und schließlich Becherkristalle mit einigen Millimetern Durchmesser. Solcher Schnee wird auch **Schwimmschnee** oder Tiefenreif genannt.

Temperaturgradient mit Richtungswechsel

Treffen Sonnenstrahlen auf die Schneedecke, verändert sich die Schneetemperatur in den obersten Dezimetern. Deshalb sind die Schneeoberfläche und die oberflächennahen Schichten tagsüber mitunter für eine gewisse Zeit wärmer als der Schnee weiter unten; ansonsten, und insbesondere während der Nacht, ist es umgekehrt. Der Temperaturgradient wechselt dann tagsüber in den obersten zehn bis 20 Zentimetern der Schneedecke sein Vorzeichen und entsprechend ändert der Dampfaustausch zweimal täglich seine Richtung. So entstehen zwar oberflächennah auch große Körner, die jedoch wegen des Richtungswechsels des Dampfflusses wenig kantig sind. Eine derartige Schneeschicht ist, wie eine kantig aufgebaute Schicht, wenig gebunden. Sie ist locker und kann, wenn sie eingeschneit wird, ebenfalls eine bruchanfällige Schwachschicht bilden. Dieser lockere Schnee wird auch als Pulverschnee bezeichnet, weil das Skifahren darin ähnlich leicht wie im Neuschnee ist.

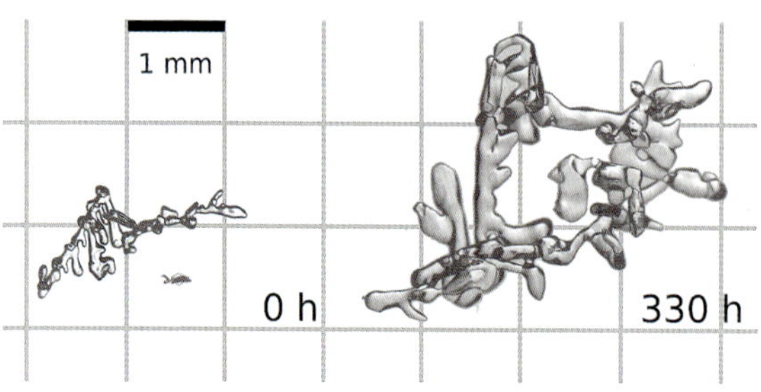

Veränderung des Schnees im Labor aufgrund wechselnder Temperaturgradienten. Links: Neuschnee, rechts: aufgebauter Schnee nach 330 Stunden

KURZ UND KNAPP

Die Schneedecke baut sich besonders im Früh- oder Hochwinter bei wenig Schnee und tiefer Lufttemperatur auf – aber auch oberflächennah als Folge markanter Abkühlung der Schneeoberfläche durch ungehinderte Abstrahlung. Generell wandelt sich die Schneedecke bei klarem, kaltem Wetter im Hinblick auf die Lawinenbildung ungünstig um.

EXPERTENTIPP

Die durch große Temperaturgradienten aufgebaute Schneestruktur ist durch eine vertikale Ausrichtung der Eiskörner geprägt und daher in dieser Richtung steifer und stärker als bei seitlicher Belastung (Scherung). Bei großen Temperaturgradienten setzt sich der Schnee auch weniger und er wird weniger verformbar. Je stärker der Schnee daher aufgebaut ist, desto eher hat er die Eigenschaften einer Schwachschicht und desto weniger diejenigen eines Schneebretts.

Schmelzumwandlung

Erwärmt sich der Schnee auf 0 °C, beginnt er bei weiterer Wärmezufuhr (primär durch Sonneneinstrahlung, aber auch bei Regen) zu schmelzen. In einer ersten Phase bildet sich Wasser an den Eiskristallen, und die Verbindungen werden als Folge des Flüssigsinterns vorerst stärker. Sind die Eiskristalle von Wasser umgeben, wandeln sie sich schnell in große, runde Schmelzformen um. Mit zunehmendem Wassergehalt lösen sich die Kornverbindungen auf und die Festigkeit des Schnees nimmt stark ab.

Gefriert das Wasser wieder, entstehen feste Bindungen zwischen den Eiskristallen, was zu stabilen Schichten führt. Geschehen das Schmelzen und anschließende Gefrieren nur oberflächlich, bildet sich eine Harschkruste. Diese weist besonders im Frühling meist auf günstige Verhältnisse hin.

Mit fortlaufender Durchfeuchtung findet ein Setzungsprozess statt und die Schichtenunterschiede verschwinden langsam. Die Schneedecke wird zusehends homogener und stabiler, bis sie schließlich abschmilzt.

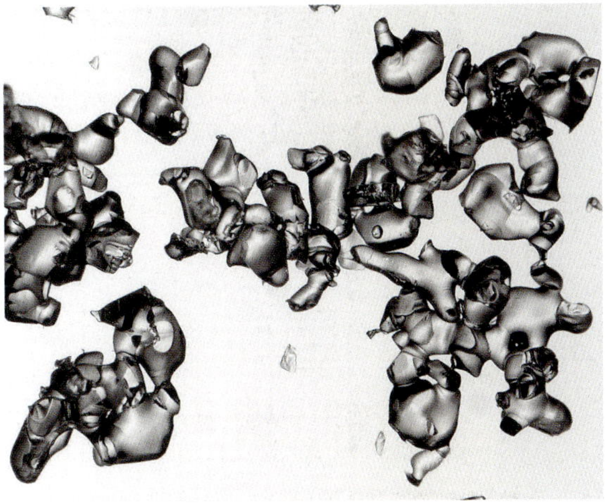

Durch Schmelzumwandlung veränderte Eiskörner; Bildausschnitt: 4,3 mm x 3,2 mm

Schwachschichten

Schwachschichten entstehen meist an der Schneeoberfläche und werden dann später eingeschneit. Eine Schwachschicht in der Schneedecke hat eine Struktur mit großen Hohlräumen und nur wenigen Bindungen zwischen den meist großen Eiskristallen. Entnimmt man der Schneedecke ein Stück einer Schwachschicht, zerfällt die Struktur meist unmittelbar in einzelne grobe Eiskristalle. Dieser kohäsionslose Schnee wird zuweilen als »Grieß« oder »Zucker« bezeichnet. Nicht alle Schwachschichten sind gleich schwach. Entscheidend für die Festigkeit einer Schwachschicht ist die Anzahl und Stärke der Bindungen zwischen den Eiskristallen. Sehr empfindliche Schwachschichten bestehen folglich aus wenigen und schwachen Bindungen zwischen den Eiskristallen. Dies ist typischerweise bei lockerem Neuschnee, Becherkristallen oder Oberflächenreif der Fall. Die Lebensdauer dieser Schwachschichten ist allerdings sehr unterschiedlich.

KURZ UND KNAPP

Es gibt verschiedene Arten von Schwachschichten, die aber zumeist die folgenden ähnlichen Eigenschaften haben:

- Struktur: große Körner mit relativ großen Poren dazwischen; dadurch wenig Bindungen und größere Hebelwirkung an den Bindungen (Eiskörner sind typischerweise größer als 1–2 mm); oft säulenartige, anisotrope Struktur
- Mechanische Eigenschaften: sehr weich, locker (d. h. geringe Kohäsion: »zerbröselt« beim Anfassen ähnlich wie trockener Sand, Zucker oder Grieß) und somit bruchanfällig.

Kurzlebige Schwachschichten

Fällt Schnee auf eine schon bestehende Schneedecke, entsteht eine zusätzliche Schneeschicht. Die relativ großen Neuschneekristalle verbinden sich und bilden vorerst ein schwaches Neuschneegerüst. Mit der Zeit werden die Bindungen stärker und zahlreicher. Witterungsbedingungen wie Wind und Temperatur während des Schneefalls bestimmen, ob der Neuschnee schwach oder gut gebunden ist. Oft hat eine Neuschneeschicht unmittelbar nach Niederschlagsende beide Eigenschaften (siehe Kap. Neuschneeproblem, S. 94). Lockerer Neuschnee ist zu Beginn sehr schwach (schwächer als kantig aufgebauter Schnee). Sobald darüber etwas verfestigter Schnee zu liegen kommt, können Schneebrettlawinen entstehen. Auch Graupel kann für wenige Tage als Schwachschicht wirken.

Eine andere Art von kurzlebigen Schwachschichten entsteht durch eindringendes Was-

Typ	Beschreibung	Entstehung	Eigenschaft und Erkennbarkeit	Lebensdauer
A	Oberflächenreif	klare, kalte und feuchte Nächte	sehr dünn, beim Einschneien oft nicht mehr flächig vorhanden, schwierig zu erkennen	wenn eingeschneit, einige Wochen
A	aufgebaute Schneeoberfläche mit kantigen Formen	nach schöner und kalter Periode, oft bei wenig Schnee	oft flächig, relativ leicht erkennbar, da meist mehrere Zentimeter dick	Wochen bis Monate
B	Neuschnee	während Schneefalls	flächig vorhanden: während Schneefalls muss mit dieser Art von Schwachschicht gerechnet werden	einige Stunden bis 1 Tag
B	Graupel	während Schneefalls	weniger flächig vorhanden, oft relativ dünn und schwierig zu erkennen	ca. 1–3 Tage
C	Tiefenreif oder Schwimmschnee	wenig Schnee und lange Kälteperiode	großkörnige, z. T. becherartige Schneeformen, meist gut erkennbare Schichten	Wochen bis Monate
D	schwache Struktur oberhalb oder unterhalb von Krusten	aufgrund von lokal großen Temperaturunterschieden im Bereich von Krusten	oft sehr dünn und relativ flächig (auch an Südhängen möglich); die Krusten sind leicht erkennbar, die Schwachschichten weniger	Tage bis Wochen
E	feuchte, markante Schichtgrenzen	durch Wasserfluss in der Schneedecke Ansammlung von Wasser an markanten Schichtgrenzen	relativ stabile Schichtverbindung kann wieder schwächer werden, relativ schwierig zu erkennen	einige Stunden

Typen:
A: Lockere Altschneeoberflächen, die eingeschneit werden
B: Schwachschichten im Neuschnee selbst
C: Gesamte Schneedecke schwach aufgebaut
D: Schwachschichten im Bereich von Krusten
E: Markante Schichtgrenzen, die angefeuchtet werden

Typische Schwachschichten

ser, das sich an Schichtgrenzen aufgrund unterschiedlicher Korngrößen staut. Durch den hohen Wassergehalt, der sich dort bildet, lösen sich die Bindungen auf und es kommt zu einer deutlichen Abnahme der Festigkeit (siehe Kap. Nassschneeproblem, S. 119). Solche Instabilitäten dauern allerdings oft nur wenige Stunden.

Der Umgang mit kurzlebigen Schwachschichten ist für den Wintersportler nicht sehr komplex, da solche Situationen relativ einfach zu erkennen sind und sie insbesondere nur für wenige Stunden bis Tage kritisch sind. Anders sieht es bei langlebigen Schwachschichten aus.

Die lichtdurchlässigen, schwachen Basisschichten sind gut zu erkennen. Es handelt sich um eine kantig aufgebaute Schicht, die im Frühwinter während einer kalten Schönwetterperiode entstand.

Langlebige Schwachschichten

Wenn sich die Struktur von Schwachschichten über die Zeit kaum ändert und die Bindungen nur langsam wachsen, handelt es sich um langlebige Schwachschichten. Solche Schwachschichten bilden sich oft in Folge der aufbauenden Umwandlung oder durch Ablagerung von Oberflächenreif. Im Gegensatz zum Neuschnee setzen und verfestigen sich diese Schichten kaum, wenn sie eingeschneit werden. Langlebige Schwachschichten charakterisieren typischerweise die Altschneesituation (siehe Kap. Altschneeproblem, S. 108) und können wie folgt entstehen:

› ***Aufbauende Umwandlung an der Schneeoberfläche:*** Bei sehr kalten Schneeoberflächentemperaturen entstehen in den obersten ca. 10 cm der Schneedecke zwangsläufig große Temperaturgradienten. Vor allem bei lockerem Neuschnee und anhaltend kalten Temperaturen bildet sich an der Schneeoberfläche in kurzer Zeit aufgebauter und kohäsionsloser Schnee.

› ***Aufbauende Umwandlung der ganzen Schneedecke:*** Wenn im Frühwinter wenig Schnee liegt (ca. 50 cm) und länger kaltes Hochdruckwetter herrscht, sind die Temperaturgradienten so groß, dass sich die ganze Schneedecke aufbauend umwandelt und mit der Zeit große, kantige Körner oder sogar Becherkristalle (typischerweise 2–5 mm groß) entstehen. Die ganze Schneedecke ist dann eine einzige Schwachschicht. Wird sie eingeschneit, bildet sie während des Winters ein schwaches Basisfundament, das bis in den Frühling problematisch sein kann.

› ***Aufbauende Umwandlung im unmittelbaren Bereich von Schmelzharschkrusten:*** Häufig findet man direkt ober- oder unterhalb einer Schmelzharschkruste eine dünne, schwache Schicht mit kantigen Kristallen. Oberhalb einer Kruste finden sich kantige Kristalle, wenn auf eine feuchte Schneeoberfläche wenig kalter Neuschnee zu liegen kommt. Dann führt dies im Bereich der feuchten Oberfläche, die zu einer Kruste gefriert, zu einem großen Temperaturgradienten. In der Folge entsteht unmittelbar oberhalb der Kruste eine dünne Schwachschicht.

Auch unterhalb von Krusten bilden sich unter Umständen kantige Formen. In Laborexperimenten hat sich gezeigt, dass der Temperaturgradient unmittelbar ober- und unterhalb einer Eisschicht innerhalb weniger Millimeter um ein Vielfaches höher sein kann als der mittlere Temperaturgradient über die Schneeschichten hinweg. Diese großen Gradienten kann man mit normalen elektronischen Thermometern nicht messen, aber mit der Lupe lassen sich die kantigen Formen finden. Sie sind oft klein und weniger aufgebaut als bei den vorher beschriebenen Prozessen und folglich auch weniger langlebig.
Häufig findet man unterhalb von Krusten zudem auch ausgeprägte dicke Schwachschichten. Diese waren dann allerdings meist vor der Kruste vorhanden, das heißt, die Kruste bildete sich – durch Regen oder Schmelze – an der Oberfläche einer bereits aufgebauten Schicht.

› ***Oberflächenreif:*** Oberflächenreif entsteht durch Deposition von Wasserdampf aus der Luft auf der Schneeoberfläche: Es wachsen filigrane, meist plättchenförmige Eiskristalle. Oberflächenreif kann als eine Art Niederschlag bezeichnet werden, da die Feuchtigkeit für das Kristallwachstum aus der Luft kommt. Er entsteht insbesondere in klaren, eher windstillen und relativ feuchten Winternächten (siehe Kap. Strahlung, S. 82). Wenn Oberflächenreif eingeschneit wird, bildet er eine Schwachschicht. Diese ist typischerweise rund 3–15 mm dünn und bleibt im Alpenraum mitunter vier bis sechs Wochen bestehen. Sie ist etwas weniger langlebig als Schwimmschnee.

Eingeschneiter Oberflächenreif als Schwachschicht

Im Verlauf des Winters werden Schwachschichten mehrfach von neuen Schichten überlagert und dadurch langsam fester. Bis Wintersportler in kantig aufgebauten Schwachschichten kaum mehr Brüche initiieren können, kann es jedoch bis zu zwei Monate dauern, bei ausgeprägtem Schwimmschnee noch länger, je nachdem wie dick die Schwachschicht überlagert ist.

Schneearten

Durch die Schneeumwandlung entstehen also verschiedene Schneearten. Wenn wir den Schnee mit der Lupe genauer anschauen, sind nur Fragmente seiner Struktur in Form einzelner Eiskörner sichtbar. Wie stark die Bindungen zwischen den Körnern sind, sehen wir kaum. Trotzdem lassen sich Eiskörner aufgrund ihrer Form und Größe grob in verschiedene Schneearten klassifizieren. Da Kornform und -größe außerdem Bildungs- und Umwandlungsprozesse widerspiegeln, lässt sich so auch die Festigkeit der Schneeart indirekt abschätzen.

Bezeichnung mit Symbol und Foto	Entstehung	Eigenschaft und Bedeutung
Neuschnee (+) 	In der Atmosphäre gebildete, frisch abgelagerte Schneekristalle	Kurzlebige Schneeart. Die Verästelungen der Kristalle runden sich schnell ab, was zu einer Setzung des Schnees führt. Dadurch wird er gebunden und bildet ein gutes Schneebrett. Neuschnee kann auch für eine kurze Dauer (ca. 1 Tag) eine Schwachschicht sein.
Filz (⁄) 	Entsteht durch Abbau des Neuschnees. Oft ist der Neuschnee bereits filzig, wenn er am Boden ist.	Im Abbaustadium des Neuschnees genügend gebunden, um als Brett zu wirken.
Graupel (⧋) 	Form von Niederschlag. Entsteht oft bei schauerartigen Niederschlägen. Oft vermischt mit Neuschnee.	Kann Schwachschichten bilden. Diese sind jedoch nur über kurze Zeit kritisch.
kleine runde Körner (●) 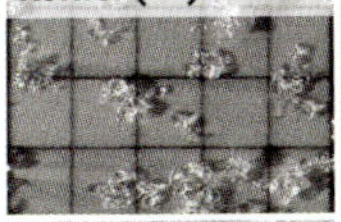	Entstehen während der Setzung und des Sinterns des Neuschnees oder bei mechanischer Zertrümmerung von Schneekristallen (z. B. durch Wind).	Dicht gepackte Schneestruktur mit kleinen Körnern. Typisch im Schneebrett, jedoch nicht in der Schwachschicht. Die Eigenschaft der Schneestruktur ändert langsam, sofern kein Wasser dazukommt.
kantig aufgebaute Kristalle (□) 	Entstehen als Folge eines großen Temperaturgradienten in der Schicht (»aufbauende« Umwandlung).	Schneestruktur mit kantigen Eiskristallen. Je größer die Körner, desto schwächer ist die Schneestruktur. Typische Schwachschicht, die langlebig sein kann, wenn die Eigenschaften der Schneestruktur sich nur langsam ändern.
Schwimmschnee (∧) 	Extremform von aufgebautem, kantigem Schnee. Entsteht bei sehr großen Temperaturgradienten.	Becherartige Eiskristalle in der Schneestruktur. Weicher und bruchanfälliger Schnee. Ausgeprägte Schwachschicht. Die Eigenschaften der Schneestruktur ändern sich langsam.
Schmelzformen (○) 	Entstehen durch Schmelzprozesse im Schnee.	Nasser Schnee, weich. Wassergehalt im Schnee und Größe der Körner sind entscheidend für die Festigkeit der Schneestruktur. Große, sehr nasse Körner sind schwach.
Schmelzharschkruste (◎◎) 	Entsteht durch Wiedergefrieren von nassem Schnee (Schmelzformen).	Harte und stabile Schneestruktur. Oft nur wenige Millimeter, manchmal einige Zentimeter mächtig. Die einzelnen Körner sind noch sichtbar (im Gegensatz zur Eislinse).
Oberflächenreif (∨) 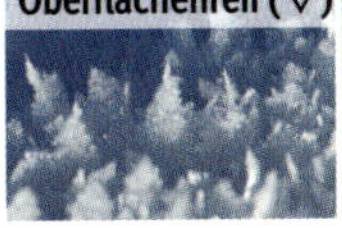	Kristalle, die durch Deposition von Feuchte aus der Luft auf der kalten Schneeoberfläche wachsen. Entsteht v. a. bei klaren Nächten und relativ feuchter Luft.	Bildet eine sehr schwache Schneestruktur. Ausgeprägte Schwachschicht, wenn eingeschneit.

Die wichtigsten Schneearten (Bei den Rastern im Hintergrund beträgt die Seitenlänge der Quadrate 2 mm.)

Die wichtigsten Schneearten sind:

- Neuschnee
- Graupel
- Filz
- kleine, runde Körner
- kantig aufgebaute Kristalle
- Schwimmschnee (Becherkristalle)
- Schmelzformen
- Schmelzharschkruste
- Oberflächenreif

Schneedecke

Die Schneedecke entwickelt sich während des ganzen Winters. Der erste im Herbst gefallene Schnee liegt am Boden, der Neuschnee der letzten Niederschlagsperiode zuoberst. Dazwischen ist sozusagen die Geschichte des ganzen Winters verpackt. Durch das Wetter und durch Umwandlungsprozesse verändert sich der Schnee laufend und die verschiedenen Schichten ändern fortwährend ihre Eigenschaften. Der Aufbau der Schichten ist maßgebend für die Lawinenbildung (siehe Kap. Lawinenarten und Lawinenbildung, S. 45). Je unterschiedlicher die Eigenschaften der Schichten sind, desto eher begünstigen sie die Bildung von Schneebrettlawinen.

Da Schnee ein verformbares (viskoses) Material ist, bewegt sich die Schneedecke unter dem Einfluss der Schwerkraft; sie kriecht und/oder gleitet.

KURZ UND KNAPP

Die Schneedecke besteht aus verschiedenen Schneeschichten, die durch Einfluss des Wetters und durch Umwandlungsprozesse entstanden sind. Der Schichtaufbau ist entscheidend für die Bildung von Lawinen.

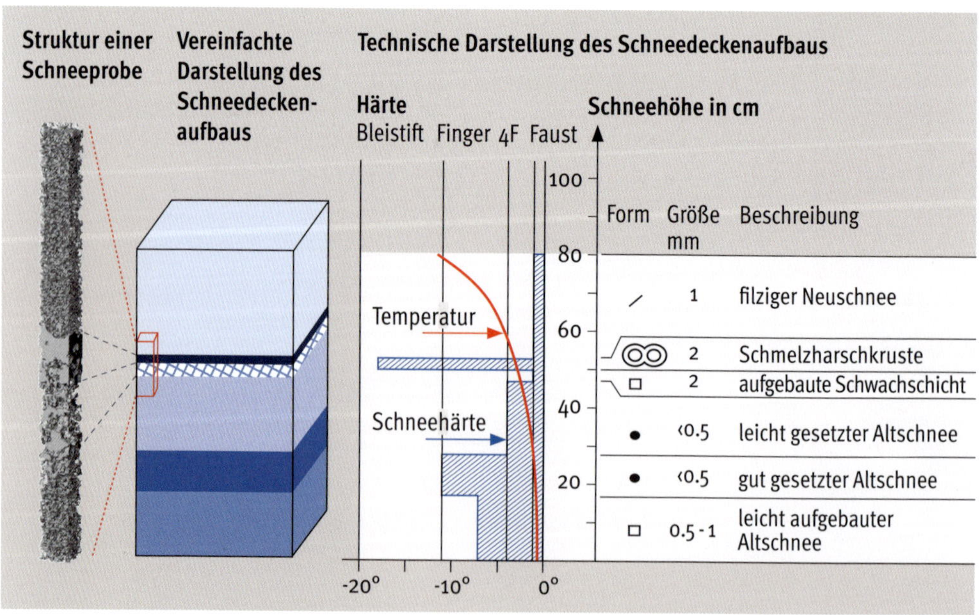

Die Schneedecke besteht aus verschiedenen Schichten. Links: Struktur einer 7 cm hohen Schneeprobe mit dünner Kruste und Schwachschicht darunter. Mitte: Je dunkler die Schichten in der vereinfachten Darstellung sind, desto härter und dichter ist der Schnee. Die Kruste ist dunkelblau dargestellt. Rechts: technische Darstellung des Schneedeckenaufbaus mit Schichthärte, Kornform, Korngröße und Temperatur

Kriechen

Setzt sich eine Schneedecke am Hang aufgrund ihres Eigengewichtes, beginnt sie zu kriechen. Dabei bewegen sich die oberen Schneeschichten weiter hangabwärts als die unteren. Aufgrund der Bodenrauigkeit bleibt die Schneedecke jedoch am Untergrund haften. Die Kriechbewegung ist sehr langsam und mit bloßem Auge nicht sichtbar. Je wärmer der Schnee ist, desto stärker kriecht er. Die größten Kriechbewegungen erfolgen während der Setzungsphase nach einem Schneefall.

Wie eine zähe Masse kriecht die Schneedecke langsam über die Dachkante.

Gleiten

Unter dem Einfluss der Schwerkraft verformt sich die Schneedecke nicht nur, sie kann auf dem Boden auch langsam gleiten. Dazu müssen vorwiegend zwei Bedingungen erfüllt sein:

- Die Bodenoberfläche muss glatt sein, also wie bei einer Wiese oder Felsplatte.
- Die Grenzschicht zwischen der Schneedecke und dem Untergrund muss feucht oder nass sein.

Eine feuchte oder nasse Grenzschicht kann entstehen, wenn der Boden warm ist und die Schneedecke von unten her angefeuchtet wird, zum Beispiel bei frühem Einschneien im Herbst. Gleitet die Schneedecke im Hochwinter, dann ist sie meist kalt und trocken, und nur ganz unten gibt es etwas Wasser.

Im Frühjahr kann eindringendes Schmelzwasser die Grenzschicht zwischen Schneedecke und Untergrund anfeuchten und damit ein Schneegleiten bewirken. Dann ist in der Regel die gesamte Schneedecke warm und feucht. Schneegleiten ist ein langsamer Prozess (mit einer Geschwindigkeit von einigen Millimetern bis Dezimetern pro Tag). Bei ausgedehnten Bewegungen entstehen die typischen Gleitschneerisse, die auch Fischmäuler genannt werden. Sie sind ein Zeichen dafür, dass die Schneedecke gut verfestigt ist und keine ausgeprägten Schwachschichten vorhanden sind. Andernfalls hätte die Gleitbewegung Brüche in einer Schwachschicht und möglicherweise eine Schneebrettlawine verursacht.

Ein Gleitschneeriss, der sich über einige Tage ausweitet, kann plötzlich zu einer Gleitschneelawine führen (siehe Kap. Gleitschneelawinen, S. 61). Je wärmer der Schnee und je steiler der Hang ist, desto stärker sind die Kriech- und Gleitbewegungen.

Gleitbewegung der gesamten Schneedecke am Boden

Lawinenarten und Lawinenbildung

Bei der Beurteilung der Lawinengefahr interessiert uns vor allem, wie wahrscheinlich eine Lawinenauslösung ist. Dabei ist es wichtig, die an der Lawinenbildung beteiligten Prozesse mit einzubeziehen (**Prozessdenken**). Wenn wir verstehen, wie Lawinen »funktionieren«, lassen sich Beobachtungen und Informationen besser einordnen und letztlich die Wahrscheinlichkeit einer Lawinenauslösung besser einschätzen.

Lawinen können aufgrund verschiedener Prozesse entstehen:

› Als Folge einer Reihe von Bruchprozessen in der Schneedecke löst sich rasch eine ganze Schneetafel: Es bildet sich eine **Schneebrettlawine** mit einem linienförmigen Anriss. Die Schneebrettlawine ist die bedrohlichste Lawinenart. Sie kann klein sein oder Dimensionen einer Katastrophenlawine erreichen. Eine Schneebrettlawine aus trockenem Schnee kann sowohl spontan abgehen wie auch von Wintersportlern ausgelöst werden.

› Abgleiten der ganzen Schneedecke aufgrund ungenügender Haftreibung am Boden: Es entsteht eine **Gleitschneelawine**. Gleitschneelawinen bilden sich spontan und werden nicht von Wintersportlern ausgelöst.

› Oberflächlich lockerer, bindungsarmer Schnee kommt ins Rutschen und reißt fortlaufend weiteren Schnee mit. So entstehen birnenförmige **Lockerschneelawinen**, die an einem Punkt anreißen. Dieser Prozess geschieht oft bei lockerem Neuschnee oder wenn der Schnee sehr nass ist. Lockerschneelawinen sind meist relativ klein und eher harmlos. Sie entstehen allermeist spontan, können vereinzelt aber auch durch Wintersportler ausgelöst werden.

Schneebrett- und Gleitschneelawinen: Die komplett unterschiedlichen Bildungsprozesse sind zu unterscheiden.

› **Nassschneelawinen** sind Lawinen, bei denen der Schnee im Anrissgebiet mindestens teilweise feucht oder nass ist. Sie lösen sich fast immer spontan. Die Auslösung einer spontanen, nassen Schneebrettlawine unterscheidet sich deutlich von der Auslösung einer trockenen Schneebrettlawine.

Für Wintersportler ist besonders die trockene Schneebrettlawine gefährlich. Mehr als 90 Prozent der von Lawinen erfassten Personen lösen »ihre« Lawine selbst aus. Fast immer handelt es sich um eine Schneebrettlawine. Bei Nassschnee- oder Gleitschneelawinen ist die Situation anders – sie gehen nahezu ausschließlich spontan ab. Bei großen Fallhöhen von Schneebrettlawinen vermischt sich Schnee mit Luft und es entstehen Staublawinen mit großem Zerstörungspotenzial.
In diesem Kapitel werden in erster Linie die unterschiedlichen Prozesse für die Entstehung von Schneebrett-, Gleitschnee- und Lockerschneelawinen erläutert. Ergänzend wird zudem auf Nassschneelawinen sowie auf Sommerlawinen eingegangen.

Schneebrettlawinen

Schon durch die geringe Zusatzlast eines Wintersportlers kann sich tonnenweise Schnee in wenigen Sekunden in Bewegung setzen und schnell als Schneebrettlawine talwärts fließen. Der Wintersportler hat meist keine Chance zu entkommen: Er wird mitgerissen und dabei nicht selten verschüttet, bisweilen stürzt er auch ab. Beim Absturz kann er sich tödlich verletzen, bei der Verschüttung droht schon nach wenigen Minuten Erstickungsgefahr. Die typische »Skifahrerlawine« ist im Mittel 50 Meter breit, 200 Meter lang mit einer durchschnittlichen Anrissmächtigkeit von 50 Zentimeter. Schneebrettlawinen gehen jedoch auch spontan ab.
Eine trockene Schneebrettlawine ist die Folge verschiedener **Bruchprozesse**, beginnend im Kleinen, zwischen den einzelnen Eiskristallen in der Schwachschicht, und schließlich am Hang mit dem Ablösen einer ganzen Schneetafel.
Sind hingegen das Schneebrett und die Schwachschicht feucht oder nass, spricht man von einer Nassschneelawine; deren Entstehung erfolgt auf andere Weise und wird im Kapitel Nassschneelawinen, S. 63, beschrieben.

Notwendige Bedingungen für eine Schneebrettlawine

Für die verschiedenen Bruchprozesse, die zu einer Schneebrettlawine führen, sind vier Bedingungen erforderlich.

1. Ungünstige Schichtung: Schneebrett auf Schwachschicht

Die Schichtung der Schneedecke ist bei der Bildung von Schneebrettlawinen zentral – ohne Unterschiede in den Schichteigenschaften gibt es keine Schneebrettlawinen. Die verschiedenen Schneeschichten entstehen durch unterschiedliche Witterungseinflüsse wie Niederschlag, Wind oder Strahlung (siehe Kap. Einfluss von Wetter und Mensch auf die Schneedecke, S. 69). Liegt über einer *Schwachschicht* ein *Schneebrett*, spricht man von einer ungünstigen Schichtung, welche die Bildung von Schneebrettlawinen begünstigt.
Die Struktur einer Schwachschicht gleicht einem Kartenhaus: Stößt man sie von der Seite an, kann sie leicht zusammenbrechen. Schwachschichten sind weich und grobkörnig.

Die Gefahr ist groß, von Schneebrettlawinen mitgerissen und verschüttet zu werden.

Sie bestehen oft aus kantig aufgebautem Schnee oder Oberflächenreif. Auch Neuschnee kann zu Beginn noch so schwach sein, dass es in einer lockeren, frisch abgelagerten Schicht zu einem Bruch kommen kann (siehe Kap. Schwachschichten, S. 37).

Das typische Schneebrett darüber besteht aus dickeren Schichten mit kleinen Körnern, die durch den Prozess des Sinterns untereinander verbunden sind. Oft handelt es sich um Schnee, der unter Windeinfluss abgelagert wurde (Triebschnee), oder um Schnee, der sich bereits etwas gesetzt hat.

Obwohl das Schneebrett »Brett« heißt, ist es nicht hart – ganz im Gegenteil, die meisten Schneebretter sind weich. Es reicht also bereits eine leichte Verfestigung des Neuschnees, damit ein Schneebrett entsteht, das die Bruchausbreitung unterstützt (siehe S. 50).

2. Zusatzlast

Für die Bruchinitiierung ist ein auslösendes Element nötig: eine Zusatzlast in Form von Neuschnee, Triebschnee oder eines Wintersportlers. Ein Wintersportler kann einen Bruch allerdings nur dann initiieren, wenn sich die Schwachschicht nicht viel tiefer als rund 40 bis 60 Zentimeter unterhalb des Auslösepunktes (z. B. Ski) befinde (siehe Kap. Einfluss von Wetter und Mensch auf die Schneedecke, S. 69).

3. Flächige Verbreitung der ungünstigen Schichtung

Damit nun eine Schneebrettlawine entsteht, muss die ungünstige Schichtung von Schneebrett auf Schwachschicht über ganze Hänge relativ gleichmäßig vorkommen; nur so kann sich ein Bruch ausbreiten. Ist die Schneedecke sehr variabel, sozusagen jeden Meter anders, bilden sich keine Lawinen, da es weder zusammenhängende Schwachschichten noch durchgehende Schneebretter gibt (siehe Kap. Variabilität, S. 58). Solch große Variabilität zeigt sich oftmals in Hängen, die häufig befahren, vom Wind oberflächlich erodiert oder stark bewaldet sind.

4. Hangneigung

Schneebrettlawinen bilden sich nur, wenn die Anrissfläche des Hangs steiler als 30 Grad ist; meistens zwischen 35 und 45 Grad Neigung.

Notwendige Bedingungen für Schneebrettlawinen:
1. ungünstige Schichtung der Schneedecke, 2. Zusatzlast, 3. ausreichend flächige Verbreitung der ungünstigen Schichtung, 4. genügend steiler Hang

KURZ UND KNAPP

- Schneebrettlawinen entstehen durch einen Bruch in einer Schwachschicht: **Bruchinitiierung.**
- Ist diese von einem Schneebrett (mit zumindest leicht verfestigten Schneeschichten) überlagert und sind sowohl Schwachschicht als auch Schneebrett über eine hinlängliche Fläche verbreitet, breitet sich der Bruch innerhalb der Schwachschicht aus und eine ganze Schneetafel löst sich: **Bruchausbreitung.**
- Sobald der Hang ausreichend steil ist (> 30°), gleitet die Tafel als Schneebrettlawine ab: **Zugriss und Lawinenabgang.**

Bruchprozesse

Eine Schneebrettlawine entsteht als Folge einer Reihe von Bruchprozessen in der Schneedecke. Wird die Schwachschicht beschädigt, zum Beispiel durch die rasche Belastung eines Wintersportlers oder durch die langsam zunehmende Belastung während eines Schneefalls, bildet sich ein Initialbruch (**Bruchinitiierung**). Erreicht der Initialbruch eine kritische Fläche, breitet sich der Bruch schlagartig und schnell aus (**Bruchausbreitung**) und die Schwachschicht bricht zusammen. Folglich verformt sich das darüberliegende Schneebrett, wodurch zusätzlich Energie freigesetzt wird, die die Bruchausbreitung weiter vorantreibt. Der laufende Riss breitet sich innerhalb der Schwachschicht über den ganzen Hang aus, bis durch das darüberliegende Schneebrett, senkrecht zum Hang, ein Zugriss entsteht. Der Bruch in der Schwachschicht kommt zum Stillstand und die abgelöste Schneetafel beginnt sich talwärts zu bewegen, sofern der Hang ausreichend steil ist (**Zugriss und Lawinenabgang**).

Bruchinitiierung

Der Initialbruch entsteht entweder spontan, zum Beispiel durch die Ablagerung von Neu- oder Triebschnee, oder wird durch die abrupte Zusatzbelastung, beispielsweise eines Wintersportlers, initiiert. Die spontane Bruchbildung ist ein langsamer Prozess und beginnt mit einer Schädigung der Schwachschicht. Einzelne Bindungen zwischen benachbarten Eiskörnern brechen, während

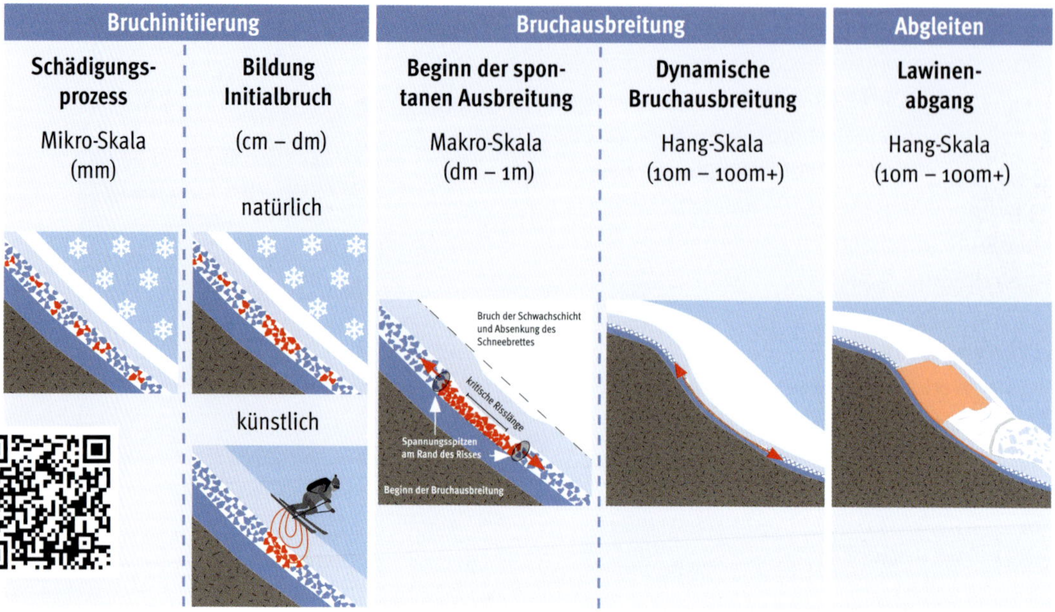

Übersicht der Bruchprozesse bei der Bildung von Schneebrettlawinen

durch Sintern auch regelmäßig neue entstehen. Der Schädigungsprozess schreitet erst dann voran, wenn mehr Verbindungen brechen, als durch neu entstandene kompensiert werden. Wächst der geschädigte Bereich, so nehmen an dessen Rand die Spannungsspitzen immer mehr zu, bis eine kritische Risslänge erreicht wird und der Riss sich spontan und schnell ausbreitet.

Die Belastung durch einen Wintersportler erfolgt hingegen so schnell, dass viele Bindungen zwischen den Eiskristallen in der Schwachschicht gleichzeitig lokal zerstört werden. Der erzeugte Initialbruch erreicht meist sogleich die kritische Größe für eine schnelle Bruchausbreitung.

Ob ein Wintersportler in einer Schwachschicht einen Bruch initiiert, hängt davon ab, wie schwach und wie dick überlagert die Schicht ist. Je näher sich die Schwachschicht an der Schneeoberfläche befindet und je weicher der darüberliegende Schnee, desto größer ist die Wirkung des Wintersportlers (siehe Kap. Zusatzlast, S. 86). Auch die Hangneigung beeinflusst die Bruchinitiierung: Je steiler der Hang, desto eher entsteht in der Schwachschicht ein Bruch. Schneebrettlawinen können jedoch auch an Stellen ausgelöst werden, die weniger als 30 Grad geneigt sind. Der Bruch breitet sich dann vom flachen Gelände bis in den Steilhang aus, wo die Lawine letztlich abgleitet – eine sogenannte **Fernauslösung**, da die Bruchinitiierung außerhalb der Anrissfläche erfolgt.

Auch ohne Zusatzbelastung, aber durch eine rasch zunehmende Verformung der oberflächennahen Schichten (z. B. durch deren Erwärmung) kann es ebenfalls zu einer Zunahme von Brüchen in der Schwachschicht und damit zu einer Schneebrettlawine kommen.

Bruchausbreitung

Hat der Initialbruch die kritische Größe erreicht, so steht infolgedessen genügend

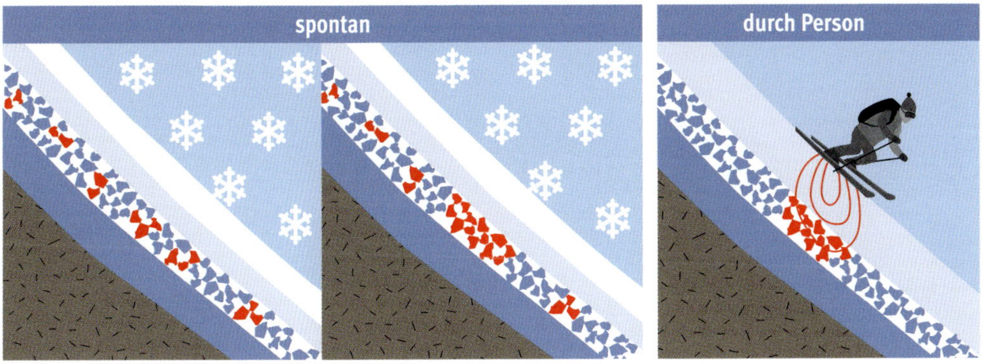

Die spontane Bruchinitiierung beginnt mit einem Schädigungsprozess in der Schwachschicht, bis eine kritische Größe des Initialbruches erreicht wird (links). Bei der punktuellen Belastung eines Wintersportlers brechen gleichzeitig viele schwache Bindungen in der Schwachschicht. Der Bruch ist sogleich meist genügend groß für den Beginn der spontanen Bruchausbreitung.

Energie zur Verfügung, damit sich der Riss spontan und schnell ausbreiten kann. Damit sich der Bruch auch großflächig über den ganzen Hang ausbreitet, muss einerseits die Schwachschicht ausreichend schwach und ausgedehnt sein, und andererseits muss aus dem überlagernden Schneebrett genügend Energie frei werden, um den Bruch am Laufen zu halten. **Die Eigenschaften des Schneebrettes spielen deshalb eine zentrale Rolle bei der Bruchausbreitung**. Ist das Brett zu dünn oder zu locker, kommt es nicht zur Bruchausbreitung und damit nicht zur Lawine, selbst wenn eine kritische Schwachschicht vorhanden ist. Ist hingegen ein ideales Schneebrett, schwer und verformbar, aber keine ausgeprägte Schwachschicht vorhanden, kommt es erst gar nicht zur Bruchinitiierung.

Die für die Ausbreitung kritische Größe des Bruches beträgt einige bis Dutzende Quadratdezimeter – also weniger als ein Quadratmeter. Sie hängt einerseits von der Bruchzähigkeit der Schwachschicht, und andererseits von den Eigenschaften des Schneebretts ab. Je spröder, weniger zäh, die Schwachschicht und je schwerer und besser verformbar das Brett, umso kleiner ist die benötigte kritische Größe des Bruches. Der Bruch in der Schwachschicht führt zum Zusammenbrechen der porösen Struktur, sodass sich das Schneebrett leicht – meist nur wenige Millimeter – absenkt, was oft als charakteristisches **Wumm-Geräusch** hörbar ist. Das »Wumm« macht offensichtlich, dass der Bruch durch die Schwachschicht rast, mit einer Geschwindigkeit von 30 bis 60 Meter pro Sekunde, im Hang zuweilen auch deutlich schneller. Da bei der dynamischen Bruchausbreitung große Energien frei werden, können auch stabilere Bereiche in der Schneedecke brechen, die durch Wintersportler nur schwer auslösbar wären. Damit sich ein Bruch aber großflächig ausbreitet, muss auch die instabile Kombination von Schwachschicht und Schneebrett im Hang über weite Strecken ähnlich sein.

Neben der Schichtung spielt die Hangneigung ebenfalls eine Rolle für die Dynamik der Bruchausbreitung. Je steiler, desto eher und schneller breitet sich der Bruch aus, da durch die größere Scherkomponente mehr Energie zur Verfügung steht. Damit sich auch im flachen Gelände Brüche über größere Distanzen ausbreiten, muss die Schwachschicht ausgesprochen schwach sein und das Schneebrett muss sich so verformen, dass es für die

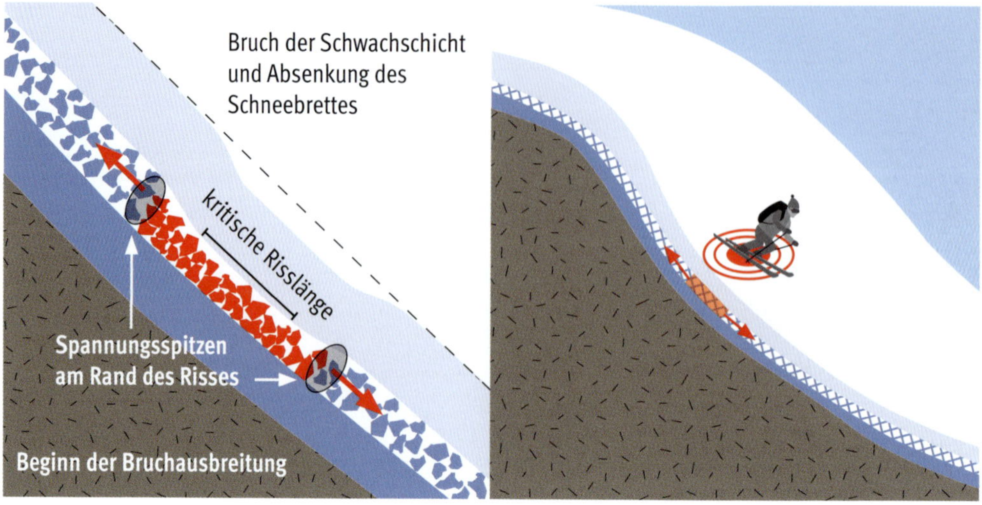

Beginn der Bruchausbreitung: Hat der Initialbruch in der Schwachschicht die kritische Größe erreicht, beginnt der Bruch sich spontan und schnell auszubreiten. Bei der Auslösung durch einen Wintersportler erreicht der initiierte Bruch in den meisten Fällen unmittelbar die kritische Größe für die Bruchausbreitung.

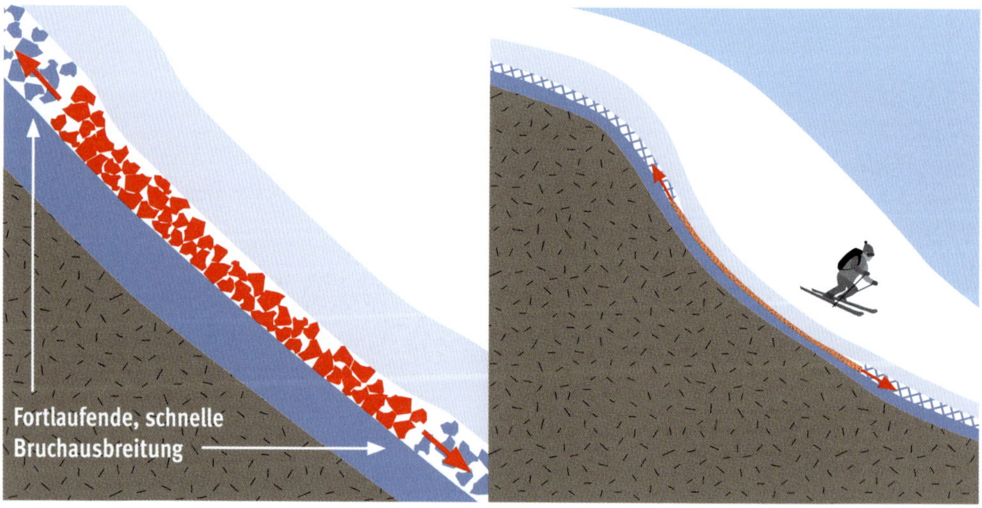

Ist die ungünstige Schichtung Schneebrett über Schwachschicht ähnlich verbreitet, breitet sich der Bruch ungehindert schnell und flächig aus. Voraussetzung für die großflächige Ausbreitung ist, dass das Schneebrett fortlaufend genügend Energie liefert. Insbesondere bei der Fernauslösung im Flachen ist das leichte Absenken des Schneebretts für die Bruchausbreitung wichtig.

Ausbreitung genügend Energie liefert. Nur dann kann es zu Fernauslösungen kommen.

Zugriss und Lawinenabgang

Die Bruchausbreitung kommt erst zum Stillstand, wenn sich ein Zugriss quer durch das Schneebrett öffnet. Dies kann geschehen, wenn a) die Festigkeit des Schneebrettes abnimmt, oder b) das Schneebrett die erforderliche Energie nicht mehr liefern kann, weil beispielsweise die Schwachschicht fester oder das Schneebrett dünner wird. Auch mar-

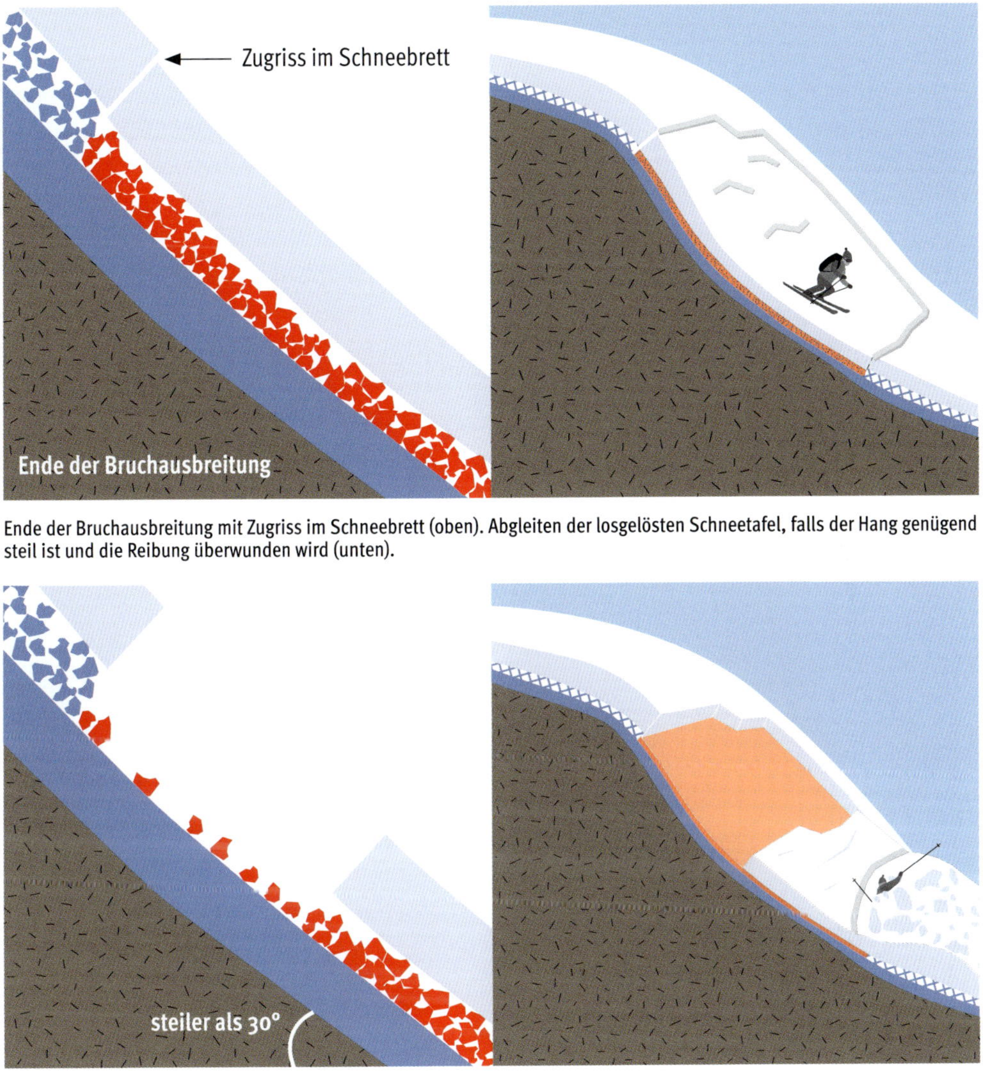

Ende der Bruchausbreitung mit Zugriss im Schneebrett (oben). Abgleiten der losgelösten Schneetafel, falls der Hang genügend steil ist und die Reibung überwunden wird (unten).

kante topografische Änderungen können zum Bruchstillstand führen.

Nach dem großflächigen Bruch der Schwachschicht entscheidet nun die Reibung zwischen den frischen Bruchflächen, ob es zum Abgang der Lawine kommt. Je steiler der Hang, desto eher werden die Reibungskräfte überwunden, und das Schneebrett gleitet ab. Die kritische Hangneigung für das Abgleiten von trockenem Schnee liegt bei rund 30 Grad.

Nach dem Abgang bleibt die Gleitfläche übrig. Diese muss nicht der Schwachschicht entsprechen, die beim Abgleiten des Schneebrettes unter Umständen völlig zerstört wurde.

Zusammenspiel zwischen Schneebrett und Schwachschicht

Wie oben erwähnt, spielen die Eigenschaften der Schwachschicht und des überlagernden Schneebretts eine wichtige Rolle bei der Entstehung von Schneebrettlawinen.

Entscheidend ist jedoch, wie diese beiden Komponenten zusammenspielen.
Je schwächer die Schwachschicht, desto leichter bilden sich Brüche (siehe Kap. Schwachschichten, S. 37). Die Festigkeit von Schwachschichten lässt sich in der Praxis mit Schneedeckentests abschätzen (siehe Kap. Schneedeckenuntersuchungen, S. 167). Schneebrettlawinen entstehen jedoch nur, wenn über der Schwachschicht auch genügend gebundener Schnee liegt; nur so wird genügend Energie für die Bruchausbreitung freigesetzt. Lockerer Schnee hat eine geringe Kohäsion und ist demzufolge sehr weich. Er kommt nur selten vor, zum Beispiel bei kaltem Neuschnee, der ohne Wind fällt, oder wenn die ganze Schneedecke im Hochwinter aufbauend umgewandelt ist. Gebundener Schnee kann sowohl hart als auch weich sein. Ob er für das Entstehen einer Schneebrettlawine genügend gebunden ist, lässt sich folgendermaßen überprüfen:

a) Ein ausgestochener Schneeblock bleibt auf der Schaufel als Block bestehen, wenn wir leicht an der Schaufel rütteln.
b) Beim Spuren mit Skiern bleibt ein »Steg« zwischen den beiden Skispuren zurück.

Links: Gut gebundener Schnee ist Voraussetzung für ein Schneebrett. Rechts: Dieser lockere Schnee hat Schwachschicht-Eigenschaften und bildet kein Schneebrett.

Anriss einer Unfalllawine: Mithilfe der kleinen, schwarzen Platte (Schneeraster) sieht man die Strukturunterschiede von Schneebrett und Schwachschicht (Nahaufnahme rechts).

Einfluss von Schwachschicht und Schneebrett auf Bruchinitiierung und Bruchausbreitung

	hemmend	förderlich
Bruchinitiierung	• wenig ausgeprägte Schwachschicht • »warme« Schwachschicht • dickes Schneebrett • hartes Schneebrett oder harte Zwischenschichten • »kaltes Schneebrett«	• ausgeprägte Schwachschicht • »kalte« Schwachschicht • dünnes Schneebrett • weiches Schneebrett • »warmes« Schneebrett
Bruchausbreitung	• wenig ausgeprägte Schwachschicht • dünnes Schneebrett • schwach gebundenes Schneebrett • Schneebrett unten dichter als oben • hohe Variabilität	• ausgeprägte Schwachschicht • dickes Schneebrett • gut gebundenes und verformbares Schneebrett • »warmes« Schneebrett (nicht nass) • Schneebrett oben dichter als unten • geringe Variabilität

Die Eigenschaften des Schneebrettes beeinflussen die verschiedenen Bruchprozesse teilweise in gegensätzlicher Weise. Ein dünnes, wenig verfestigtes Schneebrett beispielsweise vereinfacht zwar die Bruchinitiierung, vermag jedoch kaum die nötige Energie für die Bruchausbreitung zu liefern. Zudem reißt das Brett relativ schnell (Zugriss), was eine mögliche Bruchausbreitung stoppt. Bei einem mächtigen und dichten Schneebrett ist es schwieriger, einen Bruch zu initiieren. Ist er aber einmal ausgelöst, begünstigt das schwere und feste Schneebrett die Bruchausbreitung. Es brechen dann bisweilen auch weniger schwache Bereiche einer Schwachschicht, sodass sich der Bruch großflächig ausbreitet und somit große Lawinen entstehen.

KURZ UND KNAPP

Für Wintersportler besonders auslösefreudig ist eine Kombination aus:

- einer ausgeprägten Schwachschicht (grobkörnig, hoch porös und sehr weich),
- überlagert von einem nicht allzu dicken (40–60 cm) Schneebrett, das genügend gebunden und gut verformbar (nicht zu hart) ist, und bestenfalls nach oben sogar dichter wird.

Neben der Dicke beeinflusst auch die Schneebrett-Schichtung die verschiedenen Bruchprozesse. Wird das Schneebrett nach oben dichter, fördert dies die Bruchausbreitung, weil das Schneebrett meist gut verformbar ist und der Zugriss durch das Schneebrett weniger schnell erfolgt. Besonders ausgeprägt zeigt sich der Einfluss der Schneebrettschichtung bei Neuschneesituationen (siehe Kap. Neuschnee, S. 71 und Neuschneeproblem, S. 94). Brisante Kombinationen zwischen Schneebrett und Schwachschicht finden sich bei allen drei Lawinenproblemen (siehe Kap. Lawinenprobleme und günstige Situationen, S. 91), bei denen der Schnee trocken ist.

Variabilität

Damit eine Schneebrettlawine entsteht, muss die ungünstige Schichtung von Schneebrett auf Schwachschicht großflächig über ganze Hänge hinweg vorkommen. Ändert sich die Schneedecke praktisch von Meter zu Meter, bilden sich keine Lawinen, da es weder zusammenhängende Schwachschichten noch durchgehende Schneebretter gibt. Die unterschiedlichen Schichteigenschaften stehen einer Bruchausbreitung im Weg – so, wie ein großer Klotz ein fortlaufendes Umfallen von aufgestellten Dominosteinen stoppt.

Erst wenn die Bruchfläche im Durchmesser größer als rund zehn Meter ist, kann sich eine für Wintersportler bedrohliche Schneebrettlawine bilden. Variieren die Eigenschaften der Schneedecke innerhalb von zehn Metern stark, brechen zwar mitunter gewisse Stellen, aber es bilden sich kaum Schneebrettlawinen; das Schneebrett wird dann oft in den Randbereichen des Bruches gehalten. Eine solch große Variabilität auf kleinem Raum entsteht oft bei häufig befahrenen Hängen oder an Stellen, die regelmäßig dem Wind ausgesetzt sind.

KURZ UND KNAPP

Je kleinräumiger die Variabilität der Schneedecke, umso weniger Schneebrettlawinen entstehen.

EXPERTENTIPP

Wer weiß, wie rau die Altschneeoberfläche vor dem letzten Schneefall war, kann die Variabilität innerhalb der Schneedecke besser beurteilen. Ändert sich die Schneedecke im Meterbereich, ist dies eher günstig. Beispiel: eingeschneite, sehr unregelmäßige Schneeoberflächen infolge vieler Spuren, winderodierter Oberflächen, Büßerschnee.

Ist die Schneedecke im Bereich von mehr als zehn Meter ähnlich und ungünstig aufgebaut, können Schneebrettlawinen entstehen. Beispiele: freie Hanglagen, Bereiche mit eingeschneitem Oberflächenreif, Mulden, Waldlichtungen.

Weist ein Hang wenig Spuren und keine markanten topografischen Rauigkeiten auf, liegen schwache und feste Stellen im Meterbereich (‹ 2 m) kaum je direkt nebeneinander. In solch homogenen Hängen ist die Schneedecke meistens über größere Flächen hinweg ähnlich aufgebaut; entweder günstig oder ungünstig. Durch punktuelle Schneedeckenuntersuchungen lässt sich dort der Aufbau relativ gut abschätzen. Hingegen ist der Einfluss der Variabilität schwierig zu erkennen,

Geringe Variabilität in der Schneedecke kann zu großflächigen Lawinen führen (links). Bei großer Variabilität werden die Lawinen kleiner (rechts).

Wenn diese vom Wind erodierte, sehr unregelmäßige Schneeoberfläche eingeschneit wird, herrscht große Variabilität auf kleinem Raum.

insbesondere auf größerer Skala (über mehr als zehn Meter hinweg).

Oft zieht sich eine kritische Schwachschicht durch einen ganzen Hang, das Schneebrett darüber ist aber unterschiedlich dick. Diese Variabilität beeinflusst vorab die Bruchinitiierung, da ein Wintersportler nur dort einen Initialbruch erzeugt, wo relativ wenig Schnee über der Schwachschicht liegt. Solche Unregelmäßigkeiten sind typisch bei Triebschneeablagerungen.

Variable Schneedeckeneigenschaften lassen sich vielmals anhand der Topografie erahnen. Häufig sind Unregelmäßigkeiten auch durch eine unterschiedliche Einsinktiefe zu erkennen. Oft ist die Schneeoberfläche nach langen Schönwetterperioden sehr unterschiedlich, beeinflusst durch Witterung, Gelände

Auf dem Geländerücken ist die Schneeoberfläche vom Wind überwiegend erodiert. Sie ist demzufolge viel variabler als die benachbarten Mulden, wo Triebschnee liegt und die Schneeoberfläche glatt ist.

und Spuren. Beim nächsten Schneefall führt dies zu mehr Variabilität auf verschiedenen Skalen. Die Einschätzung wird dadurch schwieriger, und defensives Verhalten ist ratsam.

Lockerschneelawinen

Lockerschneelawinen brechen immer punktförmig an. Der rutschende Schnee bringt fortlaufend weiteren Schnee in Bewegung; die Lawine wird dadurch immer größer und kegel- oder birnenförmig. Im Vergleich zur Schneebrettlawine ist sie langsam. Meist lösen sich Lockerschneelawinen spontan. Sie können aber auch von Wintersportlern ausgelöst werden.

Damit sich eine Lockerschneelawine bildet, bedarf es lockeren, kaum gebundenen (kohäsionslosen) Schnee an der Oberfläche. Typischerweise treten Lockerschneelawinen nach Schneefällen oder bei oberflächlicher Anfeuchtung des Schnees auf, wenn die Bindungen zwischen den Schneekörnern noch schwach sind oder geschwächt wurden.

› Trockene Lockerschneelawinen lösen sich häufig während oder kurz nach Schneefällen, meist im Gelände um 40 Grad oder steiler.
› Nasse Lockerschneelawinen lösen sich häufig bei starker Sonneneinstrahlung und Wärme (z. B. im Bereich von Felsen). Durch die Anfeuchtung verlieren die oberen Schneeschichten an Festigkeit. Nasse Lockerschneelawinen können verhältnis-

Trockene Lockerschneelawinen lösen sich oft nach Schneefällen (links). Nasse Lockerschneelawinen lösen sich bei Erwärmung des oberflächennahen Schnees (rechts).

mäßig groß werden und die ganze Schneedecke mitreißen, wenn diese komplett durchfeuchtet ist. Sie brechen bisweilen auch schon unter 40 Grad Neigung an.

Gleitschneelawinen

Gleitschneelawinen entstehen, wenn die gesamte Schneedecke auf einem glatten Untergrund abgleitet. Dazu muss der Schnee am Übergang zum Untergrund feucht sein (siehe Kap. Gleiten, S. 43). Oft, aber längst nicht immer, öffnet sich zuerst ein Gleitschneeriss – ein **»Fischmaul«** –, bevor die langsam gleitende Schneetafel plötzlich als Lawine abgeht. Gleitschneelawinen lösen sich in der Regel spontan und können durch punktuelle Belastungen, beispielsweise eine Sprengung oder eine Person, nicht ausgelöst werden.

Entstehung von Gleitschneelawinen

Im Gegensatz zur Schneebrettlawine entstehen Gleitschneelawinen nicht durch einen Bruch in einer Schwachschicht, sondern durch einen großflächigen Reibungsverlust auf glattem Untergrund (z. B. Gras oder Felsplatte), auf dem der Schnee abrutschen kann. Als Folge öffnet sich ein »Fischmaul« durch die Schneedecke, die langsam talwärts gleitet. Dabei wölbt sie sich am unteren Rand immer mehr auf und bildet einen sogenannten **Stauchwall**, der eine wichtige Stützfunktion übernimmt. Kann der Stauchwall die Schneetafel nicht mehr halten und ist die Reibung zu klein, rutscht die gesamte Schneedecke als Gleitschneelawine am Boden ab. Dabei sind folgende Bedingungen notwendig:

› Es braucht einen glatten Boden (typischerweise Grashänge oder steile Felsplatten).

Ein Gleitschneeriss (links) neben einer bereits abgegangenen Gleitschneelawine (rechts)

Ein Gleitschneeriss, der aufgrund der Gleitbewegung am Boden entstand. Die Schneedecke wölbt sich am Hangfuß zu einem Stauchwall auf und wird dort gestützt. Wird die gleitende Schneetafel nicht mehr gehalten, rutscht sie als Gleitschneelawine ab.

› Der Schnee muss am Übergang zum Untergrund feucht oder nass sein.
› Der Hang muss ausreichend steil sein. Je steiler der Hang, desto geringer die Reibung und umso eher gleitet die Schneedecke.

Während Schnee schon bei 15 Grad Neigung zu gleiten beginnt, lösen sich Gleitschneelawinen typischerweise in 30–40 Grad steilem Gelände. Obwohl ihr Anriss linienförmig ist, sind sie nicht mit Schneebrettlawinen zu verwechseln.

KURZ UND KNAPP

› Gleitschneelawinen sind keine Alarmzeichen für trockene Schneebrettlawinen.
› Gleitschneelawinen können nicht durch Wintersportler ausgelöst werden.
› Für Sicherungsdienste ist der Umgang mit Gleitschneelawinen sehr herausfordernd und schwierig.

Oft verstreicht wenig Zeit zwischen der Entstehung des Gleitschneerisses bis zum Abgang der Lawine. Manchmal löst sich die Lawine sogar unmittelbar nach Öffnen des »Fischmauls«, meistens jedoch in den ersten Tagen danach. Es bildet sich aber längst nicht aus jedem Gleitschneeriss eine Lawine. Trotzdem sollte man sich unter »Fischmäulern« nicht unnötig lange aufhalten.

Weil bei Gleitschneelawinen immer die gesamte Schneedecke abrutscht, können bei mächtigen Schneedecken große Lawinen entstehen, die auch Verkehrswege und Skipisten gefährden. Für Sicherungsdienste ist der Umgang mit Gleitschneelawinen sehr herausfordernd und schwierig. Auf Touren hat die Gefährdung untergeordnete Bedeutung, da Wintersportler Gleitschneelawinen nicht auslösen können.

Gleitschneelawinen entstehen in der Regel bei einem günstigen Schneedeckenaufbau ohne ausgeprägte Schwachschichten. Sie sind schwer vorhersehbar, es gibt aber Perioden, während derer sie typischerweise auftreten.

Typische Gleitschneeperioden

War der erste Schneefall im Herbst/Frühwinter ergiebig und der Boden noch warm, können im Hochwinter sogenannte **»kalte« Gleitschneelawinen** entstehen. Die trockene und kalte Schneedecke wird am Übergang zum Boden von unten angefeuchtet, vor allem wenn der Boden beim Einschneien noch warm ist. Nach jedem Schneefall nimmt die Gleitbewegung etwas zu, sodass »kalte« Gleitschneelawinen oft in den ersten Tagen nach einem markanten Schneefall abgehen, unabhängig von der Tageszeit. Die Gefähr-

dung kann aber mitunter lange bestehen bleiben.
Anders ist es bei den **»warmen« Gleitschneelawinen**. Diese entstehen im Frühling, wenn Schmelzwasser von der Schneeoberfläche zum Boden sickert. Die Schneedecke ist dann meist komplett feucht und warm, das heißt null Grad, und das Wasser verringert die Reibung am Boden. »Warme« Gleitschneelawinen häufen sich bei intensiver Schmelze und treten – ähnlich wie Nassschneelawinen – in der zweiten Tageshälfte gehäuft auf.

KURZ UND KNAPP

Gleitschneelawinen reißen immer am Boden an. Damit sie entstehen, muss der Boden glatt und der unmittelbar darüber liegende Schnee feucht oder nass sein.

Gleitschneelawinen entstehen, wenn die gesamte Schneedecke auf glattem Untergrund abgleitet. Im Bild ist sichtbar, wie weit sich das »Fischmaul« geöffnet hatte (Untergrund ohne Schnee), bevor der Stauchwall die Schneedecke nicht mehr halten konnte – worauf diese abrupt abrutschte (Untergrund mit Schneespuren).

Nassschneelawinen

Bei Nassschneelawinen ist mindestens ein Teil der Schneedecke im Anrissgebiet feucht oder nass – entweder durch Regen oder Schmelze. Verlieren dadurch bestimmte Schneeschichten **großflächig an Festigkeit**, kommt es zur Lawinenauslösung. Dies kann in den folgenden Fällen auftreten:

- Eindringendes Wasser staut sich an einer Schichtgrenze, etwa oberhalb einer Schmelzharschkruste oder beim Übergang von feinkörnigem zu grobkörnigem Schnee – einer kapillaren Barriere. Enthält die Schneedecke also stark aufgebaute, grobkörnige Schichten, kann eindringendes Wasser am Übergang zu diesen Schichten zu einer markanten Schwächung und demzufolge zu einer raschen Abnahme der Stabilität führen.
- Mit zunehmender Durchnässung wird die Schneedecke so geschwächt, dass es zum Festigkeitsverlust in zumeist stark aufgebauten Basisschichten kommt. Dabei können sehr große Nassschneelawinen entstehen, die bis zum Boden anreißen.

Diese beiden Situationen treten sowohl im Frühling durch Schmelze als auch bei starkem, länger anhaltendem Regen auf (siehe Kap. Nassschneeproblem, S. 119).
Wenn die Schwachschicht, die bricht, noch trocken ist, wird die Lawine durch die veränderten Eigenschaften des teils feuchten Schneebrettes sowie der Zusatzlast (bei Regen) ausgelöst – ähnlich wie bei einer Erwärmung. Eine derartige Lawine gilt jedoch als trockene Schneebrettlawine, da der Bruch in

Spontane Nassschneelawinen Mitte April an Südosthängen als Folge von eindringendem Schmelzwasser in die Schneedecke

der trockenen Schneedecke erfolgt – auch wenn die Ablagerung oft derjenigen einer Nassschneelawine ähnelt.

Als einfache Faustregeln gelten:

› Je mehr Wasser in die Schneedecke dringt und je schwächer der Schneedeckenaufbau, desto wahrscheinlicher sind Nassschneelawinen.
› Je ausgeprägter die Schichtunterschiede (feinkörnig zu grobkörnig), desto eher staut sich das Wasser und desto schwächer wird die Schneedecke.
› Wenn kein Wasser mehr in die Schneedecke fließt, nimmt die Stabilität nicht sofort zu, sondern erst verzögert.
› Eine Abkühlung unter 0 °C, und damit ein Gefrieren des Wassers, führt zu stabilen Verbindungen (Krusten) zwischen den aufgeweichten Schneestrukturen.

Die Anfeuchtung beginnt an der Schneeoberfläche, was durch Auflösen erster Bindungen zunächst meist zu nassen Lockerschneelawinen führt. Erst wenn das Wasser tiefer eindringt, wird es kritisch, und es können sich großflächig nasse Schneebrettlawinen lösen. Der Festigkeitsverlust ist am ausgeprägtesten, wenn eine Schicht das erste Mal stark durchfeuchtet wird. Mit fortschreitender Durchnässung setzt sich die Schneedecke und wird zunehmend homogener; die Ab-

flusswege etablieren sich, das Wasser wird weniger gestaut und fließt schneller ungehindert bis zum Boden.
Eintretendes Wasser führt nicht nur zu einem Festigkeitsverlust der Schneedecke, sondern reduziert zudem die Gleitreibung am Boden (langes Gras, Felsplatten), was wiederum zu Gleitschneelawinen führen kann (siehe Kap. Gleitschneelawinen, S. 61).
Nasse Schneebrettlawinen entstehen nicht, weil sich ein Bruch – als Folge einer punktuellen Belastung – ausbreitet. Vielmehr wird eine Schicht durch das Wasser derart geschwächt, bis sie zeitgleich großflächig bricht. Nasse Schneebrettlawinen werden

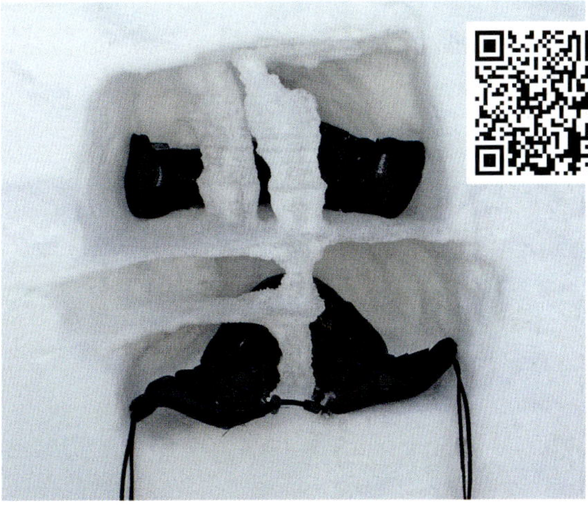

Gefrorene Abflusskanäle und Stauhorizonte von zuvor in die Schneedecke eingedrungenem Wasser

Nassschneelawinen: Die oberflächlichen Lockerschneelawinen lösten größere Nassschneelawinen aus, die bis in bodennahe schwache Schichten durchgerissen sind.

deshalb selten von Wintersportlern ausgelöst und gehen meist spontan ab. Auch Fernauslösungen sind praktisch ausgeschlossen. Selbst die künstliche Auslösung von nassen Schneebrettlawinen mittels Sprengungen ist selten erfolgreich.

KURZ UND KNAPP

- Nasse Schneebrettlawinen lösen sich in der Regel spontan, indem in einer durch das Wasser geschwächten Schicht die Festigkeit großflächig und zeitgleich verloren geht.
- Personen lösen vor allem nasse Lockerschneelawinen aus, die je nach Gelände bedrohlich sein können.

Größtenteils lösen sich Nassschneelawinen an sehr steilen Hängen über 35 Grad. Nur wenn der Schnee völlig durchnässt ist, brechen sie auch an Hängen unter 30 Grad los. Dabei gilt: Je nasser der Schnee, desto flacher das Gelände, in dem Nassschneelawinen abgehen können.

Sommerlawinen

Hochsommer und 30 Zentimeter Neuschnee – eine Situation, die im Hochgebirge immer wieder vorkommt. Auf dem Weissfluhjoch oberhalb von Davos beispielsweise (2540 m ü.M.) fallen von Juli bis September im Schnitt zweimal über zehn Zentimeter

Sommerlawine: Eine trockene Schneebrettlawine im Hochsommer (11. August 2007) an der Dufourspitze (Monte Rosa), ausgelöst durch sechs angeseilte Alpinisten im Aufstieg. Dank des sanften Auslaufs wurden sie nur teilverschüttet und konnten sich selbst befreien. In exponiertem Gelände hätte die Lawine katastrophale Konsequenzen haben können.

Schnee in 24 Stunden. 1000 Meter höher, im Hochgebirge, schneit es entsprechend häufiger, auch die Neuschneemengen können bedeutend sein. Sinkt die Schneefallgrenze auf 2000 Meter über Meer, herrschen auf 3500 Meter über Meer winterliche minus 10 °C.

Mit dem Neuschnee steigt auch die Lawinengefahr an. Diese beschränkt sich aber meist auf wenige Tage während und unmittelbar nach Schneefällen. Dennoch kommt es immer wieder zu Lawinenunfällen. In den letzten 40 Jahren verloren in den Schweizer Alpen 45 Personen im Juli, August und September ihr Leben in Lawinen. Dabei ist die Gefahr, mitgerissen zu werden und beim Bergsteigen abzustürzen, geländebedingt größer als die Gefahr einer Verschüttung. Schon kleine Lawinen können deshalb fatale Folgen haben. Nach dem Schneefall stehen zwei Hauptgefahren im Vordergrund:

- Neuschnee oder frischer Triebschnee kann als trockene Schneebrettlawine abgleiten, begünstigt durch eine zusammenhängende Altschneeoberfläche oder Blankeis.
- Durch starke Sonneneinstrahlung und stark steigende Temperaturen können sich nasse Lockerschneelawinen bilden, besonders an sehr steilen Grasflanken und auf Felsplatten.

Nach einem warmen Schönwettertag und einer klaren Nacht entspannt sich die Lawinensituation meist rasch wieder. Bleibt es allerdings kalt, nimmt die Gefahr entsprechend langsamer ab.

Kritische, also in der Schneedecke eingelagerte und langlebige Schwachschichten (Altschneeproblem) sind im Sommer eher selten. Auch erscheint der Lawinenbulletin nicht regelmäßig. Um die Lawinensituation einzuschätzen, sind folgende Punkte wichtig:

- die kritische Neuschneemenge,
- die Triebschneebildung durch Wind (v. a. in Kombination mit Neuschnee),
- die Durchfeuchtung des Neuschnees und Gefahr von Nassschneelawinen (auch spontan).

KURZ UND KNAPP

Die größte Gefahr von Sommerlawinen besteht nach Neuschnee. Aufgrund starker Sonneneinstrahlung und Erwärmung können sich zudem spontane Nassschneelawinen bilden. Dabei ist die Gefahr abzustürzen größer als die einer Verschüttung.

Die Beurteilung der Lawinengefahr ist im Sommer nicht wesentlich anders als im Winter. Die typischen Lawinenprobleme beschränken sich jedoch vorwiegend auf Neu- und Nassschnee, was die Einschätzung vereinfacht. Kritische Stellen sind vor allem steile Firn- oder Eisflanken.

Besonders in steilen Firn- und Eisflanken können auch Sommerlawinen entstehen – vor allem nach Neuschnee.

Einfluss von Wetter und Mensch auf die Schneedecke

Wetter und Gelände beeinflussen den Aufbau der Schneedecke und dadurch auch die Lawinenbildung.

Die Schichtung der Schneedecke ist der entscheidende Faktor für die Bildung von Lawinen. Da es relativ aufwendig ist, in die Schneedecke hineinzuschauen, lässt sich der Schneedeckenaufbau nur punktuell direkt untersuchen. Die Auslösewahrscheinlichkeit von Lawinen und die damit verbundene Lawinengefahr werden daher größtenteils indirekt beurteilt, anhand von äußeren Faktoren, welche die Schneedecke und deren Stabilität beeinflussen. Zu diesen Faktoren gehören das **Wetter** sowie der **Mensch**, der durch seine Spuren die Schneeoberfläche verändert und zudem eine Zusatzlast darstellt.
Bei der Beurteilung der Lawinengefahr müssen diese äußeren Einflüsse – im Hinblick auf die lawinenbildenden Prozesse – miteinbezogen werden, zum Beispiel durch folgende Fragen:

- Wie haben Wind und Lufttemperatur die Neuschneeschicht des letzten Schneefalls beeinflusst?
- Wie wurde die Schneeoberfläche vor dem Schneefall durch meteorologische Einflüsse oder durch den Menschen geprägt?
- Wo ist die Wahrscheinlichkeit am kleinsten, eine Schneebrettlawine auszulösen?
- Sind Einstrahlung und tageszeitliche Erwärmung so stark, dass die Schneedecke oberflächlich feucht wird?

Auch das Gelände wirkt sich auf den Aufbau der Schneedecke aus, jedoch nur indirekt. Vom Gelände hängt zum Beispiel ab, wie groß die Einstrahlung der Sonne auf die Schneedecke ist oder wo vom Wind Triebschnee abgelagert wird. Auf dieses Thema wird im Kapitel Geländebeurteilung, S. 185, eingegangen.

Wetter

Wetterinformationen, meteorologische Mess- sowie Schneedaten sind für den Alpenraum allgemein zugänglich. Die verschiedenen Wetterparameter (z. B. Neuschnee, Wind und Lufttemperatur) müssen immer gemeinsam betrachtet werden, da sie je nach Kombination die Schneedecke unterschiedlich beeinflussen. Überdies ist es für die Entwicklung einer Lawinensituation entscheidend, auf welche Art von Schneedecke das Wetter wirkt. Um diese Zusammenhänge zu veranschaulichen, wird jeweils für **zwei unterschiedliche Schneedecken** (A und B, siehe Abbildungen auf folgender Doppelseite) beschrieben, wie sich die einzelnen Wetterparameter auswirken. Wie Schneeprofile interpretiert werden, wird in Kap. Interpretation von Schneeprofilen, S. 172, ausführlich erklärt. Hinweise zu den Schneearten sind in Kap. Schneearten, S. 40 zu finden.

Neuschnee

Wenn Neuschnee fällt, verändert sich die Schneedecke in folgender Hinsicht (siehe auch Kap. Lawinenprobleme, Neuschnee, S. 94):

› Es entsteht eine **neue Schicht**: Aus den einzelnen Eiskristallen bildet sich eine Neuschneeschicht, die anfänglich schlecht mit der Altschneeoberfläche verbunden ist. Schneit es bei wenig Wind, besteht der Neuschnee aus mehr oder weniger komplett verästelten Eiskristallen, die sich schnell verändern. Bläst während des Schneefalls ein starker Wind, werden die Eiskristalle mechanisch verkleinert. Je mehr Wind den Schneefall begleitet, desto dichter gepackt und damit brettartiger wird die Neuschneeschicht. Fällt der

Mit jedem Schneefall wächst die Schneedecke und deren Eigenschaft verändert sich.

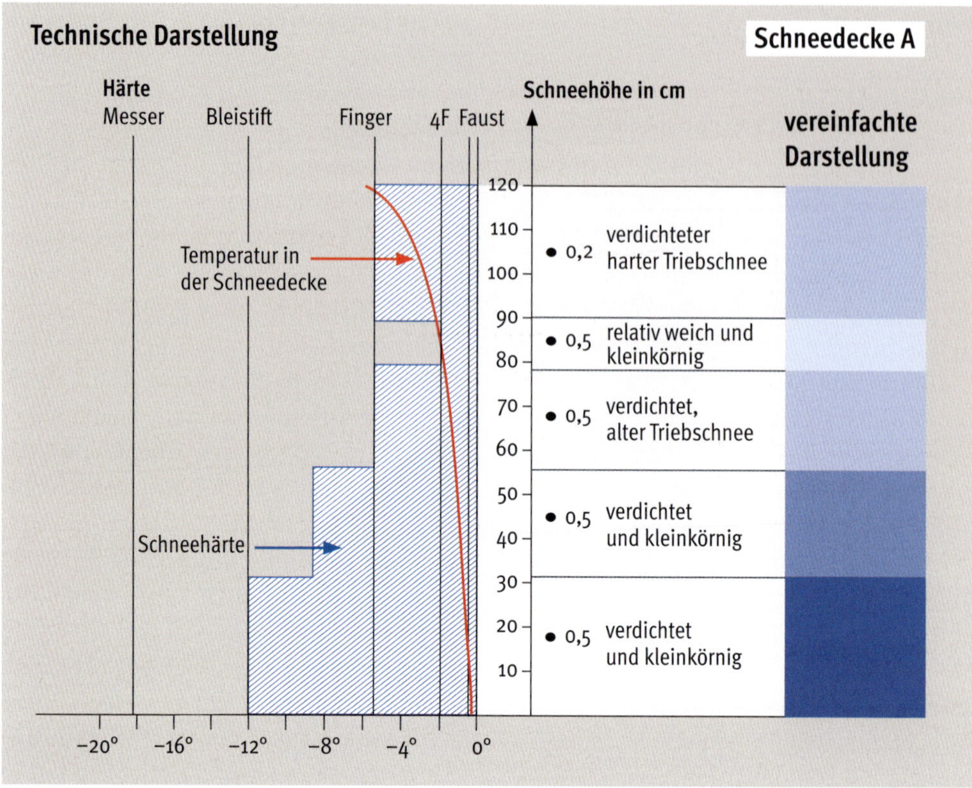

A: Günstiger Schneedeckenaufbau ohne ausgeprägte Schwachschichten und ohne lockere Schneeoberfläche.

Schnee bei relativ warmen Temperaturen (zwischen −5 °C und 0 °C), verändern sich die Eiskristalle schnell und bilden eine feste Struktur. Analog zu den einzelnen Eiskristallen verbindet sich auch der Neuschnee innerhalb kurzer Zeit mit der darunter liegenden Altschneeoberfläche. Schneit es ohne Wind bei tiefen Temperaturen und bleibt es danach kalt, wandelt sich der Neuschnee aufbauend um und bleibt über längere Zeit pulvrig und locker (siehe Kap. Schwachschichten, S. 37).

› Es entsteht eine **Zusatzlast** auf untere Schichten. Das Gewicht des Neuschnees kann Schwachschichten weiter unten in der Schneedecke belasten und dort zu Brüchen führen. Entweder betrifft dies die Schicht unmittelbar unter dem Neuschnee oder aber tiefer gelegene Schwachschichten in der Schneedecke (siehe Kap. Kombi-Probleme, S. 115).

Generell ist mit zunehmender Neuschneemenge ein Anstieg der Lawinengefahr zu erwarten. Neben der Höhe des Neuschnees ist auch dessen Dichte wichtig. Einerseits ergibt sich daraus die Zusatzlast, andererseits wirken sich Dichteveränderungen innerhalb des Neuschnees – verursacht durch Wind oder Temperaturschwankungen während des Schneefalls – unterschiedlich auf die Lawinenbildung aus.
40 Zentimeter lockerer Neuschnee können beispielsweise weniger kritisch sein als

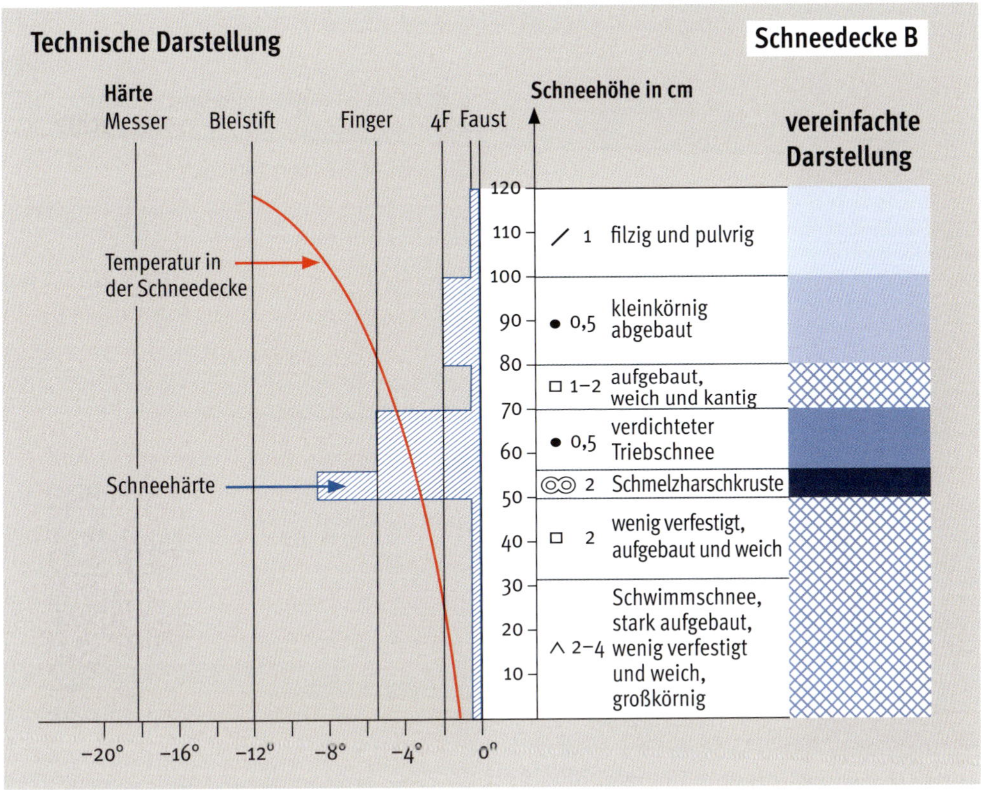

B: Ungünstig aufgebaute Schneedecke mit schwacher Basis und ausgeprägten Schwachschichten (mit Schraffur in der vereinfachten Darstellung) sowie lockerer Schneeoberfläche.

20 Zentimeter dichter Neuschnee. Indes sind 40 Zentimeter Neuschnee kritischer, wenn diese innerhalb von zwölf Stunden fallen als innerhalb von drei Tagen. Der Grund liegt darin, dass bei kurzer Niederschlagsdauer relativ schnell ein genügend mächtiges Schneebrett entsteht und dieses anfänglich nur schwach in sich und mit dem Altschnee verbunden ist. Fällt der Schnee über drei Tage hinweg, kann sich die Neuschneeschicht mit dem Altschnee besser verbinden, und auch innerhalb des Neuschnees entstehen mehr Bindungen.

Ist es zu Beginn des Schneefalls kalt und steigen die Temperaturen währenddessen an, wird die Neuschneeschicht nach oben immer dichter. Dies führt zu Schneebretteigenschaften, welche die Bruchausbreitung begünstigen. Schneit es hingegen zuerst warm und wird danach immer kälter, unterstützen die Neuschneeschichten die Bruchausbreitung etwas weniger. Analog beeinflussen auch ändernde Windverhältnisse die Dichte des Neuschnees, etwa wenn es zuerst ohne Wind schneit und in einer späteren Phase des Schneefalls Wind aufkommt und den Schnee verdichtet.

KURZ UND KNAPP

Markanter Schneefall führt immer zu einem Anstieg der Lawinengefahr.

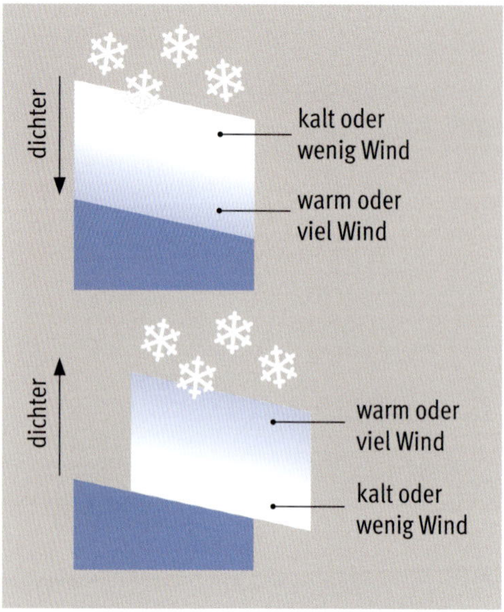

Ist der Neuschnee aufgrund von Wind- oder Temperaturveränderungen oben dichter als unten, so ist er auslösefreudiger und kann die Bruchausbreitung eher unterstützen.

Wie stark sich Neuschnee auf die Lawinengefahr auswirkt, hängt entscheidend von Wind, Temperatur sowie der Beschaffenheit der Altschneeoberfläche ab. Bei der Gefahrenbeurteilung helfen die Merkmale des Lawinenproblems »Neuschnee« (siehe Kap. Neuschneeproblem, S. 94) und die kritische Neuschneemenge (siehe Kap. Kritische Neuschneemenge, S. 157).

Beispiel zu Schneedecken A und B:
Auf die beiden Schneedecken A und B fallen 30 Zentimeter leicht gebundener Schnee. Die Temperatur liegt bei rund –10 °C.
In der Schneedecke A ist nur im Bereich des Neuschnees ein Bruch zu erwarten. Innerhalb des Neuschnees und am Übergang zum Altschnee sind die Verbindungen der Eiskristalle anfänglich noch schwach. Am wahrscheinlichsten ist ein Bruch beim Übergang vom Neuschnee zum Altschnee. Falls dieser nicht während des Schneefalls oder kurz danach auftritt, nimmt die Auslösewahrscheinlichkeit rasch wieder ab. Der Neuschnee setzt sich innerhalb weniger Tage und verfestigt sich. Auch die Verbindung zur darunterliegenden Schicht verbessert sich schnell.
Da die Schneedecke B ungünstig aufgebaut ist, sind Brüche an verschiedenen Orten möglich. Auch hier ist zunächst ein Bruch am Übergang zum Altschnee zu erwarten. Durch die Zusatzlast des Neuschnees und die durch den Neuschnee veränderten Bretteigenschaften können zudem Brüche in den tiefer liegenden Schwachschichten entstehen. Da diese Schwachschichten langlebiger sind (siehe Kap. Schwachschichten, S. 37), bleibt die Gefahr einer Lawinenauslösung über längere Zeit bestehen.

EXPERTENTIPP

- je mehr Neuschnee, desto ungünstiger (Menge)
- je dichter der Neuschnee, desto ungünstiger (Wind, Temperatur)
- je kälter der Neuschnee und je größer der Temperaturunterschied zwischen Neuschnee und Altschnee, desto ungünstiger (Temperatur)
- je weicher und grobkörniger die Altschneeoberfläche, desto ungünstiger (Altschneeoberfläche)
- je intensiver der Schneefall, desto ungünstiger (Neuschneehöhe pro Zeiteinheit)
- je dichter der Neuschnee nach oben, umso ungünstiger (Zunahme von Wind und Temperatur während des Schneefalls)

Regen

Regen führt zu einer schnellen Wasserzufuhr in die Schneedecke. Dadurch kann sich ihre Stabilität wie folgt verändern:

- Durch den Regen erwärmen sich die oberflächennahen Schneeschichten. Infolge-

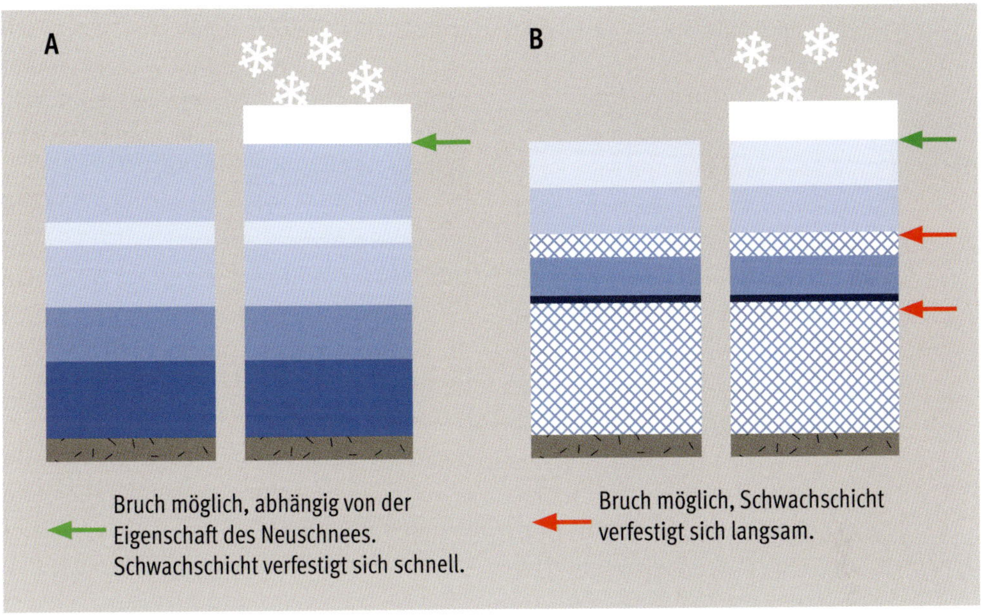

Bei Schneedecke A können sich Brüche allenfalls anfänglich beim Übergang zum Altschnee bilden. Bei B sind Brüche an verschiedenen Orten möglich.

dessen werden sie verformbarer. Ist eine Schwachschicht vorhanden, wird die Auslösung einer Schneebrettlawine wahrscheinlicher.

- Wasser kann sich an markanten Schichtgrenzen stauen und die Schneedecke dort kurzfristig schwächen.
- Regen bedeutet – durch das Gewicht des Wassers – eine Zusatzlast für die Schneedecke und gegebenenfalls vorhandene Schwachschichten.

Die durch den Regen verursachten Veränderungen in der Schneedecke hängen von der Schneetemperatur und dem Aufbau der Schneedecke ab.
Bei kalter (deutlich unter 0 °C) und trockener Schneedecke führt das relativ warme Regenwasser zur Anfeuchtung der obersten Zentimeter. Ein Teil des Wassers fließt kanalisiert weiter in die Schneedecke und gefriert dort schließlich wieder. Die erwärmten oberflächennahen Schichten werden verformbarer und können neben der Zusatzlast bei ausgeprägten Schwachschichten kurzfristig zu einer Abnahme der Stabilität tiefer in der Schneedecke führen.
Wenn das Regenwasser in der Schneedecke nicht gefriert – weil zum Beispiel die Schneetemperatur schon nahe bei 0 °C ist –, staut sich das Wasser an markanten Schichtgrenzen. Voraussetzung dafür ist, dass es ausreichend stark regnet. Vor allem Übergänge von feinkörnigem zu grobkörnigem Schnee und Schmelzharschkrusten eignen sich als Barriere für diesen Wasserstau. Das angesammelte Wasser schwächt dort die Schneedecke, wodurch sich Nassschneelawinen bilden können (siehe Kap. Nassschneelawinen, S. 63).
Regnet es im Frühjahr auf eine bereits durchfeuchtete Schneedecke, ist der Einfluss des Regens weniger ausgeprägt. Das Regenwasser fließt meist ungehindert zum Boden ab.

In den Kapiteln Nassschneelawinen, S. 63, und Nassschneeprobleme, S. 119, wird auf typische Nassschneesituationen eingegangen.

Beispiel zu Schneedecken A und B:
Innerhalb von zwölf Stunden fallen 30 Millimeter Regen auf die beiden Schneedecken. Da die Schneedecke A wärmer ist, sickert das Wasser tiefer ein. Es staut sich allerdings kaum, weil keine großen Schichtunterschiede vorhanden sind. Das Regenwasser fließt in die Schneedecke, ohne diese wesentlich zu schwächen.
Die Schneedecke B ist kälter und das Wasser gefriert in den oberflächennahen Schichten wieder. Der Regen verändert allerdings die Schneeschichtung über der Schwachschicht (dritte Schicht von oben, Abbildung unten) derart, dass sich eine Schneebrettlawine am ehesten in der noch trockenen Schwachschicht löst, bevor das Wasser dort ankommt. Zudem besteht die Gefahr, dass die Zusatzlast des Regenwassers in der untersten Schwimmschneeschicht Brüche verursachen könnte.

KURZ UND KNAPP

Regen kann kurzfristig zu einem schnellen Anstieg der Lawinengefahr führen:
- Das Gewicht des Regenwassers ist eine Zusatzlast auf die Schneedecke.
- Das Schneebrett wird gut verformbar, was die Bildung einer Schneebrettlawine begünstigt.
- Wasser kann sich unter Umständen an markanten Schichtgrenzen stauen und dort die Schneedecke schwächen.

Je intensiver der Regen, desto ungünstiger der kurzfristige Einfluss auf die Schneedecke.

Wind

Der Wind gilt traditionell als Baumeister von Schneebrettlawinen. Er bildet den sogenann-

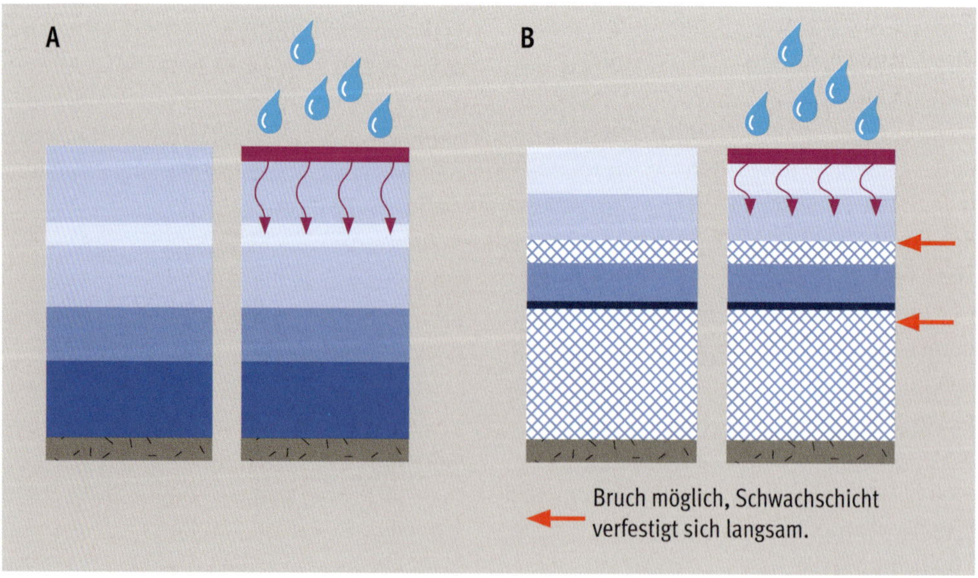

Bei Schneedecke A führt der Regen kaum zu einer Schwächung. Bei Schneedecke B hingegen verändert der Regen die oberflächennahen Schichten derart, dass, in Kombination mit den noch trockenen Schwachschichten, die Auslösewahrscheinlichkeit zunimmt. Es können sich sogar große Lawinen bilden.

Anriss einer spontanen Schneebrettlawine. Sie löste sich während einer Schneefallperiode, die am Schluss in Regen überging. Die Regenrillen auf der Schneeoberfläche sind gut ersichtlich.

ten Triebschnee, indem er Schnee transportiert, der nach der erneuten Ablagerung andere Eigenschaften hat. Frische Triebschneeansammlungen sind oft sehr auslösefreudig, allerdings nur, wenn unter dem Triebschnee eine Schwachschicht vorhanden ist. Nicht jede Schneeverfrachtung führt also zu einer Schneebrettlawine.

Triebschnee entsteht einerseits, wenn es während eines Schneefalls windet, und andererseits, wenn der Wind Schnee von einer lockeren Schneeoberfläche verfrachtet. Dabei werden die einzelnen Eiskristalle mechanisch in kleine Partikel zerstückelt, die unter sich schnell und an vielen Stellen sintern. Entsprechend dicht gepackt ist somit die Triebschneeschicht.

Liegt darunter eine Schwachschicht, kann der gut gebundene Triebschnee leicht als Schneebrettlawine abgehen. Die Verbindung zwischen dem frischen Triebschnee und dem Altschnee ist wie bei Neuschnee anfänglich oft schwach. Sie kann sich aber je nach Eigenschaften der Altschneeoberfläche und Temperatur des Triebschnees innerhalb von Stunden verfestigen. Triebschnee auf einer grobkörnigen, kantig aufgebauten Altschneeoberfläche bleibt über längere Zeit auslösefreudig. Die Unterteilung innerhalb des Lawinenproblems »Triebschnee« (siehe Kap. Triebschneeproblem, S.100) sowie die richtige Einordnung von Beobachtungen (siehe Kap. Triebschneespuren, S. 158) helfen, den Windeinfluss auf die Lawinengefahr abzuschätzen.

Wie stark der Wind die Lawinensituation beeinflusst, hängt vom Gelände und von den Eigenschaften des oberflächennahen

Der Wind kann frischen Triebschnee bilden und dabei die Lawinensituation auch bei schönstem Wetter innerhalb von Stunden verschärfen. Dort, wo der Schnee abgetragen wird, entsteht eine raue und unregelmäßige Schneeoberfläche.

Windstärke	**Anzeichen (Faustregeln)**	**Schneeverfrachtung**
< 15 km/h	Taschentuch bewegt sich.	keine Verfrachtungen
ab 15 km/h	Taschentuch ist im Wind gestreckt.	erste Verfrachtung von kaltem Neuschnee mit geringer Dichte (während Schneefalls)
ab 40 km/h	Der Wind ist an festen Gegenständen hörbar, wie das Rauschen im Wald oder Schneefahnen an Gipfeln.	umfangreiche Verfrachtung von Neuschnee, Beginn der Verfrachtung von alter, lockerer Schneeoberfläche (z. B. aufgebauter Schnee)
ab 60 km/h	Das Gehen wird stark beeinträchtigt.	umfangreiche Verfrachtungen, Kammlagen oft blank gefegt
ab 100 km/h	Gleichgewicht halten wird schwierig, an Gebäuden und am Wald entstehen Schäden.	umfangreiche Verfrachtungen, Kammlagen oft blank gefegt
Verdoppelt sich die Windgeschwindigkeit, wird rund achtmal mehr Schnee umgelagert.		

Erforderliche Windstärken für Triebschneebildung

Schnees ab. Dabei ist Folgendes wichtig zu wissen:

› Aufgrund der lokalen Topografie variiert die Windrichtung in Bodennähe kleinräumig stark und unterscheidet sich oft von der Richtung des Höhenwindes. In Pass- und Kammlagen ist der Wind allgemein kräftiger als unterhalb der Waldgrenze.
› Dort, wo der Wind kräftig weht, muss genügend verfrachtbarer Schnee vorhanden sein, damit Triebschnee entsteht.
› Offene Hänge bieten große Angriffsflächen für den Wind.
› Triebschnee lagert sich einerseits an den vom Wind abgewandten Seiten (Lee) ab (z. B. in Mulden, hinter Geländekanten etc.). Andererseits wird auch auf der dem Wind zugewandten Seite (Luv) Triebschnee angepresst (z. B. bei Felswandfüßen oder in Mulden).
› Wo Triebschnee letztlich abgelagert wird, hängt vom Wechselspiel zwischen Lokalwind und Gelände ab. Der Schnee ist daher oftmals sehr unregelmäßig verteilt; entsprechend kann sich der Schneedeckenaufbau innerhalb weniger Meter ändern. Häufig ist es schwierig zu erkennen, wie mächtig die Triebschneeansammlungen sind.
› Triebschnee entsteht auch an gleichmäßigen Hängen bei hangparallelen Winden. Dies ist oft an dünenartig gewellten Oberflächen zu erkennen.

Wind beeinflusst die Schneedecke nicht nur durch das Ablagern von Triebschnee, sondern auch durch das Abtragen von Schnee (= Erosion). Nachdem der lockere Schnee fortgeblasen wurde, bleibt eine raue, harte und kleinräumig sehr unregelmäßige Schneeoberfläche zurück. Solche Oberflächen bieten meist wenig Abfahrtsspaß. Im Hinblick auf die Lawinengefahr sind sie jedoch vorteilhaft, da sie dank ihrer kleinräumigen Variabilität für den nächsten Schneefall eine günstige Unterlage bieten.

Nebst seiner Rolle als Schneeverfrachter transportiert der Wind auch warme oder kalte Luft und beeinflusst dadurch den Energiehaushalt an der Schneeoberfläche. So kann warmer Wind (z. B. Föhn) auch an Schattenhängen den oberflächennahen Schnee erwärmen.

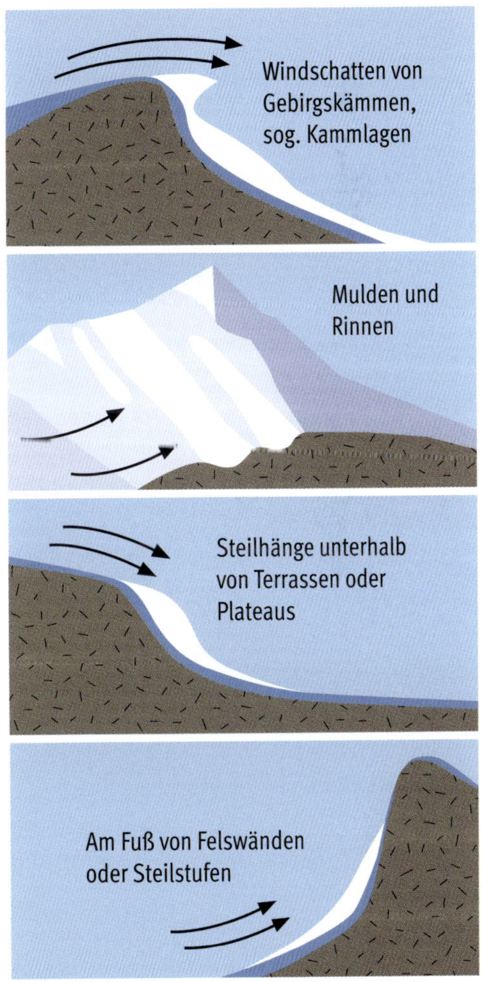

Typische Geländeformen, wo sich oft Triebschnee ansammelt (weiß)

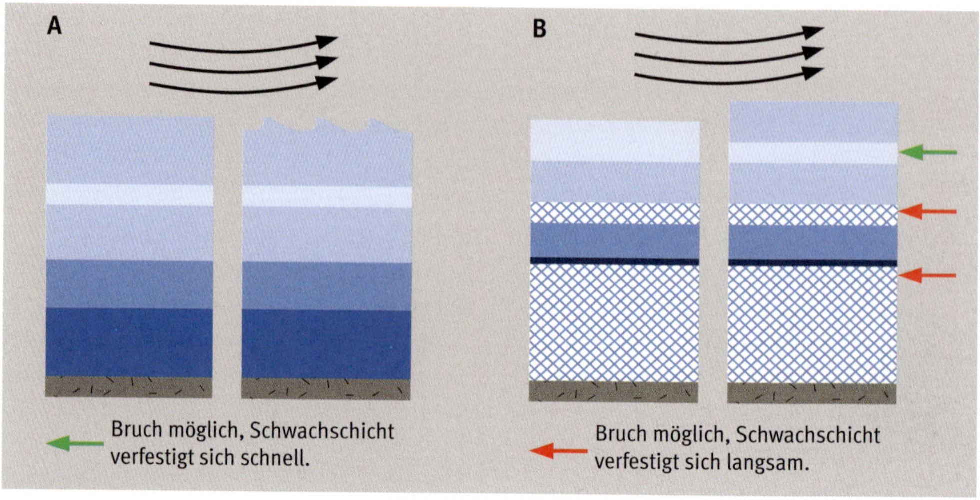

Bei Schneedecke A gibt es kaum Verfrachtung, der Wind raut die Schneeoberfläche lediglich etwas auf, bei B kann der oberflächennahe Schnee verfrachtet werden. Es entsteht frischer Triebschnee, der an windgeschützten Stellen auf relativ lockerem Schnee zu liegen kommt.

Beispiel zu Schneedecken A und B:
Einfluss eines Föhnsturms (durchschn. 50 km/h) während zwölf Stunden auf beide Schneedecken:
Auf die Schneedecke A wirkt sich der Wind wenig aus. Es wird kaum Schnee verfrachtet und die Schneeoberfläche wird tendenziell rauer und dadurch zu einer günstigeren Unterlage für kommenden Schneefall. An der aktuellen Lawinensituation ändert sich nichts. Der oberflächennahe Schnee von Schneedecke B wird verfrachtet. Es entsteht an windgeschützteren Stellen eine Triebschneeschicht, die abgleiten oder mit den darunterliegenden Schichten ein mächtigeres Schneebrett bilden kann.

KURZ UND KNAPP

- Wind kann lockeren Schnee innerhalb weniger Stunden zu gefährlichem Triebschnee umwandeln.
- Wind führt zu harten, unregelmäßig erodierten Schneeoberflächen.
- Wind kann kalte oder warme Luft an die Schneeoberfläche heranführen und dabei ihre Temperatur verändern.

Luft- und Schneetemperatur

Die Lufttemperatur spielt in unserem täglichen Leben eine wichtige Rolle und wird sowohl im Wetterbericht als auch im Lawinenbulletin immer erwähnt. Eine hohe Lufttemperatur erwärmt die Schneedecke jedoch nicht zwingend. Entscheidend für die Veränderung der Temperatur in der Schneedecke ist die **Energiebilanz**. Sie hängt vor allem von den Ein- und Ausstrahlungsbedingungen sowie vom Wind ab (siehe Kap. Strahlung, S. 82).
Solange der Schnee an der Schneeoberfläche nicht schmilzt, ist deren Temperatur ein gutes Maß für die Energiebilanz. Bei einer positiven Bilanz erwärmt sich die Oberfläche der Schneedecke, andernfalls kühlt sie sich ab (siehe Abbildung). Da Schnee aufgrund seines großen Luftanteils die Wärme schlecht leitet – entsprechend ist er ein guter Isolator –,

Welchen Einfluss die Lufttemperatur auf den Schnee hat, hängt größtenteils von den Strahlungsbedingungen und vom Wind ab. Entscheidend ist die Energiebilanz.

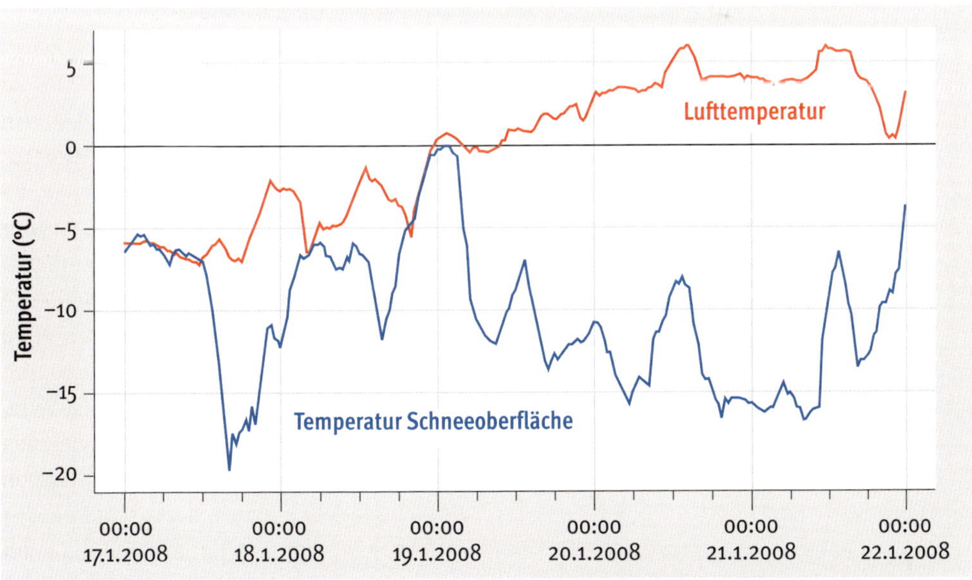

Bei ungehinderter Abstrahlung (d. h. klarem Himmel) und jahreszeitlich bedingt noch schwacher direkter Sonneneinstrahlung ist die Temperatur der Schneeoberfläche (blaue Kurve) oft deutlich tiefer als die Lufttemperatur (rot). Solange die Temperatur der Schneeoberfläche unter 0 °C liegt, erkennt man an deren Verlauf, ob sich die Schneedecke erwärmt oder abkühlt.

KURZ UND KNAPP

Der Einfluss der Lufttemperatur auf die Schneedecke ist in der Regel gering. Entscheidend ist die Energiebilanz, die meist von unterschiedlichen Strahlungsbedingungen (kurz- und langwellig) dominiert ist.

dringt eine Temperaturänderung in den obersten Schichten nur langsam tiefer in die Schneedecke ein. Erwärmt sich die Schneeoberfläche beispielsweise von −20 °C auf 1 °C, beeinflusst dies innerhalb von 24 Stunden höchstens die obersten 20–30 Zentimeter der Schneedecke. In den tiefer liegenden Schichten ändert sich die Temperatur in diesem Zeitraum nicht (siehe Abbildung unten), weshalb dort eine Schwachschicht nicht geschwächt wird. Da sich jedoch die Eigenschaften des darüberliegenden Schneebrettes verändern, kann sich die Auslösewahrscheinlichkeit trotzdem erhöhen.

Oft wird die Erwärmung der Schneedecke für Lawinenauslösungen verantwortlich gemacht. Sie spielt jedoch meistens eine untergeordnete Rolle, solange der Schnee nicht schmilzt. Sie kann aber bei einer sehr schwachen Schneedeckenstabilität das Zünglein an der Waage sein.

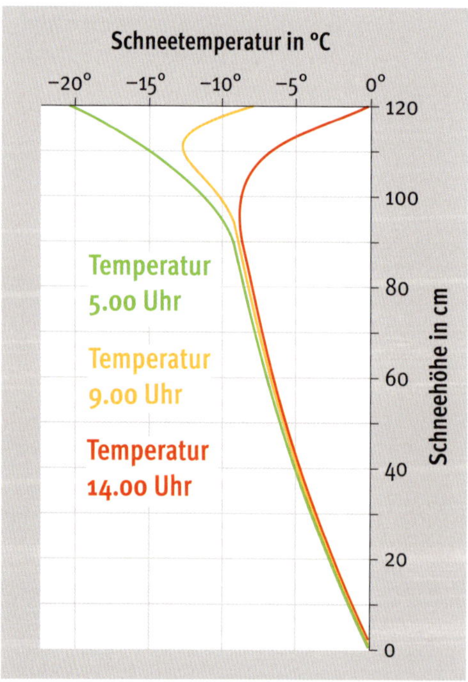

Temperaturprofil in der Schneedecke mit den tageszeitlichen Schwankungen in den oberflächennahen Schichten (flaches Messfeld auf 2500 m ü. M. Ende Februar)

EXPERTENTIPP

Die Schneetemperatur verändert sich eher langsam und ihr Einfluss auf die Schneedeckenstabilität ist häufig von anderen Faktoren überlagert. Bewegt sich die Schneetemperatur jedoch Richtung 0 °C, wird ihr Einfluss bedeutsamer.
»Warmer« Schnee hat eine Temperatur zwischen −5 °C und 0 °C. In diesem Temperaturbereich ändern sich seine Eigenschaften deutlich.

Strahlung

Kurzwellige Sonnenstrahlung wird zu einem großen Teil von der weißen Schneedecke reflektiert. Nur ein kleiner Teil dringt in die oberflächennahen Schichten ein und wird dort absorbiert, das heißt in Wärme umgewandelt. Gleichzeitig gibt die Schneedecke Wärme in Form von langwelliger Strahlung ab. Wolken, Nebel, die Jahres- und Tageszeit sowie das Gelände beeinflussen diese kurz- und langwellige Ein- und Abstrahlung. Gelangt durch die Einstrahlung mehr Energie in die Schneedecke als sie durch Abstrahlung verliert, erwärmt sie sich; andernfalls kühlt sie ab. Dies gilt jedoch nur, wenn sich keine anderen Wärmeflüsse deutlich auf die Energiebilanz auswirken (z. B. durch Wind).

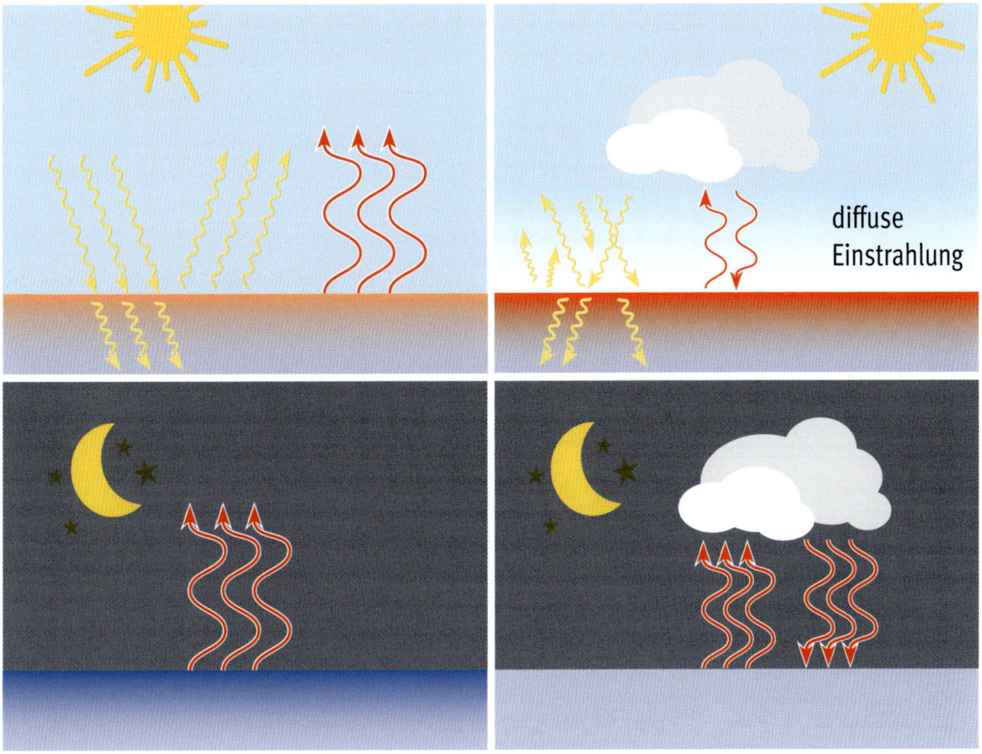

Einfluss von Wolken und Nebel bei Tag und bei Nacht auf die kurzwellige Sonneneinstrahlung und die langwellige Wärmeabstrahlung. Die Temperatur der Schneeoberfläche ergibt sich aus der Energiebilanz.

Einflüsse auf die Strahlungsverhältnisse **tagsüber**:

› **Einstrahlungswinkel**: Je steiler der Einfallswinkel der Strahlung, desto größer ist die Erwärmung. Weil der Strahlungswinkel im Winter an Südhängen steiler ist als im ebenen Gelände, erwärmen sich die Hänge durch die Sonneneinstrahlung dort stärker. Die Einstrahlung ist zudem abhängig von der Jahreszeit. Im März ist die Energie der Sonneneinstrahlung um ein Vielfaches höher als im Dezember, daher beeinflusst die Sonneneinstrahlung die Schneedeckenstabilität im Frühling stärker als im Hochwinter. Nordhänge erhalten wenig oder gar keine Sonneneinstrahlung. Bei klarem Himmel ist die Abstrahlung ungehindert, das heißt, die Schneedecke gibt Energie ab. Die Bilanz ist demzufolge im Nordhang negativ. Der Schnee kühlt sich ab und ist dadurch deutlich kälter als die Luft.

› **Wolken und Nebel:** Bei klarem Himmel strahlt die Sonne ungehindert ein und die Schneedecke strahlt ebenso ungehindert Wärme ab. Bei Wolken und bei Nebel ist die Sonneneinstrahlung abgeschwächt. Die Wärmeabstrahlung der Schneedecke verändert sich kaum, aber Nebel und Wolken strahlen ebenfalls Wärme ab, die durch den Schnee aufgenommen wird. Dadurch geht bei Wolken und Nebel kaum Energie durch Wärmeabstrahlung verloren und die Schneedecke erhält womöglich sogar mehr Energie als sie abgibt und erwärmt sich.

In der Nacht kühlt die Schneeoberfläche bei klarem Himmel infolge der fehlenden Sonneneinstrahlung ungehindert ab. Dadurch kann eine feuchte, aufgeweichte Schneeoberfläche im Frühling zu einer Schmelzharschkruste gefrieren, auch wenn die Lufttemperatur über 0 °C liegt. Bei bedecktem Himmel jedoch entspricht die Temperatur der Schneeoberfläche der Lufttemperatur, solange die Temperatur unter dem Gefrierpunkt liegt. Ist die Luft wärmer, bleibt die Schneeoberfläche bei 0 °C feucht.

Durch **intensive Sonneneinstrahlung** können folgende Schneeoberflächen entstehen:

› **Schmelzharschkruste**: oberflächliches Aufschmelzen und Wiedergefrieren des Schnees
› Büßerschnee: Während langer Perioden mit Strahlungswetter und geringer Luftfeuchtigkeit entstehen besonders durch Sublimation »Löcher« und damit kleine Schneezacken oder -pyramiden. Diese Senken werden immer tiefer und die Zacken dadurch immer größer. Die Schneezacken sind in entgegengesetzter Richtung zur Sonneneinstrahlung ausgerichtet und bilden eine sehr raue und unregelmäßige Schneeoberfläche.

KURZ UND KNAPP

› Je steiler der Einfallswinkel der Sonne, desto größer ist die Erwärmung der Schneedecke.
› Wolken oder Nebel vermindern die Auskühlung der Schneeoberfläche.
› Im Hochwinter kühlt sich die Schneeoberfläche bei klarem Himmel selbst bei direkter Sonneneinstrahlung meist ab.

Büßerschnee als raue Schneeoberfläche nach langem Strahlungswetter

Oberflächenreif bildet sich in klaren und kalten Nächten mit relativ hoher Luftfeuchtigkeit. Er ist besonders in schattigen und kammfernen Lagen zu finden. An stark besonnten Hängen verschwindet er schnell wieder.

Oberflächenreif

In klaren Nächten mit ungehinderter Abstrahlung, tiefen Temperaturen und hoher Luftfeuchtigkeit (>70 %) kann sich auf der sehr kalten Schneeoberfläche Oberflächenreif bilden. Diese Bedingungen kommen typischerweise vor, wenn es nach Schlechtwetter aufklart und noch Restfeuchte vorhanden ist. Oberflächenreif entsteht vor allem in windschwachen Lagen und auch in Kälteseen, wo kalte und feuchte Luft liegen bleibt. In Kammlagen ist es oft windiger, was die Bildung von Oberflächenreif erschwert. Große Oberflächenreifformen sind vor allem im Bereich von offenen Gewässern zu finden.

Während des Tages verschwindet der Oberflächenreif bei starker Sonneneinstrahlung meist wieder, während er in Schattenhängen länger bestehen bleibt und unter Umständen sogar weiter wächst. **Eingeschneiter Oberflächenreif wird zu einer Schwachschicht** (siehe Kap. Langlebige Schwachschichten, S. 39).

Mensch

Der Mensch ist ein wichtiger Faktor bei der Entstehung von Lawinen. In über 90 Prozent aller Lawinenunfälle mit Wintersportlern lösten die Beteiligten selbst die Lawine aus. In den übrigen Fällen, also eher selten, entstand die Lawine spontan. Der Mensch verändert durch sein Betreten zudem die

Schneeoberfläche, was für die Schneedeckenstabilität relevant ist. Dieses Kapitel widmet sich solchen mechanischen Einflüssen des Menschen auf die Schneedecke. Auf die ebenfalls sehr wichtigen psychologischen Aspekte bei der Risikobeurteilung wie Wahrnehmung, Entscheiden, soziale Effekte etc. wird im Kapitel Faktor Mensch, S. 251 und Kapitel Entscheiden, S. 267, näher eingegangen.

Zusatzlast

Entscheidend für die Lawinenauslösung durch einen Wintersportler ist seine Krafteinwirkung auf die Schneedecke, sowohl in der Fläche als auch in der Tiefe. Die Wirkungszone liegt bei rund einem Quadratmeter Fläche um den Skifahrer herum. Bei einer Gruppe von Skifahrern addieren sich deshalb die Krafteinwirkungen der einzelnen Personen auch ohne Abstände nicht unmittelbar. Abstände dienen also primär dazu, das Risiko, dass es zu mehreren Verschütteten kommt, zu minimieren.

Wie stark ein Skifahrer oder Snowboarder die Schneedecke belastet, ist unterschiedlich. Die dynamische Belastung während der Abfahrt oder bei einem Sprung oder Sturz kann ein Mehrfaches größer sein als die Belastung, die ein ruhig stehender Wintersportler auf die Schneedecke ausübt. Wie viel höher sie ist, ist vom Fahrstil und der Schneedecke abhängig.

Die Kräfte, die der Wintersportler auf die Schneedecke ausübt, nehmen mit zunehmender Tiefe schnell ab – in 80 Zentimetern

Beim Besammeln einer Gruppe nach der Abfahrt wird eine große Zusatzlast erzeugt.

Dynamische Belastung während der Abfahrt

Typische Wirkungstiefe eines Skifahrers in einer weichen Schneedecke

Tiefe sind sie rund viermal kleiner als in 20 Zentimetern. Die **typische Wirkungstiefe** eines Wintersportlers liegt in weichem Schnee bei **40 bis 60 Zentimetern**. Befindet sich eine kritische Schicht deutlich weiter unten, ist es wenig wahrscheinlich, dass eine normal abfahrende Einzelperson eine Lawine auslöst. Bei einem Sturz in der Abfahrt können hingegen Kräfte auftreten, die bis gegen einen Meter tief wirken. Generell gilt: Je wärmer der Schnee, desto stärker wirkt die Belastung eines Wintersportlers in die Tiefe. Eine wesentliche Rolle spielt außerdem die Einsinktiefe: Sinkt der Skifahrer beispielsweise 20 Zentimeter ein, sind die von ihm ausgehenden Kräfte 40 Zentimeter unterhalb der Schneeoberfläche etwa doppelt so groß, als wenn der Skifahrer nicht einsinken würde. Bei weichem Schnee wirken die Kräfte eines Wintersportlers vor allem in die Tiefe und nur wenig in die Breite. Bei hartem, tragfähigem Schnee hingegen ist es genau umgekehrt; dort wirken sie viel stärker in die Fläche als in die Tiefe.

Bei sehr dicken und verfestigten Schichten (z. B. 2 m verfestigter Schnee) sind sehr große Kräfte – zum Beispiel von einem Pistenfahrzeug – nötig, um einen Bruch in einer Schwachschicht zu initiieren. Die Belastung eines Wintersportlers reicht dazu kaum aus. Der Mensch kann aber einen Bruch in einem Bereich erzeugen, wo das Schneebrett weniger mächtig ist (siehe Kap. Topografie, S. 189). Der Bruch breitet sich dann mitunter auch in Bereiche aus, wo das Schneebrett dicker ist.

Die Eigenschaften des Schneebretts, in erster Linie die Einsinktiefe (Schneehärte) und Mächtigkeit über einer Schwachschicht,

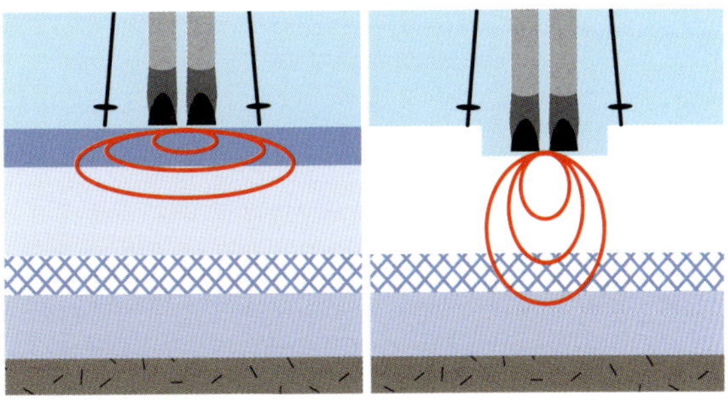

Wirkungsbereich eines Skifahrers bei hartem Schnee (links) und weichem Schnee (rechts). Wenn der Schnee warm ist (wenig unter 0 °C), wirkt sich der Einfluss des Skifahrers in beiden Fällen stärker in die Tiefe aus.

Bei über 90 % aller Lawinenunfälle mit Wintersportlern lösten die Beteiligten selbst die Lawine aus. Bei Stürzen oder Sprüngen wird die Schneedecke am meisten belastet.

spielen also eine entscheidende Rolle bei der Bruchinitiierung durch Wintersportler.

Häufiges Befahren

Als häufig befahren gelten Hänge, wenn sie nach jedem Schneefall stark verspurt werden. Solche Hänge kommen vor allem im Variantengelände von Skigebieten und auf besonders populären Touren vor. Durch die vielen Spuren wird die Schneeoberfläche unregelmäßig, und wenn sie wieder eingeschneit wird, entsteht in der Schneedecke eine große

EXPERTENTIPP

- Die Wirkungstiefe eines Wintersportlers liegt bei normaler Belastung bei 40–60 cm, bei großer Belastung (z. B. bei einem Sturz) auch tiefer (rund 1 m).
- Je härter der Schnee, desto geringer ist die Tiefenwirkung und desto größer die Breitenwirkung.
- Je wärmer der Schnee, desto größer die Tiefenwirkung.
- Die geringste Belastung in die Tiefe erzeugt ein Wintersportler bei sanftem Fahren mit Belastung auf beiden Skiern und bei hartem, kaltem Schnee.
- Die größte Belastung erzeugen Wintersportler, wenn sie stürzen, springen oder sich eng gruppieren (z. B. beim Zusammenkommen nach der Abfahrt), und wenn der Schnee warm und/oder weich ist.
- Schneebrettlawinen werden durch Wintersportler v. a. an eher schneearmen Stellen ausgelöst, wo das Schneebrett über der Schwachschicht nicht besonders mächtig ist.

KURZ UND KNAPP

Häufig befahrene Hänge sind vielfach stabiler als unbefahrene. Viele Spuren führen zu einer unregelmäßigen Schneeoberfläche. Dies ist eine günstige Ausgangslage für den nächsten Schneefall.

Variabilität im Meterbereich. Durch Wintersportler initiierte Brüche am Übergang von Neu- zu Altschnee können sich somit kaum ausbreiten. Häufig befahrene Hänge sind deshalb generell als günstiger zu beurteilen als solche, die wenig befahren werden. Es gibt aber auch Situationen, in denen dies nicht der Fall ist, zum Beispiel:

- bei durchnässtem Schnee,
- bei über 50 cm Neuschnee,
- bei kohäsionslosem, stark aufgebautem Schnee,
- bei Traversen, wo alle in der gleichen Spur fahren oder
- am Anfang des Winters, wenn noch wenig Tourengeher oder Freerider unterwegs waren.

EXPERTENTIPP

Die Beurteilung, ob Hänge häufig befahren wurden, verlangt gute Ortskenntnisse. Oft werden die Hangbereiche oberhalb von Einfahrtstraversen selten befahren, sodass es eine klare Grenze zwischen verspurtem und unverspurtem Gelände gibt.

Häufig befahrener Hang

Lawinenprobleme und günstige Situationen

Aufgrund wiederkehrender Wetterphänomene treten kritische Lawinensituationen immer wieder in ähnlichen Konstellationen auf, die durch die Kombination gewisser Merkmale charakterisiert sind. Die typischsten Situationen werden als sogenannte Lawinenprobleme definiert.
Anhand dieser Typisierung können Wintersportler die Eigenheiten einer Lawinensituation schnell erkennen und bei der Beurteilung auf die für das entsprechende Lawinenproblem entscheidenden Faktoren fokussieren.

Die Einteilung ermöglicht es:

› ohne großes schneetechnisches Wissen typische und wiederkehrende Lawinensituationen schnell zu erkennen.
› Fortgeschrittenen, den Fokus auf das Hauptproblem und die damit verbundenen Fragen hinsichtlich lawinenbildender Prozesse zu lenken. Wo ist die Schwachschicht? Woher kommt das darüberliegende Brett? Wie auslösefreudig und wie verbreitet ist diese Kombination? Welchen Einfluss hat das Anfeuchten der Schneeoberfläche?

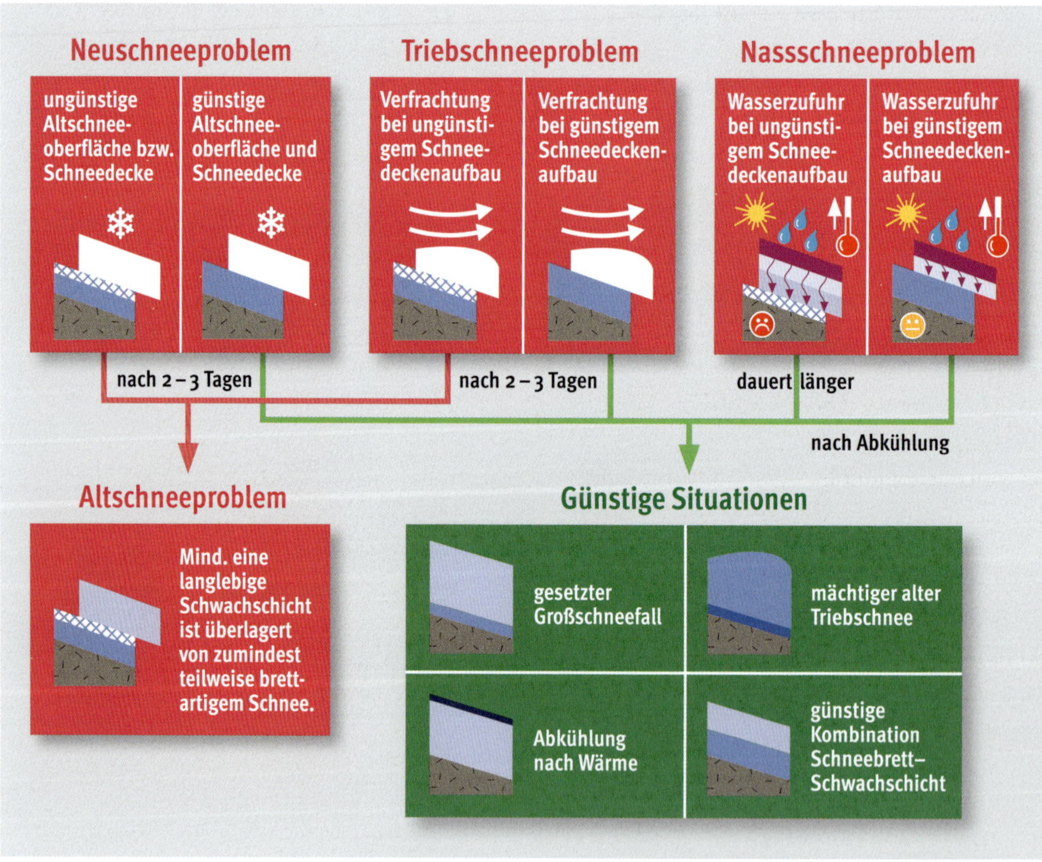

Übersicht über die für Wintersportler relevanten Lawinenprobleme und deren typische zeitliche Entwicklung. Durch direkte meteorologische Einflüsse entstehen entweder neue Schichten oder es dringt Wasser in die Schneedecke ein. Oft führt dies zu einem ausgeprägten Lawinenproblem und zum Anstieg der Lawinengefahr. Wie sich die Situation nach einigen Tagen präsentiert, hängt vom Schneedeckenaufbau ab. Entweder entwickelt sie sich zu einem lang anhaltenden Altschneeproblem oder die Lawinensituation wird günstig.

- sich typische Lawinensituationen gut einzuprägen und mit zunehmender Erfahrung ein besseres Gespür für unterschiedliche Ausprägungen und Variationen zu entwickeln.

Übersicht

Auch wenn Lawinensituationen nie identisch sind, lassen sich fünf Hauptprobleme unterscheiden:

- Neuschnee
- Triebschnee (Wind)
- Altschnee (schwache Schneedecke)
- Nassschnee (Wasser)
- Gleitschnee

Fehlen in der Schneedecke einige Komponenten zur Bildung von Lawinen, existiert kein ausgeprägtes Lawinenproblem; die Lawinensituation ist dann meist günstig.
Die ersten drei Lawinenprobleme haben trockene Schneebrettlawinen zur Folge, an deren Auslösung der Schneesportler in den meisten Fällen beteiligt ist. Dabei ist das Zusammenspiel von Schneebrett und Schwachschicht entscheidend. Nass- oder Gleitschneelawinen hingegen folgen einem anderen Mechanismus und gehen vorwiegend spontan ab. Gleitschneelawinen sind bei der Beurteilung auf Touren von untergeordneter Bedeutung.
Die Lawinenprobleme geben Anhaltspunkte für die Beurteilung der verschiedenen Lawinensituationen, indem sie zu den wichtigen Fragestellungen führen. Die zentrale Frage ist jeweils, wie sich das Zusammenspiel von Schneebrett und Schwachschicht hinsichtlich Bruchinitiierung und Bruchausbreitung auswirkt. Die Spannweite erstreckt sich von einem akuten Lawinenproblem (spontane Lawinen oder Fernauslösungen) zu einer günstigen Situation. Um die Wahrscheinlichkeit einer Lawinenauslösung innerhalb eines Lawinenproblems einzuschätzen, stehen verschiedene Hilfsmittel zur Verfügung. So lässt sich mit dem Analyser (siehe Kap. Kombination der wesentlichen Beobachtungen je nach Lawinenproblem, S. 177) einschätzen, wie gravierend das Lawinenproblem ist. In der Abbildung auf S. 92 ist die typische zeitliche Entwicklung dargestellt.
Die verschiedenen Lawinenprobleme treten nicht in allen Höhenlagen und Expositionen gleich häufig auf. In Gipfel- und Kammlagen findet man häufiger Neu- und Triebschneeprobleme, während in großen, homogenen Hängen zwischen Waldgrenze und Kammlagen typischerweise alle Lawinenprobleme vorkommen. Eine Lawinensituation kann auch durch mehrere Lawinenprobleme geprägt sein, beispielsweise durch die Kombination von Neu- und Altschneeproblem oberhalb der Waldgrenze und durch ein Gleitschneeproblem in tieferen Lagen.

KURZ UND KNAPP

Um die Eigenheit einer typischen Lawinensituation zu beurteilen, sind folgende Fragen von Bedeutung:

- Was ist das Hauptproblem?
- Wie gravierend ist es?
- Wo ist es vorhanden?

Im Folgenden werden verschiedene Ausprägungen der Lawinenprobleme erläutert, mit Schwerpunkt auf der Bildung von Schneebrettlawinen. Neben den fünf Lawinenproblemen wird auch auf Kombi-Probleme und günstige Situationen eingegangen.

Neuschneeproblem

Wenn Schnee fällt, entsteht eine neue Schicht – ein potenzielles Schneebrett. Zusätzlich lastet der Neuschnee auf den darunterliegenden Schichten (siehe Kap. Neuschnee, S. 71). Die Eigenschaften der Neuschneeschicht sind je nach Schneemenge sowie Windeinfluss und Lufttemperatur während des Schneefalls sehr vielfältig. Entsprechend unterschiedlich wirkt sich Neuschnee sowohl auf die Bruchinitiierung wie auch die Bruchausbreitung aus. Die Schwachschicht befindet sich in der Regel am Übergang zur Altschneeoberfläche. Da während einer Schneefallperiode der Schnee selten unter gleichen Bedingungen abgelagert wird, können auch in der Neuschneeschicht kurzfristig schwache Strukturen vorkommen, zum Beispiel bei tiefen Temperaturen oder wenig Wind. Befindet sich im Neuschnee die Schwachschicht ganz unten, verbessert sich die Lawinensituation durch Setzung und Sintern des Neuschnees schon in den ersten Stunden nach dem Schneefall. Bereits nach wenigen Tagen ist das Lawinenproblem nicht mehr relevant.

Ganz anders verhält es sich, wenn sich die Schwachschicht an der Altschneeoberfläche oder leicht darunter, also im Altschnee, befindet. Auch wenn sich der Neuschnee nach einigen Tagen verfestigt, bleibt in diesem Fall die Schwachschicht darunter bestehen, und das Problem wird zu einem reinen Altschneeproblem.

Im Folgenden werden Situationen beschrieben, in denen Neuschnee auf unterschiedliche Altschneeoberflächen zu liegen kommt. Es gibt jedoch auch Situationen, in denen Schnee auf eine Schneedecke mit einer Schwachschicht innerhalb des Altschnees fällt. Diese werden in einem separaten Kapitel als **Kombi-Probleme** (Kombination von Neu- und Altschnee, siehe Kap. Kombi-Problem, S. 115) behandelt.

Neuschneesituationen sind leicht zu erkennen und die Gefahr ist oft weit verbreitet. Mit der Regel zur **kritischen Neuschneemenge** lässt sich einschätzen, wie akut das Neuschneeproblem ist (siehe Kap. Kritische Neuschneemenge, S. 157). Im ungünstigsten Fall reichen zehn Zentimeter Neuschnee, damit eine kritische Lawinensituation entsteht. Ab 50 Zentimeter sind auch bei günstigen Bedingungen Schneebrettlawinen möglich. Gleiche Neuschneemenge bedeutet allerdings nicht gleiche Schneebretteigenschaften. Letztlich entscheiden auch Festigkeit, Dichte und Dichteverlauf des Neuschnees über der Schwachschicht, ob sich Schneebrettlawinen bilden. Wird der Neuschnee nach oben dichter, zum Beispiel aufgrund von Triebschnee oder Erwärmung, so begünstigt dies die Bruchausbreitung.

KURZ UND KNAPP

- Neuschnee kann sowohl Schneebrett wie auch Schwachschicht sein.
- Wie akut ein Neuschneeproblem ist, hängt im Wesentlichen von der Menge und den Eigenschaften des Neuschnees sowie der Beschaffenheit der Altschneeoberfläche ab.

EXPERTENTIPP

Unterschiedliche Beurteilung von 30 Zentimeter Neuschnee bei gleicher Schwachschicht:

- Je dichter der Neuschnee, desto eher ist es kritisch.
- Wird der Neuschnee nach oben dichter, ist es eher kritisch als umgekehrt.
- Steigt die Temperatur während des Schneefalls an, ist es ungünstiger als umgekehrt.

	**Wichtige Fragen,** um Neuschneesituationen zu beurteilen: • Neuschneemenge und Eigenschaften des Neuschnees? • Temperatur- und Windverlauf während des Schneefalls? • Beschaffenheit und Variabilität der Altschneeoberfläche? • Reaktivierung eines Altschneeproblems? → »Kombi«-Problem
Allgemeine Hinweise	
Verbreitung	zumeist weit verbreitet und flächig in allen Hängen vorhanden; in höheren Lagen wegen des größeren Windeinflusses oft kritischer
Mögliche Brüche in der Schneedecke	im Neuschnee selbst oder am Übergang zur Altschneeoberfläche
Eigenschaften des Schneebrettes	weich, trocken oder teilweise leicht feucht, abhängig von Temperatur und Windverhältnissen während des Schneefalls
Hinweise	• Während oder unmittelbar nach einem markanten Schneefall ist mit spontanen Lawinen oder Fernauslösungen zu rechnen. • oft wenig Umgehungsmöglichkeiten • Auch im Sommer beachten!
Typ. Anzeichen, Erkennbarkeit	• kritische Neuschneemenge erreicht • relativ einfach erkennbar
Alarmzeichen	v. a. frische Schneebrettlawinen
Dauer	während einer Niederschlagsperiode und 1–3 Tage nach Niederschlagsende, danach allenfalls Altschneeproblem; meist nur 1 Tag kritisch bei günstiger Altschneeoberfläche und guten Setzungsbedingungen
Verhalten	• Abwarten mit dem Begehen von Steilhängen! • Gefahr möglicher spontaner Lawinen und Fernauslösungen berücksichtigen!

Zusammenfassung Neuschneeproblem

KURZ UND KNAPP

Je mehr Neuschnee fällt, umso markanter ist der Anstieg der Lawinengefahr. Wichtig sind zudem die Bedingungen vor und während des Schneefalls.

› Günstig (weniger kritisch) ist relativ lockerer Neuschnee auf gut verfestigter, unregelmäßiger Altschneeoberfläche.
› Ungünstig ist gebundener Neuschnee (Triebschnee oder pappiger Schnee) auf schwacher, lockerer Altschneeoberfläche.

Neuschnee auf günstiger Altschneeoberfläche

Als günstig gilt eine Altschneeoberfläche, wenn sie recht hart und unregelmäßig ist, also keine Eigenschaften einer Schwachschicht aufweist. Beispiele für eine günstige Altschneeoberfläche sind:

› harte, winderodierte Oberfläche
› stark verspurte Schneeoberfläche
› rauer Schmelzharsch (Kruste)
› Büßerschnee (siehe Kap. Strahlung, S. 82)

Verlockender Neuschnee und verbreitetes Neuschneeproblem. Die Lawine wurde fernausgelöst.

Auch wenn der Schnee auf eine günstige Schneeoberfläche fällt, können Schneebrettlawinen entstehen. Dies geschieht, wenn sich im Neuschnee selbst Brüche bilden, die sich ausbreiten. Je kälter die Lufttemperatur während des Schneefalls und je weniger Wind den Neuschnee beeinflusst, desto schwächer ist seine Struktur und desto eher sind solche Brüche möglich.

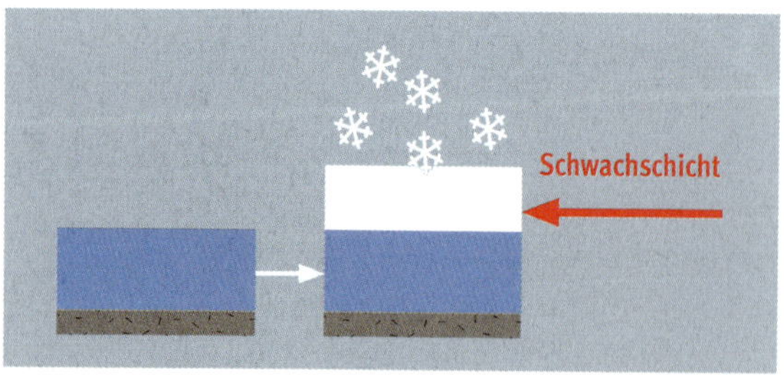

Fällt Neuschnee auf eine günstige Altschneeoberfläche, kann ein Bruch innerhalb des Neuschnees zur Schneebrettlawine führen. Diese Art von Schwachschicht verfestigt sich allerdings rasch.

Als Folge der Setzung und des Sinterns verstärken sich die Bindungen im Neuschnee zwischen den einzelnen Schneekristallen jedoch relativ schnell. Entsprechend nimmt die Gefahr von Brüchen innerhalb des Neuschnees ab dem Ende des Schneefalls rasch ab und die Lawinengefahr ist schon nach einem Tag deutlich geringer. Je wärmer der Schnee und je größer die Überlast, desto schneller finden diese Prozesse statt.

Typisches Vorkommen:

› während oder unmittelbar nach dem Schneefall, insbesondere wenn es kalt zu schneien beginnt

- bei Neuschnee in Regionen mit günstigem Schneedeckenaufbau
- bei Neuschnee an Stellen mit rauer und unregelmäßiger Schneeoberfläche, etwa, wenn häufig befahren oder windausgesetzt

Typische Eigenheiten:
- Die Lawinengefahr geht innerhalb eines Tages relativ schnell zurück.
- wenig Alarmzeichen

Kalter Neuschnee auf feuchter Altschneeoberfläche

Eine Schneeoberfläche, die »warm« oder gar feucht ist, wenn sie eingeschneit wird, ist eigentlich eine günstige Altschneeoberfläche. Fällt jedoch nur wenig Schnee (z. B. 10 bis 20 cm) und wird es danach schnell kalt (z. B. -10 °C), entsteht am Übergang des Neuschnees zum »warmen« Altschnee ein großer Temperaturgradient. In der Folge bildet sich unmittelbar am Übergang im Neuschnee binnen weniger Tage eine dünne, kantig aufgebaute Schwachschicht (siehe Kap. Schwachschichten, S. 37). Diese befindet sich direkt oberhalb der Kruste, die durch das Gefrieren der ursprünglich feuchten Altschneeoberfläche entstanden ist. Bei dieser Art der Schwachschichtbildung ist entscheidend, wie feucht die »warme« Altschneeoberfläche war. Je feuchter die Oberfläche und je größer der Temperaturgradient, desto stärker ist die aufbauende Umwandlung.

Dies ist einer der wenigen Fälle, in denen die Schwachschichtbildung nicht an der Schneeoberfläche stattfindet. Solche Situationen treten eher selten auf und generell an stark besonnten Hängen z. B. im Frühling oder auch wenn Regen in Schnee übergeht (Kalt- auf Warmfront). Die daraus resultierende Schwachschicht ist jeweils schwierig zu erkennen. Überdies taucht sie häufig überraschend auf, da sie sich auch in Hanglagen mit sonst günstigem Schneedeckenaufbau bildet und die Situation aufgrund der guten Verbindung zwischen Neuschnee und Altschneeoberfläche anfänglich günstig ist. Solche Schwachschichten bleiben allerdings weniger lange bestehen als Schwimmschnee oder Oberflächenreif. Meistens sind die Bedingungen für diese Art von Schwachschichtbildung nur in einem bestimmten Höhenband gegeben (siehe Abbildung auf nächster Seite).

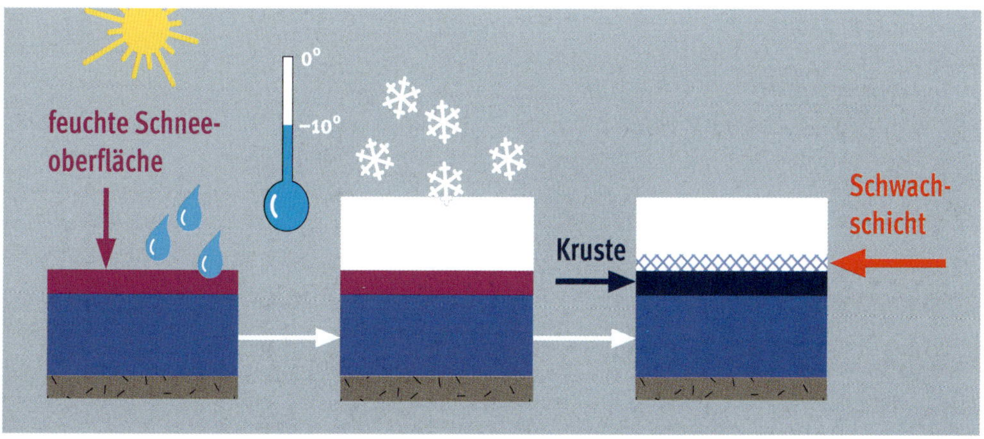

Bei großem Temperaturunterschied zwischen Neu- und Altschnee kann sich nach dem Schneefall in der Schneedecke allmählich eine Schwachschicht bilden.

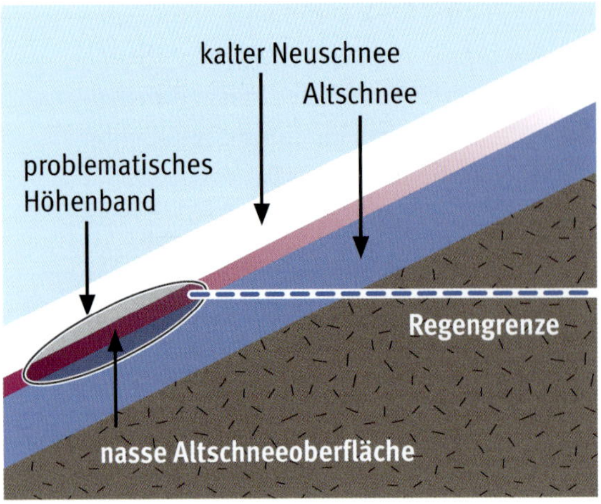

Kritisch ist der Höhenbereich, wo die Schneeoberfläche feucht und der Temperaturunterschied zwischen Neu- und Altschnee am größten ist (sinkende Schneefallgrenze).

Typisches Vorkommen:

› bei Regen in höheren Lagen, gefolgt von einer Kaltfront mit Schnee bis in die Niederungen; häufig einige Hundert Höhenmeter unterhalb der Regengrenze
› bei kaltem Neuschnee im Frühling auf stark besonnten Hängen
› bei Neuschnee in den Sommermonaten im vergletscherten Hochgebirge bei tiefer Schneefallgrenze

Typische Eigenheiten:

› Schwachschicht entwickelt sich in den Tagen unmittelbar nach dem Niederschlag
› dünne, kantig aufgebaute Schwachschicht auf einer Kruste

Neuschnee auf ungünstiger Altschneeoberfläche

Eine ungünstige Altschneeoberfläche liegt vor, wenn die oberste Schicht der Schneedecke vor dem Schneefall weich und relativ locker ist und eine grobkörnige Struktur aufweist, also die typischen Eigenschaften einer Schwachschicht hat. Typische schwache Oberflächenschichten sind:

› Oberflächenreif
› kantig aufgebauter, lockerer Schnee

Fällt der Neuschnee auf eine ungünstige Altschneeoberfläche, erfolgt der Bruch in der schwachen obersten Altschneeschicht unmittelbar unterhalb des Neuschnees. Der Neuschnee ist in diesem Fall das Schneebrett und die lockere Altschneeoberfläche die Schwachschicht. Mit der Setzung des Neuschnees verändern sich zwar die Eigenschaften des Schneebretts, die Schwachschicht hingegen bleibt unverändert, da sie – im Gegensatz zu »Neuschnee auf günstiger Altschneeoberfläche« – im Altschnee ist. Die ungünstige Schichtung bleibt bestehen und das Neuschneeproblem wird zum Altschneeproblem. Fällt Schnee auf eine Schneedecke, in der bereits Schwachschichten vorhanden sind, kann ein latentes Altschneeproblem wieder aktiviert werden. In diesem Fall handelt es sich um eine Kombination von Neuschnee- und Altschneeproblem. Solche Kombi-Probleme werden im Kapitel Kombi-Problem, S. 117, beschrieben.

KURZ UND KNAPP

Neuschnee auf einer ungünstigen Altschneeoberfläche führt meist zu einem lang anhaltenden Altschneeproblem.

Typisches Vorkommen:

› bei Schneefall nach langen kalten, niederschlagsfreien Perioden, während derer sich eine locker aufgebaute Schicht an der Schneeoberfläche bilden konnte (häufig Dezember bis Februar). Solche Situationen sind oft relativ einfach zu erkennen.

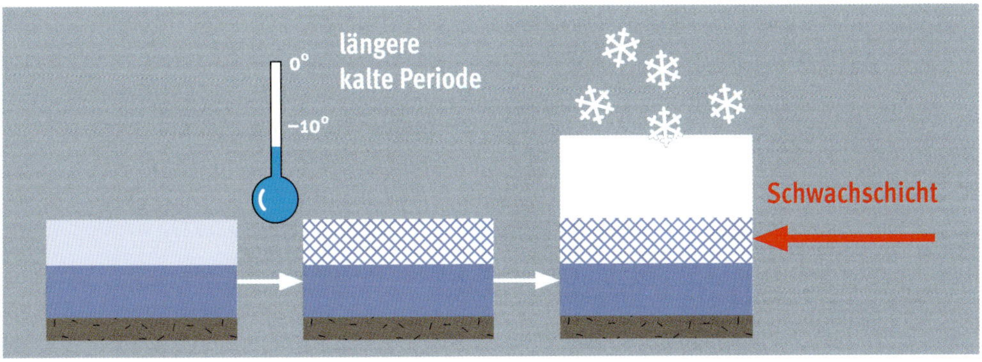

Wenn es mehrere Tage sehr kalt ist, kann sich die Schneeoberfläche zu lockeren und kantigen Formen aufbauen. Fällt darauf wieder Schnee, wird aus dem anfänglichen Neuschneeproblem eine oft länger andauernde, kritische Lawinensituation: ein Altschneeproblem.

- bei Neuschnee auf Oberflächenreif: Solche Situationen sind oft schwierig zu beurteilen, da der Oberflächenreif unter Umständen nicht überall vorhanden ist.
- in Schattenhängen, die wegen ihrer Abschattung lange kalt bleiben, und wo sich kantig aufgebaute Schichten bilden (auch noch im März oder April), auch wenn es an Südhängen angenehm warm ist.

Typische Eigenheiten:

- oft alle Arten von Alarmzeichen vorhanden
- bei größeren Neuschneemengen großflächige Anrisse
- weitverbreitetes Problem, das länger bestehen bleibt (Wechsel zu Altschneeproblem)

Verhalten beim Neuschneeproblem

Beim Neuschneeproblem sind die Gefahrenstellen weitverbreitet. Daher lassen sie sich auch kaum umgehen. Oft ist es in höheren Lagen kritischer, weil es dort kälter ist und der Wind stärker bläst. Während des Schneefalls und in der ersten Phase danach ist die Situation vor allem bei größeren Neuschneemengen angespannt. Oftmals ist in dieser Phase die Auslösewahrscheinlichkeit von

Ein typisches Beispiel einer fragilen Schneeoberfläche ist Oberflächenreif. Er bildet eine ungünstige Altschneeoberfläche für den nächsten Schneefall.

Am ersten Tag nach Neuschnee ist defensives Verhalten oder Abwarten erstrangig.

Schneebrettlawinen relativ hoch, das heißt, spontane Lawinen und Fernauslösungen sind möglich. Daher ist es ratsam, sich vorerst defensiv zu verhalten und die Situation gut zu beobachten. Ist der Neuschnee locker, breiten sich Brüche kaum über größere Distanzen (mehrere Dutzend Meter) aus. Der Neuschnee verändert sich jedoch schnell, und der Umgang mit der Situation hängt dann davon ab, wie die Altschneeoberfläche beschaffen war.

› Günstige Altschneeoberfläche: Mit der Verfestigung des Neuschnees stabilisieren sich auch etwaige schwache Strukturen im Neuschnee. Schon ein Tag nach dem Schneefall ist die Situation in der Regel bereits deutlich günstiger.
› Feuchte Altschneeoberfläche: Die Situation entspannt sich anfänglich ebenfalls schnell, bis sich über der »warmen« Altschneeoberfläche allmählich eine Schwachschicht bildet, wodurch die Schneedeckenstabilität abnimmt. Die Situation wird aber bald wieder günstiger, da die Schwachschicht meist nicht besonders ausgeprägt ist und sich bald verfestigt.
› Ungünstige Altschneeoberfläche: In solchen Situationen ist besondere Vorsicht geboten und sehr defensives Verhalten angebracht. Es ist bereits ab rund 30 Zentimeter Neuschnee mit erhöhter Lawinenauslösewahrscheinlichkeit zu rechnen. Die Kombination Schneebrett–Schwachschicht bleibt lange ungünstig und die Situation beruhigt sich nur sehr langsam.

Triebschneeproblem

Wenn der Wind Schnee verfrachtet, entsteht eine gut gebundene Triebschneeschicht mit idealen Bretteigenschaften. Liegt unterhalb dieses Triebschnees auch noch eine schwache Schicht, sind alle Voraussetzungen für eine Schneebrettlawine gegeben; der Triebschnee lässt sich leicht auslösen oder bricht sogar spontan als Schneebrettlawine an (siehe Kap. Eigenschaften und Zusammenspiel zwischen Schneebrett und Schwachschicht, S. 55).
Damit Schnee verfrachtet werden kann, muss er relativ locker sein. Dies ist etwa der Fall, wenn es frisch geschneit hat (siehe Kap. Einfluss von Wetter und Mensch auf die Schneedecke, Wind, S. 76). Triebschnee kann sich auch bei sonnigem Wetter bilden und eine Lawinensituation innerhalb kurzer Zeit verschärfen.
Im Gegensatz zum Neuschneeproblem ist der Wind hauptverantwortlich für das neue Schneebrett. Die Schwachschicht besteht oft aus dem übrig gebliebenen lockeren Schnee,

der nicht verfrachtet wurde. Lagert sich darauf frischer Triebschnee ab, ist die Situation meist besonders kritisch. An sehr windexponierten Stellen liegt der frische Triebschnee manchmal unmittelbar auf verfestigten Schichten. Dann ist die Verbindung zum darunter liegenden Schnee allenfalls kurzzeitig schwach. Aufgrund der fehlenden Schwachschicht stabilisiert sich die Situation jedoch schnell; folglich ist der frische Triebschnee kaum auslösbar.

Frischer Triebschnee ist nicht immer einfach zu erkennen, da Windspuren allein kaum Hinweise auf seine Mächtigkeit und sein Alter geben. Es ist deshalb wichtig, den Witterungsverlauf der vorangegangenen Tage zu

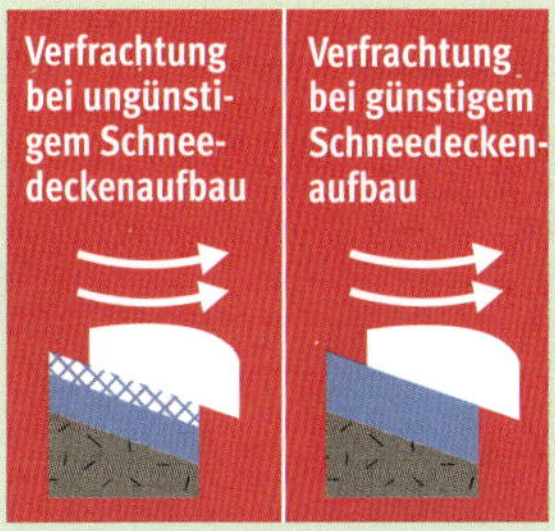

	Wichtige Fragen, um Triebschneesituationen zu beurteilen: • Alter des Triebschnees? • Wie viel Triebschnee? • Was liegt unterhalb des Triebschnees? • Wo und wie flächig liegt der Triebschnee? • Wie auslösefreudig ist der Triebschnee?
Allgemeine Hinweise	
Verbreitung	unregelmäßig und kleinräumig stark unterschiedlich, in Windschattenlagen (z. B. Rinnen und Mulden, hinter Geländekanten), oft in Kammlagen
Mögliche Brüche in der Schneedecke	am Übergang Triebschnee–Altschnee
Eigenschaften des Schneebrettes	weich oder hart, gebunden, trocken
Hinweise	• hohe Auslösewahrscheinlichkeit von Schneebrettlawinen bei ausgeprägter Schwachschicht unter dem Triebschnee, Lawinen meist klein bis mittel • evtl. Umgehung möglich • Frischer Triebschnee ist oft bereits ab 30 Grad Hangneigung kritisch.
Typ. Anzeichen, Erkennbarkeit	• Windzeichen (z. B. Dünen, Schneefegen, Windschweif, glatte Triebschneebäuche in Mulden), unregelmäßige Einsinktiefen, gut gebundener Schnee (hart oder weich) • nicht immer leicht zu erkennen
Alarmzeichen	v. a. frische Schneebrettlawinen, Rissbildung
Dauer	1–3 Tage nach Triebschneebildung, danach allenfalls Altschneeproblem; meist nur in den ersten Stunden kritisch
Verhalten	• Frischen Triebschnee in Steilhängen meiden! • Bei älterem Triebschnee auf einer Schwachschicht ist v. a. an den Übergängen von wenig zu viel Triebschnee Vorsicht geboten!

Zusammenfassung Triebschneeproblem

Bei Triebschneesituationen ist die Schneedeckenstabilität oft kleinräumig sehr unterschiedlich. Durch geschicktes Legen der Spur kann man das Problem oftmals umgehen.

berücksichtigen. Die Ablagerung von Triebschnee ist wesentlich vom Gelände bestimmt. Er sammelt sich kleinräumig recht unterschiedlich an, meistens jedoch in Windschattenlagen (z. B. hinter Geländekanten oder in Mulden). Wintersportler können daher mit einer geeigneten Routenwahl kritische Stellen umgehen.

Im Wesentlichen bilden sich reine Triebschneeprobleme, wenn:

› während eines Schneefalls mit wenig Neuschnee (‹ ca. 10 cm) der Wind stark weht,
› nach einem Schneefall Wind aufkommt und den relativ lockeren Neuschnee verfrachtet oder
› der Wind eine lockere Altschneeoberfläche verfrachtet.

KURZ UND KNAPP

› Frischer Triebschnee ist immer trocken und gebunden.
› Damit ein Triebschneeproblem entsteht, müssen Wind und verfrachtbarer Schnee zusammen auftreten.
› Beim Triebschneeproblem kann die Schneedeckenstabilität kleinräumig sehr unterschiedlich sein.

Bei Sturmperioden mit viel Neuschnee entsteht selbstverständlich auch Triebschnee, der dann weitreichend abgelagert wird. Die Verbreitung der Gefahrenstellen, Erkennbarkeit und Verhaltensmaßnahmen ent-

sprechen in diesem Fall jedoch eher dem Neuschneeproblem (siehe Kap. Neuschneeproblem, S. 94).
Wie beim Neuschnee kann auch frischer Triebschnee ein latentes Altschneeproblem reaktivieren. Diese Kombination wird im Kapitel Kombi-Problem, S. 117, erläutert.

KURZ UND KNAPP

Triebschnee ist besonders auslösefreudig, wenn
› er frisch ist und
› der Schnee darunter locker und schwach ist.

Triebschnee während leichten Schneefalls

Häufig bildet sich frischer Triebschnee während einer Schneefallperiode, da es selten schneit, ohne dass der Wind bläst. Bei starkem Wind entsteht bereits mit wenig Neuschnee (‹ ca. 10 cm) ein Triebschneebrett. Die kritische Neuschneemenge ist dann im Wesentlichen aufgrund des starken Windes erreicht. Bei dieser geringen Neuschneemenge entspricht die Situation hinsichtlich Verbreitung der Gefahrenstellen und Einfluss auf das Verhalten mehr einem Triebschneeproblem als einem Neuschneeproblem.
Der Triebschnee ist in solchen Situationen oft gut erkennbar. Bei lockerer Altschneeoberfläche kann er sehr auslösefreudig sein.

KURZ UND KNAPP

Triebschnee, der sich während eines leichten Schneefalls bildet, ist dem Triebschneeproblem zugeordnet, da die Verbreitung der Lawinengefahr und das daraus abzuleitende Verhalten eher einer Triebschneesituation entspricht.

Triebschneedünen in offenen Hängen mit kleiner, spontaner Schneebrettlawine nach wenig Neuschnee und viel Wind

Kommt der Triebschnee auf eine raue und günstige Altschneeoberfläche zu liegen, ist er kaum auslösbar, weil die Schwachschicht fehlt. Eine solche Situation ist dann stabiler, als sie aussieht. Grundsätzlich ist jedoch bei frischem Triebschnee von möglicher Lawinenauslösung auszugehen.

Typisches Vorkommen:

› wenn es wenig schneit und der Wind stark weht
› besonders in der Höhe ausgeprägt, weil der Wind dort oft stärker weht
› in Windschattenlagen, aber auch in offenen Hängen

Typische Eigenheiten:

› Triebschnee allgemein gut erkennbar
› häufig Dünen in großen Hängen
› oft eher weicher Triebschnee
› Wenn der Triebschnee nicht auf eine lockere und ungünstige Altschneeoberfläche zu liegen kommt, geht die Lawinengefahr relativ schnell zurück. Andernfalls bleibt ein Altschneeproblem.

Verfrachtung von Neuschnee

Selbst 30 Zentimeter lockerer Neuschnee auf einer günstigen Altschneeoberfläche verschärfen eine Lawinensituation nicht wesentlich. Setzt jedoch nach dem Schneefall Wind ein, wird der lockere Neuschnee verfrachtet und als auslösefreudiger Triebschnee abgelagert. Dieser brettartige Triebschnee kommt oft auf Überreste des lockeren Neuschnees zum Liegen, der somit kurzfristig zu einer Schwachschicht wird – eine Kombination, die eine Lawinenauslösung stark begünstigt.

Verfrachtung von lockerem Neuschnee des Vortages. Die Schneefahnen weisen auf ein akutes Triebschneeproblem hin.

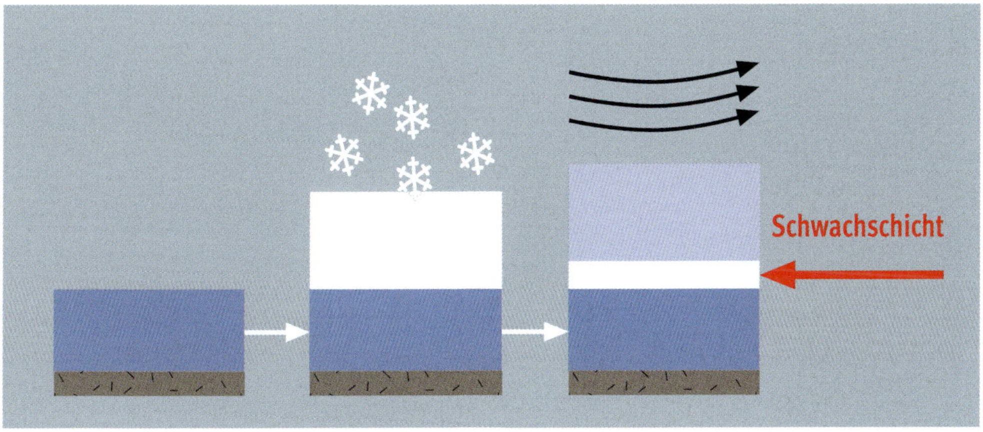

Harmloser, lockerer Neuschnee kann durch Wind binnen kurzer Zeit zu einem ernsthaften Triebschneeproblem werden.

Solche Schwachschichten setzen und verfestigen sich jedoch bereits nach rund ein bis zwei Tagen und die Lawinengefahr nimmt danach schnell wieder ab.

KURZ UND KNAPP

Lockerer Neuschnee kann sich durch Windeinfluss schnell verändern und auslösefreudigen Triebschnee bilden.

Typisches Vorkommen:

- bei starkem Wind, nachdem es kalten, relativ lockeren Neuschnee gegeben hat (z. B. Föhnsturm nach Neuschnee)
- besonders oberhalb der Waldgrenze
- in Hangbereichen, wo der Wind den Schnee hinbläst, unabhängig von der Exposition, typischerweise in Windschattenlagen

Typische Eigenheiten:

- Triebschnee ist vorwiegend weich.
- Oft gibt es viele Rissbildungen. Böschungstests (siehe Kap. Schneedeckenaufbau und Schneedeckenstabilität, S. 163) funktionieren gut.
- Die hohe Auslösefreudigkeit des frischen Triebschnees ist häufig erkennbar.
- Die Lawinensituation kann innerhalb kurzer Distanzen sehr unterschiedlich sein. Oberhalb der Waldgrenze liegt z. B. kritischer Triebschnee und in tieferen Lagen ist der Neuschnee noch relativ locker und unproblematisch.
- Die Lawinensituation kann sich in kurzer Zeit sehr schnell ändern. Was beim Aufstieg noch ungefährlich war, kann durch aufkommenden Wind bei der Abfahrt kritisch werden.
- Nach 1–2 Tagen nimmt die Lawinengefahr schnell wieder ab.

Verfrachtung von Altschnee

Bei Hochdrucklagen im Hochwinter wandelt sich der oberflächennahe Schnee mit der Zeit zu lockerem, grobkörnigem, kantig aufgebautem Schnee um (siehe Kap. Schneeumwandlung, S. 31). Dieser Schnee ist verfrachtbar, jedoch nicht so leicht wie Neuschnee. Es braucht stärkere Winde, und der Triebschnee ist infolgedessen meist so hart gepresst, dass man kaum mehr einsinkt. Solche harten Schneeoberflächen täuschen eine falsche Sicherheit vor, besonders wenn sie oberfläch-

Ablagerung eines härteren Triebschneebrettes

liche Erosionsspuren aufweisen. Dadurch erwecken sie oftmals fälschlicherweise den Eindruck, dass die Hangpartien abgeblasen sind. Ein abrupter Wechsel beim Spuren von lockerem zu verfestigtem Schnee sollte deshalb kritisch beurteilt werden.

Wenn kantig aufgebauter Schnee verfrachtet wird und sich auf dem übrig gebliebenen lockeren Schnee ablagert, entsteht immer eine ungünstige Abfolge von Schneebrett zu Schwachschicht. Obwohl das Schneebrett hart ist, lässt es sich leicht auslösen. Da sich die Schwachschicht und das Schneebrett im Verlauf der Zeit nicht wesentlich ändern, nimmt die Lawinengefahr auch nach ein bis zwei Tagen kaum ab. Es entsteht ein Alt-

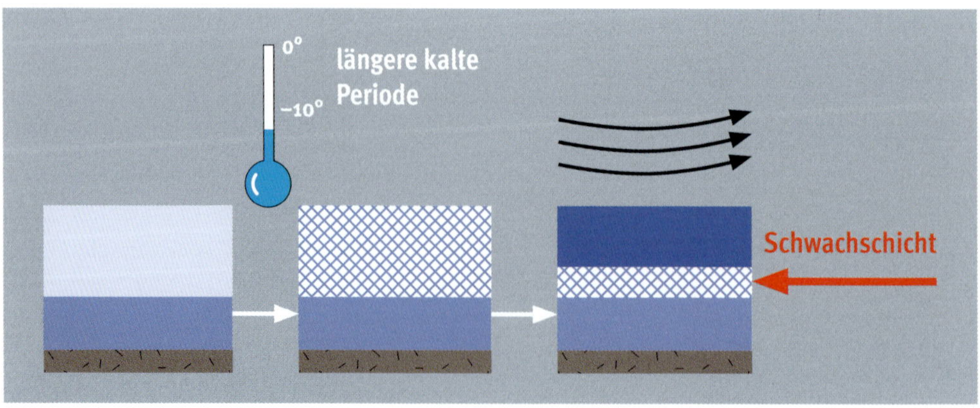

Wird aufgebauter Schnee verfrachtet, entsteht immer eine ungünstige Schichtabfolge Schneebrett–Schwachschicht.

schneeproblem, wobei sich Lawinen vor allem an Stellen mit geringer Triebschneemächtigkeit auslösen lassen.
Gefahrenstellen kommen in der Regel kleinräumig vor. Im Allgemeinen ist der Aufbau der Schneedecke relativ günstig, mit Ausnahme von wenigen gefährlichen Triebschneeansammlungen.

KURZ UND KNAPP

Bei der Verfrachtung von Altschnee entsteht oft harter Triebschnee, der auf einer ungünstigen Unterlage zu liegen kommt. Die harte Oberfläche täuscht eine Festigkeit vor, die es so nicht gibt.

Typisches Vorkommen:
› bei starkem Wind über lockerer Altschneeoberfläche
› in Windschattenlagen (typischerweise in Rinnen und Mulden oder hinter Geländekanten)
› kleinräumig

Typische Eigenheiten:
› oft harter Triebschnee
› manchmal schwierig zu erkennen
› markante Änderung der Lawinensituation innerhalb von wenigen Metern
› Auch nach einigen Tagen ändert sich die Lawinensituation nicht wesentlich; die Schwachschicht und der nun alte Triebschnee sind weiterhin vorhanden und bilden ein Altschneeproblem.

Verhalten beim Triebschneeproblem

Frischer Triebschnee ist nicht immer einfach zu erkennen. Oft weisen Windspuren an der Schneeoberfläche kombiniert mit dem Gelände auf Triebschnee hin. Solche Beobachtungen sollten jedoch mit dem Witterungsverlauf der vergangenen Tage verglichen werden, um abschätzen zu können, wie alt der Triebschnee ist (siehe Kap. Triebschneespuren, S. 158).
Steile Stellen mit frischem Triebschnee sollten möglichst gemieden werden. Im Gegensatz zum Neuschneeproblem lässt sich bei Triebschneesituationen der frische Triebschnee oft umgehen, da es meistens auch Stellen gibt, die abgeblasen sind.
Nach ein bis zwei Tagen stabilisiert sich in der Regel die Situation, außer wenn unterhalb des Triebschnees langlebige Schwachschichten vorhanden sind. Dann bleibt ein

Akutes Triebschneeproblem. Stellen mit frischem Triebschnee sollten möglichst umgangen werden – oder man wählt Gelände unter 30 Grad Neigung.

Altschneeproblem bestehen. Bei älterem Triebschnee ist vor allem im Übergangsbereich von viel zu wenig Triebschnee besondere Vorsicht geboten.

Altschneeproblem

Altschneesituationen sind geprägt durch einen ungünstigen Schneedeckenaufbau. Über mindestens einer langlebigen Schwachschicht (siehe Kap. Schwachschichten, S. 37) liegen – zumindest teilweise – Schichten, die Eigenschaften eines Schneebretts aufweisen. Die Schwachschichten bestehen dabei typischerweise aus weichem, grobkörnigem und kantig aufgebautem Schnee oder aus eingeschneitem Oberflächenreif. Das Schneebrett setzt sich aus zumindest leicht verfestigten Schneeschichten zusammen.
Anfänglich entsteht das Schneebrett durch Neu- oder Triebschnee. Aber selbst wenn sich der Neuschnee setzt, verfestigt sich die darunter liegende Schwachschicht nur langsam und das Schneebrett bleibt bestehen – und damit auch das Altschneeproblem. Nur wenn das Wetter längere Zeit schön und kalt ist, baut sich das Schneebrett bisweilen so stark kantig auf, dass es mit der Zeit die Bruchausbreitung nicht mehr unterstützt. Spätestens beim nächsten Schneefall oder Triebschneeereignis kann das Altschneeproblem jedoch wieder reaktiviert werden (siehe Kombi-Problem, S. 117).
Typischerweise entstehen Altschneeprobleme, wenn sich kalte, niederschlagsfreie Perioden mit kurzen Schneefallperioden (weniger als 50 cm Neuschnee) abwechseln. Besonders häufig ist dies in schneearmen und kalten Gebieten, also in inneralpinen Regionen der Fall. Etwas weniger häufig und oft schwieriger zu beurteilen sind Altschneeprobleme mit eingeschneiten Oberflächenreifschichten.
Wintersportler lösen Brüche besonders dann leicht aus, wenn das Schneebrett – zum Beispiel die gesetzte Neuschneeschicht – über der langlebigen Schwachschicht nicht besonders mächtig ist. Die Brüche breiten sich danach meist gut aus, teils auch über größere Distanzen (siehe Kap. Bruchausbreitung, S. 50).
Ist das Schneebrett über der Schwachschicht sehr dick oder kompakt, lässt sich durch die Zusatzlast eines Wintersportlers nur selten ein Bruch initiieren. Einzig an schneearmen Stellen oder mit besonders großer Zusatzlast ist eine Auslösung möglich. Entsteht jedoch ein Bruch und breitet sich dieser auch aus, sind große Lawinen mit entsprechenden Folgen möglich – **eine Eigenart des Altschneeproblems.** Solche Situationen sind charakteristisch für Altschneeprobleme mit schwachen Basisschichten und können als *Low Probability/High Consequences*-Situationen bezeichnet werden.
Außer durch Wumm-Geräusche oder unregelmäßig auftretende Auslösungen durch Wintersportler (siehe Kap. Alarmzeichen, S. 154) sind Altschneesituationen nicht direkt erkennbar. Nur wer sich aktiv mit dem Schneedeckenaufbau auseinandersetzt, kann etwas Licht ins Dunkle bringen, zum Beispiel durch ständiges Verfolgen des Winterverlaufs und der Schneedeckenentwick-

KURZ UND KNAPP

- In kalten und schneearmen Regionen bzw. Wintern herrscht oft ein Altschneeproblem.
- Eigene Beobachtungen zum Schneedeckenaufbau sind beim Altschneeproblem besonders wichtig.

lung, kombiniert mit einfachen Schneedeckenuntersuchungen (siehe Kap. Schneedeckenuntersuchungen, S. 167).
Die Lawinengefahr liegt bei Altschneeproblemen typischerweise zwischen den Bereichen der Gefahrenstufen »mäßig« (Stufe 2) und »erheblich« (Stufe 3). Es entstehen durchaus auch große und mächtige Lawinen. Fernauslösungen sind bei Altschneesituationen typisch und vereinzelt sogar bei mäßiger Lawinengefahr (Stufe 2) nicht ausgeschlossen.

	**Wichtige Fragen,** um Altschneesituationen zu beurteilen: • Konnte sich in den vorangegangenen Wochen, evtl. Monaten eine langlebige Schwachschicht bilden? • Befindet sich die Schwachschicht im oberen Meter der Schneedecke? • Liegt oberhalb der Schwachschicht ein geeignetes Schneebrett? • Wie stabil ist die Schneedecke? • Wo liegen die Gefahrenstellen?
Allgemeine Hinweise	
Verbreitung	• kommt häufig weitverbreitet vor (z. B. Schwimmschnee-Fundament oder aufgebaute Altschneeoberfläche), kann aber auch kleinräumig vorhanden sein (z. B. bei dünneren Schwachschichten in der Schneedecke). • häufiges Vorkommen: schneearme Stellen und Regionen, Schattenhänge, felsdurchsetztes Gelände, weniger dem Wind ausgesetzte Hänge, im Früh- und Hochwinter
Mögliche Brüche in der Schneedecke	im Altschnee: in kantig stark aufgebauten Schichten oder in eingeschneiten Oberflächenreifschichten
Eigenschaften des Schneebrettes	unterschiedliche Kombinationen von hart und weich möglich
Hinweise	• Die Auslösung findet meist künstlich durch eine Zusatzlast (z. B. Wintersportler) statt. Je mächtiger die Schichten über der Schwachschicht sind, desto unwahrscheinlicher wird eine Auslösung (Bruchinitiierung). Einmal initiiert, breiten sich die Brüche meist gut aus, teils über größere Distanzen. Fernauslösungen sind anfänglich typisch. Lawinen können groß werden. • Infos zur Schneedecke und Schneedeckentests können hilfreich sein.
Typ. Anzeichen, Erkennbarkeit	• ungünstiger Schneedeckenaufbau, Witterungsverlauf und Schneedeckenentwicklung verfolgen, Infos zur Schneedecke, einfache Schneedeckentests • von »außen« schwierig zu erkennen
Alarmzeichen	evtl. Wumm-Geräusche oder vereinzelt Auslösungen durch Wintersportler
Dauer	Wochen bis Monate, manchmal fast den ganzen Winter lang
Verhalten	Defensiv und besondere Vorsicht bei großen Steilhängen! Gefahr von großflächigen Lawinen beachten!

Zusammenfassung Altschneeproblem

Durch Skifahrer ausgelöste Schneebrettlawine, die in einer schwachen Basisschicht angebrochen ist. Das Anrissgebiet ist steiler und schattiger und wurde weniger häufig befahren als das Gelände rechts davon.

Eingeschneite aufgebaute Altschneeoberfläche

Während langen, niederschlagsfreien Kälteperioden kühlt die Schneeoberfläche aus und es entsteht vor allem in den oberflächennahen Schichten ein großer Temperaturunterschied. Dadurch baut sich der Schnee an der Oberfläche auf (siehe Kap. Schneeumwandlung, S. 31). Vor allem, wenn er vor der Umwandlung weich und locker war, bildet sich eine kohäsionslose, kantig aufgebaute Schwachschicht.

Wird diese Schwachschicht eingeschneit, entstehen ideale Bedingungen für Schneebrettlawinen. Diese Situation wird während und unmittelbar nach dem Schneefall in der Regel als Neuschneeproblem beschrieben, da sich die Schwachschicht am Übergang zur alten Schneeoberfläche befindet (siehe Kap. Neuschnee auf ungünstiger Altschneeoberfläche, S. 98). Wenn sich der Neuschnee nach einigen Tagen gesetzt hat – er gilt dann bereits nicht mehr als Neuschnee –, wird die Situation zu einem Altschneeproblem, da die darunterliegende Schwachschicht nach wie vor vorhanden ist. Besonders häufig kommt dies in Schattenhängen vor, weil dort die Temperaturgradienten in den oberflächennahen Schichten oft konstant groß sind und sich dadurch Schwachschichten besser bilden.

Wie gravierend und wie langlebig ein solches Altschneeproblem ist, hängt davon ab, wie ausgeprägt kantig sich die Schneeoberfläche

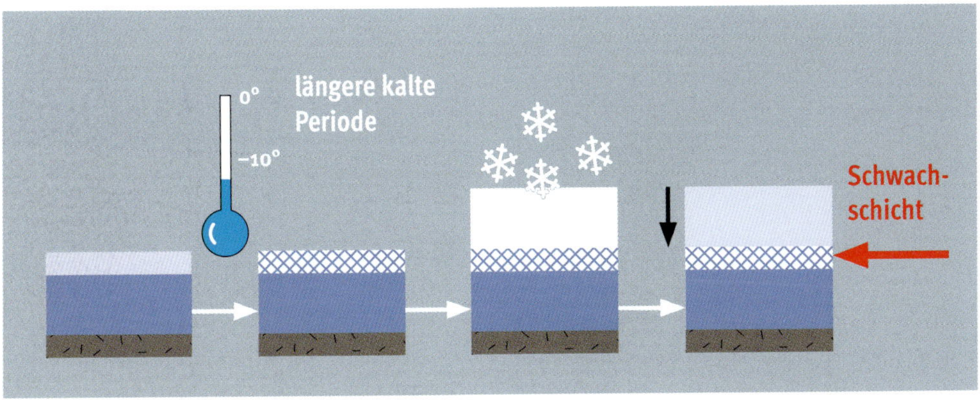

Kalte, niederschlagsfreie Perioden führen zu einer kantig aufgebauten Schwachschicht an der Schneeoberfläche. Wenn diese eingeschneit wird, entsteht ein anhaltendes Altschneeproblem.

vor dem Einschneien aufgebaut hatte. Maßgebend dafür ist, wie lange der große Temperaturgradient herrschte. Je kälter eine Trockenperiode und je länger sie anhält, desto schwächer wird die Altschneeoberfläche und umso länger anhaltend das Altschneeproblem.

KURZ UND KNAPP

Ein lang anhaltendes Altschneeproblem entsteht oft, wenn sich kalte niederschlagsfreie Perioden mit gelegentlichen Schneefällen (rund 30 cm) abwechseln.

Typisches Vorkommen

- nach langen und kalten, niederschlagsfreien Perioden (z. B. Hochdrucklage), gefolgt von Niederschlägen
- typischerweise in Schattenhängen, oft weitverbreitet
- eher in weniger windausgesetztem Gelände

Typische Eigenheiten:

- Auslösung am ehesten durch Wintersportler, auch Fernauslösungen sind möglich
- kaum spontane Lawinenauslösungen
- kaum direkt erkennbar, mithilfe einfacher Schneedeckentests meist gut feststellbar
- ein oftmals lang anhaltendes Lawinenproblem

Eingeschneiter Oberflächenreif

Oberflächenreif entsteht in klaren und relativ feuchten Winternächten (siehe Kap. Strahlung, S. 82) bei wenig Wind. Wird er eingeschneit, bilden die filigranen Plättchen eine dünne Schwachschicht, und es entwickelt sich eine ungünstige Kombination von Schneebrett–Schwachschicht. Wie bei der aufgebauten Altschneeoberfläche entsteht nach dem Schneefall zuerst ein Neuschneeproblem mit ungünstiger Altschneeoberfläche. Nach einigen Tagen wird die Situation zum Altschneeproblem. Eingeschneiter Oberflächenreif verfestigt sich nur langsam, je größer er ist, umso langsamer. Nach rund vier bis sechs Wochen hat sich eingeschneiter Oberflächenreif meistens so weit verfestigt, dass eine Auslösung kaum mehr möglich ist. Situationen mit eingeschneitem Oberflächenreif sind schwierig zu erkennen. Oberflächenreif entsteht häufig während nur einer Nacht und kann sehr unterschiedlich verbreitet sein. Anfangs kommt er zwar noch vielerorts

Altschneesituationen mit eingeschneitem Oberflächenreif sind schwierig zu erkennen.

vor, bis zum Einschneien wird er jedoch oft durch verschiedene Einflüsse (z. B. Wind oder Sonnenstrahlung) ungleichmäßig zerstört, sodass er in gewissen Hängen vorhanden ist, in anderen dagegen nicht. Generell ist Oberflächenreif eher in kammfernen Schattenhängen und in Tallagen anzutreffen als in Kammlagen oder Gipfelbereichen. Er bildet sich mitunter auch im Bereich der Hochnebelobergrenze.

Typisches Vorkommen:

› während des ganzen Winters möglich
› in Windschattenhängen, Kaltluftseen, im Bereich der Nebelobergrenze
› typischerweise in Schattenhängen
› Je mehr Zeit zwischen der Bildung und dem Einschneien des Oberflächenreifs verstreicht, umso unregelmäßiger ist sein Vorkommen.

Typische Eigenheiten:

› zu Beginn oft sehr auslösefreudig (Fernauslösungen sind typisch)
› schwierig zu erkennende Verbreitung
› verursacht häufig ein über mehrere Wochen anhaltendes Altschneeproblem

KURZ UND KNAPP

Ein über Nacht entstandener Oberflächenreif, der kurz darauf eingeschneit wird, verursacht ein Altschneeproblem, das oft über Wochen anhält und dessen Verbreitung schwierig zu erkennen ist.

Aufgebaute schwache Basisschichten

Bei geringer Schneehöhe und kalten Temperaturen an der Schneeoberfläche entsteht über die ganze Schneedecke ein großer Temperaturgradient. Bleibt dies über Wochen so und ist die Schneedecke anfänglich wenig verdichtet, wandelt sie sich vollständig aufbauend zu einer lockeren und grobkörnigen Schwachschicht um (siehe Kap. »Aufbauende« Umwandlung, S. 34). Entsprechend lassen sich beim Schaufeln – ähnlich wie im Sandkasten – kaum Blöcke bilden. Im Extremfall entsteht Schwimmschnee.
Solche Schwachschichten sind mitunter mehrere Dezimeter dick und entstehen oft in schneearmen Frühwintern oder an Stellen mit wenig Schnee. Werden sie eingeschneit, kann die Neuschneeschicht leicht als Schneebrett abgleiten (siehe Kap. Neuschnee auf ungünstiger Altschneeoberfläche, S. 98).

Oberflächenreif, der eingeschneit wird, kann einen bis dahin günstigen Schneedeckenaufbau über längere Zeit verschlechtern.

Auch nach der Setzung des Neuschnees ändert sich die Schwachschicht kaum. Die ungünstige Schneebrett–Schwachschicht-Kombination kann daher lange bestehen bleiben. Die im Frühwinter auf diese Art entstandenen Schwachschichten sind meist großflächig vorhanden und weitverbreitet. Werden sie von nur wenig Schnee überdeckt, können

Diese Schneebrettlawine löste sich in einer aufgebauten Basisschicht.

Schwaches Schneedeckenfundament aus einer kalten, trockenen Frühwinterperiode, überlagert von einem idealen Schneebrett

Wintersportler vielerorts Schneebrettlawinen auslösen. Erst wenn durch wiederholte Schneefälle im Verlaufe des Winters sehr viel Schnee über dem schwachen Fundament liegt, lassen sich Schneebrettlawinen kaum mehr durch Wintersportler auslösen, außer an wenigen schneearmen Stellen. Wird jedoch ein Bruch initiiert, breitet er sich meist großflächig aus, und es bilden sich unter Umständen mächtige Schneebrettlawinen.

Schwache Basisschichten verfestigen sich nur langsam und es dauert mitunter zwei bis drei Monate, bis sie nicht mehr als Schwachschicht gelten. Oft bleiben sie bis zum Frühling erhalten und werden dann bei zunehmender Durchfeuchtung sogar wieder reaktiviert – es entstehen Nassschneelawinen, die bis auf den Boden durchbrechen.

Das schwache Schneedeckenfundament ist anfänglich – sofern nicht zu viel Schnee darüber liegt – anhand von Wumm-Geräuschen oder mithilfe einfacher Schneedeckentests (z. B. Stocktest oder Einsinktiefe zu Fuß, siehe Kap. Beobachtungen zum Schneedeckenaufbau, S. 165) relativ leicht erkennbar.

Dieses Altschneeproblem entsteht oft im Frühwinter (November/Dezember), wenn es nach der ersten nennenswerten Schneefallperiode mehrere Wochen schön und kalt ist, bis es wieder schneit. Auch schneearme und kalte Regionen beziehungsweise Winter sind besonders betroffen.

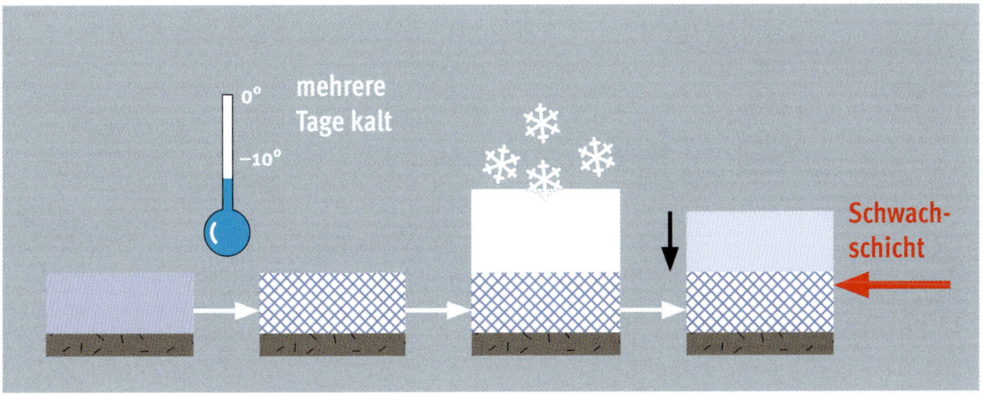

Lange und kalte, niederschlagsfreie Perioden bei dünner Schneedecke führen zu langlebigen schwachen Basisschichten.

Typisches Vorkommen:

› bei wenig Schnee und kalten, anhaltend niederschlagsfreien Perioden
› im Frühwinter oder generell in schneearmen Wintern oder schneearmen Regionen

Typische Eigenheiten:

› Auslösebereitschaft durch Wintersportler hängt v. a. von der Mächtigkeit, Verbreitung und Eigenschaft des Schneebrettes ab.
› große und flächige Lawinen
› Schwachschicht meist gut erkennbar
› oft lange anhaltendes Lawinenproblem (z. T. über Monate)

Umgang mit dem Altschneeproblem

Generell ist beim Altschneeproblem defensives Verhalten empfehlenswert. Da sich Brüche großflächig ausbreiten können, sind große und sehr steile Hänge unter Umständen zu meiden, je nachdem, wie gravierend das Altschneeproblem ist. Auch die Gefahr von Fernauslösungen über größere Distanzen ist zu beachten. In gewissen Situationen lässt sich durch das Umgehen von schneearmen Stellen die Auslösewahrscheinlichkeit verringern. Eingeschneiter Oberflächenreif ist das am schwierigsten zu erkennende Altschneeproblem.

Um unklare Altschneesituationen besser beurteilen zu können, hilft letztlich nur die Auseinandersetzung mit der Schneedecke. Dabei ist es nützlich, an geeigneten Stellen verschiedene einfache Schneedeckenuntersuchungen durchzuführen und diese mit dem bisherigen Winterverlauf in Verbindung zu bringen (siehe Kap. Schneedeckenuntersuchungen, S. 167). Mit dem nötigen Prozessverständnis kann dann eingeschätzt werden, wie gravierend das Altschneeproblem ist. Letztlich ist die Beurteilung von Altschneeproblemen aber immer mit einer Unsicherheit behaftet, sodass sich eine höhere Sicherheitsmarge oder eben ein geringeres Risiko empfiehlt.

Kombi-Problem

Wenn Neu- oder Triebschnee auf eine günstige Schneeoberfläche zu liegen kommt, sich aber knapp darunter (z. B. 10–20 cm) in der Altschneedecke eine Schwachschicht befindet, entsteht eine Kombination aus Neu- oder Triebschneeproblem und Altschneeproblem.

Bei Altschneeproblemen ist defensives Verhalten angebracht.

Das potenzielle Schneebrett besteht dabei aus dem Neu- oder Triebschnee und dem Altschnee oberhalb der Schwachschicht. Beim Kombi-Problem liegt die Schwachschicht also **innerhalb der Altschneedecke** und das Schneebrett besteht sowohl aus Altschnee als auch aus Neu- oder frischem Triebschnee. Oft braucht es in solchen Fällen nur wenig Neuschnee (weniger als die kritische Neuschneemenge), damit sich die Lawinensituation verschärft. Wie die Altschneeoberfläche vor dem Neuschnee beschaffen war, ist in dieser Situation sekundär, da die Schwachschicht im Altschnee maßgebend ist.

Neuschnee oder Triebschnee auf latentem Altschneeproblem

Wenn das Schneebrett über der Schwachschicht bei einem Altschneeproblem die Bruchausbreitung nicht mehr gut unterstützt, weil es zum Beispiel nach längerer niederschlagsfreier Periode aus kantigen Formen besteht, wird die Situation langsam günstiger. Weil aber sowohl Schwachschicht als auch Schneebrett nicht verschwunden sind, bleibt das Altschneeproblem latent. Überlagern nun Neuschnee oder Triebschnee diese Schneedecke, ändert sich das Schneebrett über der Schwachschicht und die Neigung zur Bruchausbreitung steigt wieder.

Liegt beispielsweise eine alte Triebschneeschicht von 20 cm über einer Schwachschicht und fällt darauf zusätzlich 20 cm Neuschnee, ist die Neuschneemenge als solche nicht kritisch. Das nun dickere Schneebrett (in diesem Fall 40 cm) mit dem Neuschnee in der oberen Hälfte vermag jedoch nun wieder genügend Energie für die Bruchausbreitung zu liefern (siehe Kap. Bruchausbreitung, S. 50).

Auch bei viel Neuschnee können solche Kombi-Probleme auftreten. Die Situation wird dann zwar als Neuschneeproblem beschrieben, die Lawinen brechen jedoch weiter unten im Altschnee an. Nicht selten führen solche Kombinationen zu Perioden mit großer Lawinenaktivität und zu großen, mitunter sogar sehr großen Lawinen.

KURZ UND KNAPP

Bei Kombi-Problemen liegt die Schwachschicht innerhalb der Altschneedecke und das überlagernde Schneebrett besteht aus Alt- und Neuschnee.

	**Wichtige Fragen,** um »Kombi«-Probleme zu beurteilen: • Befindet sich im oberflächennahen Altschnee eine Schwachschicht (z. B. unterhalb der Kruste oder unterhalb einer verfestigten Schicht)? • Wie setzt sich das Schneebrett darüber zusammen (Neuschnee/Altschnee)? • Wie stabil ist die Schneedecke?
Allgemeine Hinweise	
Verbreitung	Kann verbreitet vorkommen, wenn vor dem Neu- oder Triebschnee langlebige Schwachschichten in den oberflächennahen Schichten der Schneedecke vorhanden waren. Oft in inneralpinen, kalten Regionen.
Mögliche Brüche in der Schneedecke	im Altschnee: in kantig stark aufgebauten Schichten oder in eingeschneiten Oberflächenreifschichten
Eigenschaften des Schneebrettes	unterschiedliche Kombinationen aus Altschnee und Neu- bzw. Triebschnee
Hinweise	Oft wird durch den Neuschnee ein latentes Altschneeproblem wieder aktiviert. Brüche breiten sich meist gut aus, teils über größere Distanzen. Infos zur Schneedecke und Schneedeckentests können hilfreich sein. Auch wenn die kritische Neuschneemenge nicht erreicht ist, kann es kritisch werden.
Typ. Anzeichen, Erkennbarkeit	Ungünstiger Schneedeckenaufbau, Witterungsverlauf und Schneedeckenentwicklung verfolgen, Infos zur Schneedecke einholen, einfache Schneedeckentests, Eigenschaft des Neuschnees
Alarmzeichen	evtl. Wumm-Geräusche, frische Schneebrettlawinen
Dauer	Wochen bis Monate
Verhalten	Defensives Verhalten ist empfehlenswert! Gefahr von großflächigen Lawinen beachten!

Zusammenfassung Kombi-Problem

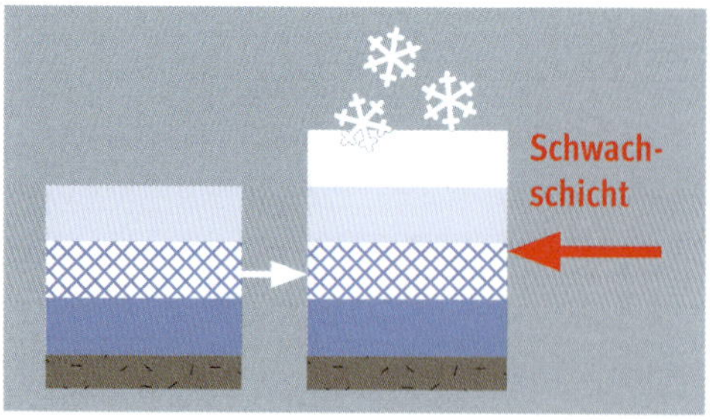

Neuschnee kann ein latentes Altschneeproblem wieder aktivieren.

Typisches Vorkommen:

- schneearme Winter oder schneearme Regionen
- kleine Schneefallereignisse im Wechsel mit trockenen, sonnigen Perioden

Typische Eigenheiten:

- führt oft zu größeren Lawinen als erwartet
- bei viel Neuschnee oft auch Spontanauslösungen
- länger anhaltend

Verhalten beim Kombi-Problem

Der Umgang mit Kombi-Problemen ist ähnlich wie mit Altschneeproblemen. Es ist ratsam, sich defensiv zu verhalten und den Schneedeckenaufbau bei der Beurteilung der Lawinensituation zu berücksichtigen.
Weil es frisch geschneit hat, fokussiert man sich bei der Beurteilung oftmals nur auf den Neuschnee und die Altschneeoberfläche und vergisst gerne den ungünstigen Schneedeckenaufbau. Es ist jedoch wichtig, die durch den Neuschnee veränderten Eigenschaften des Schneebrettes über der Schwachschicht im Altschnee zu beurteilen. Da das Schneebrett aus Neu- und Altschnee besteht, werden

Hohe Lawinenaktivität durch Kombination von Neuschnee und Regen auf eine schwache Schneedecke mit tiefer liegender Schwachschicht im Altschnee

die Lawinen größer, als wenn nur der Neuschnee abgleitet. Bei größeren Neuschneemengen ist die Situation oft kritisch und Fernauslösungen oder spontane Lawinen sind möglich.
Welches Gelände betroffen ist, ist schwierig zu erkennen und erfordert Kenntnisse zum Aufbau der Altschneedecke in der Region. Lawinen können großflächig und größer als erwartet auftreten. Wie beim Altschneeproblem hilft letztlich die Auseinandersetzung mit der Schneedecke, um kombinierte Situationen besser beurteilen zu können.

Nassschneeproblem

Durch Regen oder Schneeschmelze wird die Schneedecke feucht. Mit zunehmendem Wassergehalt sickert das Wasser tiefer in die Schneedecke ein und staut sich bisweilen an markanten Schichtgrenzen, beispielsweise an Krusten oder Übergängen von feinkörnig (oben) zu grobkörnig (unten). Dort kann es durch den **lokal hohen Wassergehalt** zu einem **Festigkeitsverlust** und somit zu einer raschen Abnahme der Stabilität kommen, vor allem bei einer Schneedecke mit stark aufgebauten, älteren Schwachschichten. Eine Schicht wird am meisten geschwächt, wenn sie das erste Mal feucht wird. Deshalb ist das erste tiefe Eindringen von Wasser in eine Schneedecke, die bereits nahezu 0 °C-isotherm ist, besonders kritisch.
Die Anfeuchtung von schwachen Schichten an der Basis der Schneedecke kann zu sehr großen Nassschneelawinen führen (siehe Kap. Nassschneelawinen, S. 63).
Nach einer starken Abkühlung stabilisiert sich eine Nassschneelawinensituation schnell. Ebenfalls günstiger wird die Situation bei fortschreitender Durchnässung: Die Schichtunterschiede verschwinden, die Fließwege etablieren sich, die nasse Schneedecke setzt sich und schmilzt letztlich ab, ohne dass es zu Lawinen kommt.
Generell führt ein ungünstiger Schneedeckenaufbau mit Schichten aus großen, kantig aufgebauten Körnern zu einer größeren Nassschneelawinenaktivität als ein günstiger Schneedeckenaufbau.
Lösen sich Schneebrettlawinen bereits durch die Anfeuchtung der oberflächennahen Schichten, ist die Schwachschicht, die bricht, in der Regel noch trocken. Dies ist zum Beispiel der Fall, wenn es gegen Ende einer Schneefallperiode noch bis in hohe Lagen regnet. Die Auslösung kann erfolgen, weil das oberflächlich angefeuchtete Schneebrett gut verformbar wird.
Allerdings muss die Stabilität bereits sehr schwach sein. Nur wenn unter dem Schneebrett also eine ausgeprägte Schwachschicht vorhanden ist, führt der Regen und die damit einhergehende Veränderung der Schneebretteigenschaften zur Lawinenauslösung – und bringt sozusagen das Fass zum Überlaufen. Eine derartige Lawine gilt als trockene Schneebrettlawine, da der Bruch in der trockenen Schneedecke erfolgt. Entsprechend wird sie mit dem Neuschnee- oder Kombi-Problem beschrieben.

KURZ UND KNAPP

- Eine Nassschneesituation ist insbesondere beim erstmaligen starken Anfeuchten von älteren Schwachschichten kritisch.
- Je schwächer der Schneedeckenaufbau ist, umso eher entsteht eine kritische Nassschneesituation.

	**Wichtige Fragen,** um Nassschneesituationen zu beurteilen: • Dringt das Wasser das erste Mal markant in die Schneedecke ein? • Wie tief dringt das Wasser in die Schneedecke? • Gibt es deutliche Schichtübergänge oder alte Schwachschichten? • Einsinktiefe ohne Skier?
Allgemeine Hinweise	
Verbreitung	• bei Schmelze: in unterschiedlichen Expositionen und Höhenlagen (abhängig von Jahres- und Tageszeit). Oft entsteht in der Nähe von aufgewärmten Felsen zusätzliches Schmelzwasser. • bei Regen: in allen Expositionen, aber nur unterhalb der Regengrenze
Mögliche Brüche in der Schneedecke	v. a. an deutlichen Schichtübergängen und in alten, inaktiven Schwachschichten
Eigenschaften des Schneebrettes	mehrheitlich weich und feucht oder nass
Lawinenauslösung	• Wasserstau an ausgeprägten Schichtgrenzen oder Schwächung von schwachen Basisschichten • großflächiger Festigkeitsverlust von älteren schwachen Schichten durch erhöhten Wassergehalt • meist spontane Lawinenauslösung, Schneebrett- und Lockerschneelawinen möglich • häufig Auslösungen von Lockerschneelawinen durch Wintersportler
Typ. Anzeichen, Erkennbarkeit	nasse Schneeoberfläche, große Einsinktiefen ohne Ski, intensive Sonneneinstrahlung, hohe Temperaturen, durch Regen einfach erkennbar
Alarmzeichen	v. a. spontane Schneebrett- und Lockerschneelawinen
Dauer	• während und einige Stunden nach der Wasserinfiltration • schneller Rückgang nach Abkühlung
Verhalten	Nasse Steilhänge inkl. Auslaufbereiche möglichst meiden und Abkühlung abwarten! Bei Frühlingssituation ist gutes Timing entscheidend. Touren frühzeitig beenden!

Zusammenfassung Nassschneeproblem

Oberflächliches Schmelzen

Tageszeitliche Erwärmung und starke Sonneneinstrahlung führen zu oberflächlicher Schmelze. Wasser beginnt in die Schneedecke einzudringen und diese zu schwächen. Wenn es wieder abkühlt, hört der Wasserfluss auf und die Schneeoberfläche gefriert zu einer Kruste – die Situation stabilisiert sich.
Die Gefahr hängt von Exposition, Neigung und Höhenlage sowie von der Jahres- beziehungsweise Tageszeit ab. An Sonnenhängen und in tieferen Lagen beginnt der Schnee zuerst zu schmelzen. Steile Nordhänge bleiben in hohen Lagen noch länger trocken und sind oft erst durchfeuchtet, wenn an Südhängen kaum mehr Schnee liegt.
Generell steigt im Frühling mit der tageszeitlichen Erwärmung und Veränderung des Son-

Bei Nassschneesituationen ändert sich die Lawinensituation innerhalb von Stunden.

nenstands die Lawinengefahr an. So können zum Beispiel im April bereits am Vormittag Nordost- und Osthänge betroffen sein, während Westhänge bis in den Nachmittag hinein stabil bleiben.

Verhindert ein bedeckter Himmel die nächtliche Abkühlung, nimmt die Lawinengefahr kaum ab oder steigt am nächsten Tag bereits früh wieder an. Frühlingssituationen sind relativ einfach zu erkennen. Wichtig ist dabei die Beurteilung der oberflächennahen Schneeschichten (Feuchte, Einsinktiefe, Krustendicke), der Ein- und Abstrahlungsverhältnisse (Energiebilanz) sowie der Nullgradgrenze kombiniert mit dem Wind. Bei bedecktem Himmel beispielsweise beginnt die Schneeoberfläche unter der Nullgradgrenze zu schmelzen.

KURZ UND KNAPP

Die starke tageszeitliche Sonneneinstrahlung im Frühling führt zu einem Anstieg der Lawinengefahr. Die Nullgradgrenze ist ein guter Indikator für das Aufschmelzen der Schneeoberfläche, wenn keine Sonne einstrahlt.

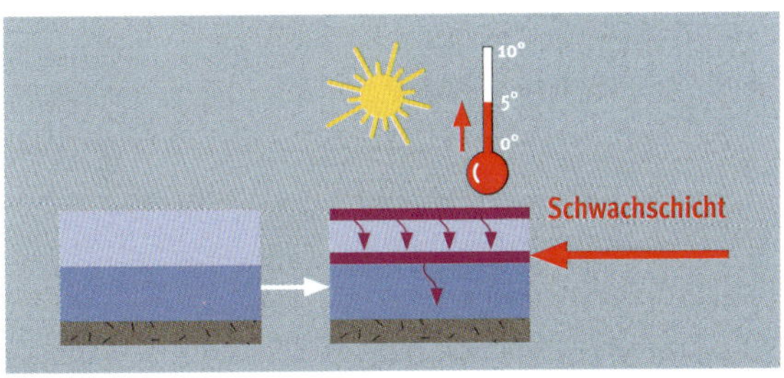

Bei starker Sonneneinstrahlung und relativ hohen Temperaturen beginnt die Schneeoberfläche aufzuschmelzen.

Nasse Frühlingslawine, abgegangen aufgrund der tageszeitlichen Einstrahlung und des schlechten Schneedeckenaufbaus

Typisches Vorkommen:

- bei starker Sonneneinstrahlung und Temperaturen über 0 °C; typisch im Alpenraum, wenn die Nullgradgrenze über 2500 m ü. M. liegt.
- je nach Jahres- und Tageszeit in bestimmten Expositionen und Höhenlagen, z. B. im Tagesverlauf nach einer klaren Nacht zuerst in den Osthängen, dann in den Südhängen und erst am Nachmittag in den Westhängen
- oftmals Auslösung in der Nähe von erwärmten Felsen, häufig in Form einer Lockerschneelawine

Typische Eigenheiten:

- oberflächlich nasser Schnee
- oft große Einsinktiefen ohne Ski (knie- bis hüfttief)
- Die Lawinensituation kann sich innerhalb von Stunden verändern, ist jedoch relativ einfach erkennbar, da sie primär vom Tagesgang abhängt.
- Nach Abkühlung und Wiedergefrieren der Schneeoberfläche stabilisiert sich die Situation nach wenigen Stunden.

Regen

Durch Regen gelangt innerhalb kurzer Zeit in allen Expositionen Wasser in die Schneedecke. Diese wird dadurch einerseits angefeuchtet und andererseits zusätzlich belastet, was zu einem raschen und deutlichen Anstieg der Lawinengefahr führen kann (siehe Kap. Nassschneelawinen, S. 63, und Regen, S. 74). Im Alpenraum ist Regen selbst im Winter bis in den Bereich der Waldgrenze

oder sogar höher hinauf jederzeit möglich. Besonders kritisch wird es, wenn es in eine relativ »warme« Schneedecke regnet. Dann dringt das Wasser schnell ein und erreicht auch tiefere, inaktive Schwachschichten. Regnet es hingegen im Frühling in eine isotherme, bereits nasse und gut gesetzte Schneedecke, erhöht dies die Lawinengefahr nur geringfügig, da das Wasser meist ungehindert abfließen kann.
Geht Schneefall in Regen über und/oder es regnet in eine hochwinterliche, bereits sehr schwache Schneedecke, ist schon bald nach Einsetzen des Regens mit hoher, spontaner Lawinenaktivität zu rechnen. Da der Bruch in der trockenen Schneedecke erfolgt, entstehen in der Regel trockene Schneebrettlawinen, und die Lawinensituation entspricht dem Neuschnee- oder Kombi-Problem.
Nach Niederschlagsende nimmt die Lawinengefahr meist rasch ab. Insbesondere wenn es nach dem Regen abkühlt, stabilisiert sich die Schneedecke deutlich (siehe Kap. Günstige Lawinensituationen, S. 126).

Typisches Vorkommen:
- wenn Regen auf eine warme (bereits nahe 0-°C-isotherme) Schneedecke mit älteren (inaktiven) Schwachschichten fällt
- bei länger andauerndem, intensivem Regen auf eine anfänglich noch trockene Schneedecke

Typische Eigenheiten:
- oberflächlich feuchter oder nasser Schnee
- oft große Einsinktiefen ohne Skier (knie- bis hüfttief)
- Die Lawinensituation kann sich innerhalb von Stunden verändern, ist jedoch aufgrund des Regens einfach erkennbar.
- Nach einer Abkühlung stabilisiert sich die Situation schnell.

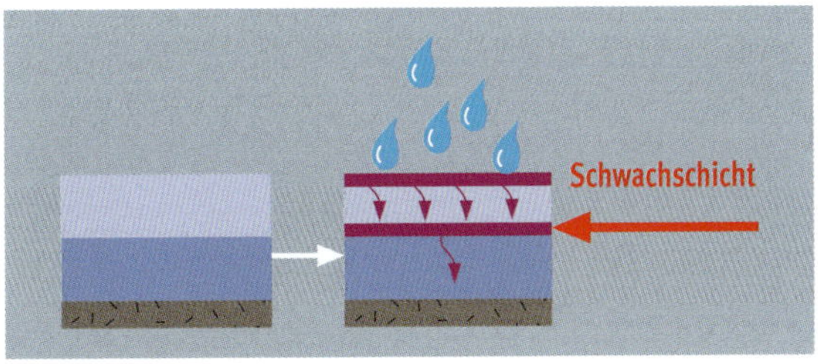

Regen kann zu einer schnellen und deutlichen Schwächung der Schneedecke führen.

KURZ UND KNAPP

Regen erhöht die Lawinengefahr:
- wenn das eindringende Wasser die Schneedecke an markanten Schichtgrenzen schwächt sowie
- durch seine Zusatzlast und
- dadurch, dass das Schneebrett gut verformbar wird, wodurch Brüche in vorhandenen Schwachschichten einfacher entstehen und sich ausbreiten können (Kombi-Problem).

Regenrillen an der Schneeoberfläche, entstanden durch abfließendes Wasser

Sulzabfahrt am Mittag. Mit der tageszeitlichen Erwärmung steigt die Lawinengefahr an.

Verhalten beim Nassschneeproblem

Beim tageszeitlichen Aufschmelzen der Schneeoberfläche im Frühling ist vor allem eine sorgfältige Tourenplanung hinsichtlich der Höhenlagen und Exposition entscheidend, um Schlüsselstellen rechtzeitig zu passieren.

Bei erstmaliger starker Anfeuchtung sowie bei Regen in eine mehrheitlich trockene Schneedecke sollten Steilhänge einschließlich ihrer Auslaufbereiche möglichst gemieden werden, insbesondere bei eher schwachem Schneedeckenaufbau. Es muss unter Umständen mit großen, spontanen Lawinen gerechnet werden. In nassen oberflächennahen Schichten lassen sich mitunter auch Lockerschneelawinen auslösen, die in exponiertem Gelände zum Absturz führen.

Gleitschneeproblem

Wenn die gesamte Schneedecke nicht mehr auf dem Untergrund haftet, beginnt sie zu gleiten und es lösen sich bisweilen Gleitschneelawinen. Diese entstehen auf glattem Untergrund und oft nach Neuschnee, der auf warmen Boden fällt, oder bei kompletter Durchfeuchtung der Schneedecke. Häufig ist der Schneedeckenaufbau dabei günstig, das heißt ohne ausgeprägte Schwachschichten. Mit diesem Bildungsprozess unterscheiden sich Gleitschneelawinen deutlich von Schneebrettlawinen (siehe Kap. Gleitschneelawinen, S. 61). Da Wintersportler Gleitschneelawinen nicht auslösen können, spielt dieses Lawinenproblem auf Touren und Freerideabfahrten eine untergeordnete Rolle. Trotzdem bringt es Wintersportler mitunter in Gefahr, insbesondere wenn sie sich länger an gefährdeten Stellen aufhalten – beispielsweise unterhalb von Gleitschneerissen.

	**Wichtige Fragen,** um Gleitschneesituationen zu beurteilen: • Können Gleitschneerisse bzw. Gleitschneelawinen beobachtet werden? • Wie alt sind sie? • Gibt es Anzeichen für aktive Gleitbewegungen (z. B. neue oder sich öffnende Risse)? • Kann sich der gleitende Schnee abstützen?
Allgemeine Hinweise	
Verbreitung	Auf glattem Untergrund: Typisch sind Grashänge oder Felsplatten. Häufig unterhalb der Waldgrenze in allen Expositionen, in höheren Lagen v. a. an stark besonnten Hängen
Bildungsprozess	Reibungsabnahme führt zu Gleitbewegung der ganzen Schneedecke am Boden.
Eigenschaft der Schneedecke	Die Schneedecke ist am Übergang zum Boden feucht. Der Rest der Schneedecke kann trocken oder feucht sein. Oft ist der generelle Schneedeckenaufbau günstig.
Hinweise	• Typische Gleitschneeperioden entstehen im Hochwinter nach nennenswertem Neuschnee oder im Frühling mit der Durchfeuchtung der Schneedecke. • Gleitschneelawinen können von Wintersportlern nicht ausgelöst werden.
Typ. Anzeichen, Erkennbarkeit	Gleitschneerisse (»Fischmäuler«), frische Gleitschneelawinen
Dauer	• In Perioden mit »kalten« Gleitschneelawinen im Hochwinter nach Neuschnee ist typischerweise für 1–2 Wochen eine erhöhte Aktivität vorhanden, unabhängig vom Tagesgang. Richtung Frühjahr bei »warmen« Gleitschneelawinen ist die Dauer eher abhängig vom Tagesgang. • Bei mächtigen Schneedecken kann eine Gleitschneesituation Wochen bis Monate dauern. • Bei längeren Kälteperioden nimmt die Gleitschneelawinenaktivität im Hochwinter nur wenig, im Frühjahr deutlich ab.
Verhalten	Sich nicht in Gelände unterhalb von Gleitschneerissen lange aufhalten! Bei Traversen unterhalb von Gleitschneerissen ggf. Vorsichtsmaßnahmen wie Sicherheitsabstände ergreifen!

Zusammenfassung Gleitschneeproblem

Obwohl Gleitschneelawinen bei der Beurteilung auf Skitouren eine untergeordnete Rolle spielen, ist die mögliche Gefährdung zu beachten und in die Risikobeurteilung miteinzubeziehen.

Günstige Situationen – kein ausgeprägtes Lawinenproblem vorhanden

Damit Lawinen entstehen, muss Vieles zusammenpassen. Über einen ganzen Winter betrachtet sind Lawinenabgänge zum Glück relativ selten. Wir müssen uns deshalb nicht auf Schritt und Tritt vor Lawinen und deren Konsequenzen fürchten. Die Beschreibung typischer Lawinensituationen anhand der fünf Lawinenprobleme hilft, bei der Lawinenbeurteilung den Fokus auf das Hauptproblem zu lenken und ungünstige Hänge oder Hangbereiche zu meiden. Sind keine typischen Merkmale dieser Probleme zu erkennen, können wir den Spieß umdrehen und uns fragen: »Ist die Lawinensituation heute günstig? Und wenn ja: Wo ist sie besonders günstig?«

Bei einer eindeutig günstigen Lawinensituation, wenn eine Lawinenauslösung unwahrscheinlich ist, können wir uns in Gelände bewegen, das grundsätzlich prädestiniert wäre für Lawinen und große Konsequenzen bei einem Lawinenabgang birgt – also etwa große und sehr steile Hänge. Das wäre zum Beispiel der Fall, wenn:

- die Schneebrett–Schwachschicht-Kombination für Schneebrettlawinen nicht geeignet ist oder wenn eine dieser Komponenten fehlt,
- eine etwaige Schwachschicht so tief in der Schneedecke liegt, dass sie kaum mehr auslösbar ist oder wenn
- auf eine markante Erwärmung eine Abkühlung folgte und sich angefeuchtete Schichten verfestigen konnten.

Nur bei einer eindeutig günstigen Lawinensituation (geringe Unsicherheit) sollte extremes Gelände befahren werden.

Gesetzter Großschneefall

Neuschnee von mehr als einem Meter führt immer zu einem deutlichen Anstieg der Lawinengefahr (Neuschneeproblem). Meist setzt er sich jedoch in wenigen Tagen und bildet eine dicke und gut verfestigte Schicht. Je mächtiger diese gesetzte Schicht ist, desto unwahrscheinlicher wird es, dass ein Wintersportler Brüche in einer etwaigen Schwachschicht weiter unten initiieren kann. Wenn zudem unterhalb des gesetzten Neuschnees gar keine ausgeprägte, langlebige Schwachschicht (z. B. Schwimmschnee) vorhanden ist, entsteht eine günstige Situation. Je mächtiger also der gesetzte Neuschnee und je weniger ausgeprägt die darunterliegende Schwachschicht, desto günstiger die Situation. Nach einer bedeutenden Niederschlagsperiode lösen demzufolge Wintersportler dort am wenigsten Lawinen aus, wo am meisten Schnee gefallen ist. Dies ist beispielsweise

Bei viel Schnee ist der Schneedeckenaufbau oftmals günstig.

bei einer anhaltenden Nordweststaulage am Alpennordhang der Schweizer Alpen oder bei einer Südstaulage in Südtirol der Fall.

KURZ UND KNAPP

Je größer die Neuschneemengen, desto günstiger entwickelt sich die Lawinensituation, sowohl in den Tagen nach dem Schneefall als auch langfristig.

Typisches Vorkommen:

› in schneereichen Wintern oder schneereichen Regionen
› bei gesetztem Neuschnee von mehr als 1 m
› in Geländebereichen, wo viel Schnee liegt

Hinweise:
Gesetzte große Neuschneemengen sind oft vom Wind beeinflusst und daher nicht überall gleich mächtig. In solchen Fällen sind schneearme Stellen länger anfällig für Lawinenauslösungen. Außerdem geht dann bei sehr ungünstigen Schwachschichten das Neuschneeproblem nicht in eine günstige Situation, sondern in ein Altschneeproblem über.

Mächtiger, alter Triebschnee

Nach Perioden, in denen Sturmwinde viel Schnee umgelagert haben, liegen in Windschattenlagen oft große Mengen an altem verfestigtem Triebschnee. Der Schneedeckenaufbau ist dort häufig günstig; entsprechend lösen sich auch kaum Lawinen. Solche Triebschneeansammlungen sind jedoch im Gelände typischerweise unregelmäßig verteilt und unterschiedlich mächtig.

Im Randbereich alter Ansammlungen ist die Triebschneeschicht meist weniger dick, wodurch Wintersportler dort potenzielle Schwachschichten eher brechen können.

Typisches Vorkommen:

› insbesondere in Mulden und Kammlagen mit mächtigem, altem Triebschnee
› bei alten, verbreitet über 1 m mächtigen Triebschneeansammlungen

Hinweise:
Vorsicht ist geboten, wenn unter altem, mächtigem Triebschnee eine ausgeprägte Schwachschicht (z. B. Schwimmschnee) liegt. Dann können in Randzonen des alten Triebschnees zum Teil mächtige Lawinen ausgelöst werden; diese Situation entspricht einem Altschneeproblem.

KURZ UND KNAPP

Je größer die Neuschneemengen, desto günstiger entwickelt sich die Lawinensituation, sowohl in den Tagen nach dem Schneefall als auch langfristig.

Kein hohes Risiko: Der Sprung erfolgte in drei Wochen alten, mächtigen Triebschnee.

Stabile Verhältnisse mit tragfähiger Kruste in den Morgenstunden im Frühling

Abkühlung nach Wärme

Wenn sich die oberflächennahen Schneeschichten stark erwärmen (auf ungefähr 0 °C) und danach wieder abkühlen, verfestigt sich der Schnee, und die Lawinensituation wird günstiger. Besonders ausgeprägt ist dieser Effekt, wenn zusätzlich Regen fällt, der die Schneedecke gleichmäßig anfeuchtet. Bei der Abkühlung entsteht eine stabilisierende Schmelzharschkruste, die – wenn sie tragfähig ist – die tieferen Schichten vor der Belastung eines Wintersportlers weitgehend schützt.

Typisches Vorkommen:

› bei Abkühlung nach Regen
› in den Morgenstunden im Frühling
› bei tragfähiger Schmelzharschkruste
› an Sonnenhängen und in tieferen Lagen

Hinweise:

Je näher die Schneetemperatur vor der Abkühlung bei 0 °C liegt, desto stabiler wird die Schneedecke danach. Sind allerdings in den obersten 50 Zentimetern ausgeprägte Schwachschichten vorhanden, lassen sich trotzdem Lawinen auslösen, sogar wenn eine Schmelzharschkruste vorhanden ist.
Fällt während der Abkühlung zusätzlich Schnee, kann ein Neuschneeproblem entstehen (großer Temperaturunterschied Neu-/Altschnee).

KURZ UND KNAPP

Abkühlung nach einer markanten Erwärmung führt zu einer Stabilisierung der Schneedecke.

Günstige Kombination Schneebrett–Schwachschicht

Damit eine Schneebrettlawine entsteht, braucht es eine Schwachschicht mit einer mindestens leicht verfestigten Schicht darü-

Nach langer Schönwetterperiode sind die oberflächennahen Schneeschichten kantig aufgebaut und locker.

ber, dem Schneebrett (siehe Kap. Notwendige Bedingungen für eine Schneebrettlawine, S. 47). Ist die Situation umgekehrt – liegt also eine Schwachschicht auf einem Schneebrett –, kann sich keine Schneebrettlawine bilden. Dies ist beispielsweise der Fall, wenn lockerer, aufgebauter Schnee auf einer stabilen Schneedecke liegt, oder wenn die gesamte Schneedecke locker kantig aufgebaut ist und sozusagen nur aus einer einzigen Schwachschicht besteht. Ebenfalls günstig ist es, wenn in der Schneedecke nur ähnliche, gut verfestigte Schichten vorkommen (z. B. in einer schneereichen Region). Mehr Tipps zur Beurteilung der Schneedecke im Kapitel Schneedeckenaufbau und Schneedeckenstabilität, S. 163.

KURZ UND KNAPP

Eine günstige Situation besteht, wenn:

- die Schneedecke ausschließlich ähnliche, gut verfestigte Schichten enthält,
- die gesamte Schneedecke kantig aufgebaut ist oder
- eine schwache Schicht auf einer stabilen Schneedecke liegt.

Typisches Vorkommen:

› wenn die gesamte Schneedecke kantig aufgebaut ist (v. a. im Frühwinter und in schneearmen Regionen, etwa nach einem kalten, trockenen Dezember)
› bei ähnlichen und verfestigten Schichten in der Schneedecke (z. B. erster Schnee auf dem Boden oder Schichten aus mehreren größeren Schneefällen ohne lange niederschlagsfreie Periode dazwischen)
› lockerer Neuschnee auf stabiler Schneedecke

Hinweise:
Besteht die günstige Situation aus einer Schneedecke, die zuoberst locker und nach unten immer fester wird, ist der Schnee an der Oberfläche durch aufkommenden Wind leicht verfrachtbar. Die günstige Lawinensituation kann sich dann sehr schnell in eine auslösefreudige Triebschneesituation verwandeln. Auf diese Weise entsteht ein Triebschneeproblem (siehe Kap. Verfrachtung von Altschnee, S. 105), das typischerweise nur kleinräumig ausgeprägt ist.

Der Gleitschneeriss (»Fischmaul«) ist ein Indiz dafür, dass die Schneedecke auf relativ ähnlichen, eher gut verfestigten Schichten besteht.

BEURTEILUNGS- UND ENTSCHEIDU
1. PLANUNG
Verhältnisse
• Lawinenbulletin
• Wetterbericht
• Tourenberichte im Internet (mit Vorsicht)
• Tageszeit / Jahreszeit
• Weitere Infos
Tourenziel mit Alternat
Gelände
Zürich
2. BEURTE
Verhältnisse
• Alarmzeichen suchen

Lawinengefahrenstufen und Lawinenbulletin

Die Vorhersage der Lawinengefahr ist eine wichtige Grundlage, um sich über die aktuelle Lawinensituation zu informieren. In der Schweiz, in Frankreich und Italien wird sie (mehrheitlich) als Lawinenbulletin publiziert, in Deutschland, Österreich und auch in Südtirol als Lawinenbericht oder Lawinenreport. Der Einfachheit halber sprechen wir im Weiteren vom Lawinenbulletin.

Das Lawinenbulletin beinhaltet eine Prognose der Lawinengefahr für eine oder mehrere Regionen, wobei die Lawinengefahr mit der fünfstufigen Europäischen Gefahrenstufenskala eingeschätzt wird. Die Gefahrenstufe ist zwar der prominenteste Teil, ergänzende und detaillierte Informationen, wie Gefahrenstellen, Lawinenprobleme, Beschreibung der Lawinengefahr mit Informationen zu Schneedecke und Wetter, sind ebenso wichtig für das Verständnis der Lawinensituation.

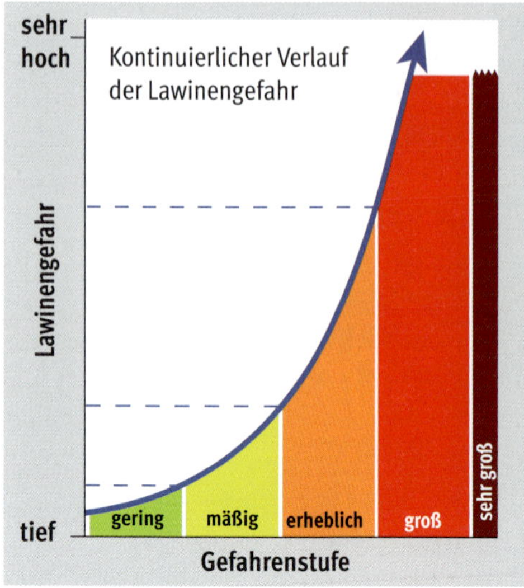

Kontinuierlicher Verlauf der Lawinengefahr innerhalb der fünf Lawinengefahrenstufen

Lawinengefahr und Europäische Lawinengefahrenstufenskala

Seit 1993 werden in Europa einheitlich fünf Gefahrenstufen verwendet, um die Lawinengefahr zu klassifizieren: gering (1) – mäßig (2) – erheblich (3) – groß (4) – sehr groß (5). Der Grad der Lawinengefahr ist abhängig von:

- der Schneedeckenstabilität,
- der Verteilung der Schneedeckenstabilität, das heißt der Häufigkeit der Stellen, wo Lawinen entstehen oder ausgelöst werden können und
- der (maximalen) Größe der zu erwartenden Lawinen.

Mit abnehmender Schneedeckenstabilität und somit erhöhter Wahrscheinlichkeit für eine Lawinenauslösung steigt die Lawinengefahr und folglich auch die Gefahrenstufe an. Das bedeutet, je mehr Stellen es im winterlichen Gelände gibt, wo eine Lawine leicht ausgelöst werden kann oder von selbst entsteht, desto höher ist die Lawinengefahr bzw. die Gefahrenstufe. Zudem nimmt mit steigender Lawinengefahr und Gefahrenstufe die Größe der zu erwartenden Lawinen tendenziell zu; das gilt besonders für die Gefahrenstufen 4 (»groß«) und 5 (»sehr groß«). Weil also mehrere Faktoren die Lawinengefahr beeinflussen, nimmt die Gefahr von Stufe zu Stufe nicht linear, sondern überproportional zu.

Da der Aufbau der Schneedecke naturbedingt variabel ist, variiert auch die Stabilität der Schneedecke räumlich – je nach Situation mehr oder weniger. Zu jeder Gefahrenstufe gehört eine typische Verteilung der Schneedeckenstabilität in einer Region. Je höher die Gefahrenstufe, desto mehr Stellen mit sehr schwacher Schneedeckenstabilität – und entsprechend mehr Auslösungen – sind zu erwarten. Gleichzeitig kommen aber auch immer noch viele Stellen mit mittlerer oder guter Schneedeckenstabilität vor. In einer Region mit hoher Lawinengefahrenstufe ist also längst nicht jeder Hang instabil, gleichermaßen bedeutet aber auch eine tiefe Gefahrenstufe nicht überall Entwarnung. In einzelnen Hängen kann daher trotz ähnlicher Geländeeigenschaften die Schneedeckenstabilität oder die Wahrscheinlichkeit einer Lawinenauslösung bei gleicher Gefahrenstufe unterschiedlich hoch sein. Die Lawinengefahrenstufe beschreibt also nicht die Lawinenauslösewahrscheinlichkeit für den Einzelhang, sondern die Eintrittswahrscheinlichkeit von Lawinen und deren mögliches Ausmaß in einer Region (über eine Fläche von rund 100 km^2). Für eine erste, grobe Einschätzung an der Schlüsselstelle ist die Berücksichtigung der Lawinengefahrenstufe dennoch sinnvoll, insbesondere bei der Tourenplanung.

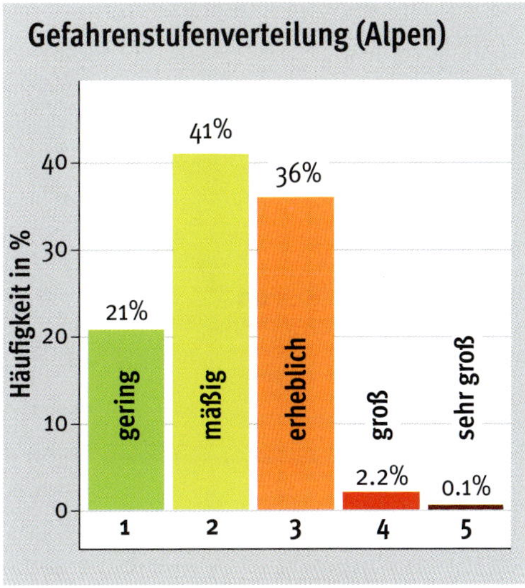

Gefahrenstufenverteilung der Lawinenbulletins in den Schweizer Alpen (jeweils 1. Dez. bis 30. April) während der Winter 2012/13 bis 2021/22

KURZ UND KNAPP

Die Lawinengefahrenstufe umschreibt die Wahrscheinlichkeit und Größe von Lawinen in einer Region und nicht die Auslösewahrscheinlichkeit im Einzelhang.

Je höher die Gefahrenstufe,

- desto geringer ist die Schneedeckenstabilität,
- desto häufiger sind die Stellen mit sehr schwacher Schneedeckenstabilität, wo eine Lawinenauslösung möglich ist und
- desto häufiger und tendenziell größer (bei den oberen Gefahrenstufen) sind die zu erwartenden Lawinen.

Die Lawinengefahrenskala muss alle möglichen Lawinensituationen abdecken. Die Palette reicht von Situationen mit nur wenigen, mittelgroßen Lawinen, die für Wintersportler und Bergsteiger problematisch sind, bis zu solchen mit vielen extremen Lawinen, die bis in Siedlungen vorstoßen und große Schäden anrichten können. Für den Wintersportler sind die ersten vier Gefahrenstufen relevant. Für die Mehrheit der Wintertage (rund 80 %) wird die Lawinengefahr als »mäßig« (Stufe 2) oder »erheblich« (Stufe 3) eingestuft. Die Gefahrenstufe 4 (»groß«) wird nur für knapp zwei Prozent der Tage prognostiziert, Stufe 5 (»sehr groß«) ist sehr selten. Eine allgemein günstige Situation wie die Gefahrenstufe 1 (»gering«) wird für rund 20 % der Wintertage prognostiziert.

Elemente der Lawinengefahrenstufe

Die Lawinengefahrenstufe beschreibt den Grad der Lawinengefahr in einer Region. Sie kann jedoch nicht gemessen oder berechnet werden, sondern wird abgeschätzt. Maßgebend für die Zuordnung einer Gefahrenstufe zu einer bestimmten Situation sind die Schneedeckenstabilität, deren Häufigkeitsverteilung und die maximale Größe der zu erwartenden Lawinen.

Je geringer die **Schneedeckenstabilität**, desto leichter können in der Regel Lawinen aus-

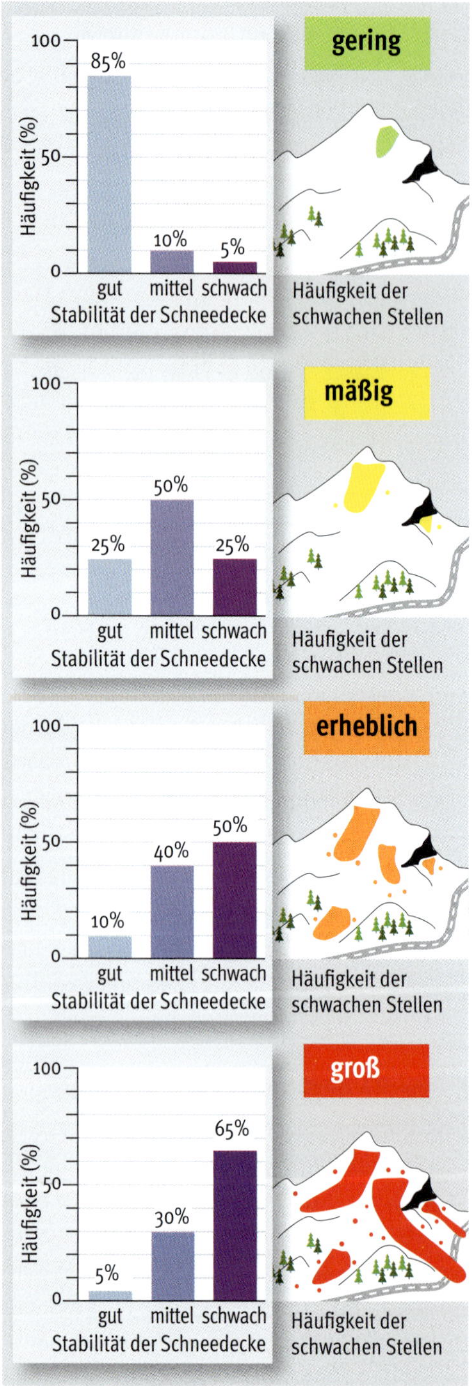

Häufigkeit der Stabilitätsklassen und mögliche Verteilung der schwachen Stellen im Gelände bei den Gefahrenstufen 1: gering, 2: mäßig, 3: erheblich und 4: groß, die zusammen 99 % der Wintertage abdecken.

gelöst werden und desto eher sind Fernauslösungen und Spontanlawinen möglich. Die Wahrscheinlichkeit einer Lawinenauslösung hängt von der lokalen Schneedeckenstabilität ab, also wie einfach sich ein Bruch initiieren lässt und ob er sich über den Hang ausbreitet. Auch die Größe der Zusatzlast beeinflusst somit die Auslösewahrscheinlichkeit (siehe Kap. Zusatzlast, S. 86).

Die **Verteilung der Schneedeckenstabilität** beschreibt die Häufigkeit der verschiedenen Schneedeckenstabilitätsklassen in einer Region, und zwar in den Expositionen und Höhenlagen, in denen die Gefahrenstufe gilt. Je häufiger die Schneedeckenstabilität im Gelände sehr schwach ist, desto mehr Stellen gibt es, wo eine Lawinenauslösung möglich ist, und desto größer ist die Wahrscheinlichkeit von (spontanen) Lawinen in einer Region. Schließlich wird auch die (maximal) zu **erwartende Lawinengröße** berücksichtigt, welche durch die Fläche und die Mächtigkeit der abgleitenden Schneeschichten bestimmt wird. Die Lawinengröße wird in fünf Klassen eingeteilt: kleine Lawine (Größe 1) – mittlere Lawine (Größe 2) – große Lawine (Größe 3) – sehr große Lawine (Größe 4) – extrem große Lawine (Größe 5).

Unabhängig von der Gefahrenstufe sind Lawinen bis Größe 3 am häufigsten. Der Anteil von sehr großen und extrem großen Lawinen steigt jedoch bei den Gefahrenstufen 4 und 5 (»groß« und »sehr groß«) deutlich an.

Lawinengrößen

EAWS Matrix

Die EAWS-Matrix dient den Lawinenwarndiensten als Entscheidungshilfe zur möglichst objektiven Bestimmung der Lawinengefahrenstufe. Maßgebend sind dafür die Einflussgrößen »Schneedeckenstabilität«, »Häufigkeit der Stellen mit sehr schwacher oder schwacher Schneedeckenstabilität« und »Lawinengröße«.

Bedeutung der Lawinengefahrenstufen

Die Interpretation und Bedeutung der Gefahrenstufe in einer bestimmten Lawinensituation kann je nach Nutzer und Anwendung unterschiedlich sein. So herrschen beispielsweise bei mäßiger Lawinengefahr (Stufe 2) oft gute Tourenbedingungen, während der Pistensicherungsdienst wegen der Gefahr großer Gleitschneelawinen eine Piste sperren muss. Umgekehrt können – zum Beispiel bei erheblicher Lawinengefahr (Stufe 3) nach einem Schneefall mit Wind – die Bedingungen für Touren schwierig sein, für Straßensicherungsdienste hingegen ist die Situation nicht kritisch.

Die Lawinengefahrenstufen werden in Tabellen mit thematisch getrennten Hinweisen beschrieben (siehe Tabelle S. 139). Die Beschreibung richtet sich an alle Anwender. Einerseits enthält sie die für die fünf Gefahrenstufen europäisch einheitlichen Hinweise zu Schneedeckenstabilität und Lawinenauslösewahrscheinlichkeit. Andererseits sind

Bevor die Piste verlassen wird, sind Informationen zur aktuellen Lawinensituation einzuholen. Das Lawinenbulletin ist dafür eine wichtige Grundlage.

auch für jede Gefahrenstufe Merkmale und Empfehlungen aufgeführt, die sich zum Teil länderspezifisch unterscheiden.
Im Folgenden finden sich noch einige ergänzende Hinweise zur Tabelle mit den Gefahrenstufen.

EXPERTENTIPP

Bei den Gefahrenstufen »erheblich«, »groß« und »sehr groß« (Stufen 3 bis 5) nimmt die Stabilität der Schneedecke deutlich ab und die Anzahl der sehr schwachen Stellen nimmt zu. Die Auslösung von Schneebrettlawinen ist leicht möglich, oder sie lösen sich sogar spontan, und es sind vermehrt große und sehr große Lawinen zu erwarten. An rund 98 % der Wintertage herrschen die Gefahrenstufen »gering«, »mäßig« oder »erheblich« – an rund 80 % »erheblich« oder »mäßig«. Für Wintersportler ist die Gefahrenstufe 3 (»erheblich«) besonders kritisch. Sie kommt im Schnitt an jedem dritten Wintertag vor.

Gering (Stufe 1)

Es sind keine Lawinen zu erwarten. Falls doch einmal eine Lawine auftritt, ist sie in der Regel klein. Daher ist die Mitreiß- und Absturzgefahr oft größer als die Gefahr einer Verschüttung.
Vereinzelt können auch einmal kurzfristig leicht auslösbare Triebschneeansammlungen vorkommen, die sich bei Verfrachtung von lockerem, aufbauend umgewandeltem Schnee lokal bilden können. Sie können mitunter schon an Hängen mit wenig mehr als 30 Grad Neigung ausgelöst werden, was in exponiertem Gelände mit Absturzgefahr verheerende Folgen haben kann.
Im Frühling kann eine in den Morgenstunden noch geringe Lawinengefahr mit der tageszeitlichen Erwärmung am Nachmittag bis oder sogar über Stufe 3 (»erheblich«) ansteigen.

Mäßig (Stufe 2)

Bei mäßiger Lawinengefahr sind verschiedene Ausprägungen der Gefahr möglich. Zum Beispiel, wenn relativ tief unten in der Schneedecke noch eine Schwachschicht vorhanden ist, in der sich nur an wenigen Orten ein Bruch initiieren lässt, aber aufgrund der guten Bruchausbreitung trotzdem mittlere oder gar große Lawinen entstehen können. Eine mäßige Lawinengefahr herrscht aber beispielsweise auch bei frischem Triebschnee, der zwar auslösefreudig und verbreitet vorhanden, aber nur geringmächtig ist. Spontane Lawinen sind bei mäßiger Lawinengefahr eigentlich nicht zu erwarten. Vereinzelt treten aber Nass- oder Gleitschneelawinen auf.

Erheblich (Stufe 3)

Die Gefahrenstufe 3 (»erheblich«) umschreibt eine für Wintersportler kritische Lawinensituation. Auch diese Gefahrenstufe deckt ein weites Spektrum an Situationen ab. Zuweilen ist eine Lawinenauslösung an zahlreichen Steilhängen (vereinzelt auch spontan) möglich. Solche Situationen sind anhand der Alarmzeichen meist einfach zu erkennen. Fehlen diese, wird es schwieriger, Situationen mit ungünstigem Schneedeckenaufbau und damit möglichen Instabilitäten in der Schneedecke abzusehen.
Die kritische Neuschneemenge (siehe Kap. Kritische Neuschneemenge, S. 157) und verbreitet frischer Triebschnee sind weitere Merkmale, die auf eine erhebliche Lawinengefahr hinweisen. Am oberen Rand dieser Gefahrenstufe können auch Fernauslösungen auftreten. Dann sind auch flache Bereiche am Hangfuß kritisch zu beurteilen und allenfalls zu meiden.

Am unteren Rand dieser Gefahrenstufe (nahe der Grenze zur Gefahrenstufe »mäßig«) sind die Möglichkeiten für Touren deutlich größer als am oberen Rand (nahe der Grenze zur Gefahrenstufe »groß«). Aufgrund dieser großen Unterschiede erfordert die Gefahrenstufe 3 (»erheblich«) Erfahrung in der Lawinenbeurteilung, um die aktuelle Lawinensituation richtig einordnen zu können.

Groß (Stufe 4)

Bei der Gefahrenstufe »groß« sind einerseits sehr große Tallawinen möglich, andererseits kann auch die Auslösebereitschaft von mittleren und großen Lawinen hoch sein, sodass vor allem Wintersportler gefährdet sind. Spontane Lawinen sind typisch, ebenso Fernauslösungen. Große Lawinengefahr wird häufig dann erreicht, wenn innerhalb von 24

	Merkmale	Empfehlungen für Personen außerhalb gesicherter Gebiete
5 sehr groß	**Außerordentliche Lawinensituation** Viele sehr große und extrem große spontane Lawinen sind zu erwarten. Diese können Straßen und Siedlungen in Tallagen erreichen.	Verzicht auf Schneesport abseits geöffneter Abfahrten und Routen empfohlen. Wird sehr selten prognostiziert. Etwa 1 % aller Todesopfer.
4 groß	**Sehr kritische Lawinensituation** Spontane und oft auch sehr große Lawinen sind wahrscheinlich. An vielenSteilhängen können Lawinen leicht ausgelöst werden. Fernauslösungen sind typisch. Wummgeräusche und Risse sind häufig.	Sich auf mäßig steiles Geände beschränken. Auslaufbereiche sehr großer Lawinen beachten. Unerfahrene bleiben auf den geöffneten Abfahrten und Routen. Für wenige Tage des Winters prognostiziert. Rund 10 % aller Todesopfer.
3 erheblich	**Kritische Lawinensituation** Wummgeräusche und Risse sind typisch. Lawinen können vor allem an Steilhängen der im Lawinenbulletin angegebenen Expositionen und Höhenlagen leicht ausgelöst werden. Spontane Lawinen und Fernauslösungen sind möglich.	**Für Wintersportler kritischste Situation!** Optimale Routenwahl und Anwendung von risikomindernden Maßnahmen sind nötig. Sehr steile Hänge der im Lawinenbulletin angegebenen Expositionen und Höhenlagen meiden. Unerfahrenen wird empfohlen, auf den geöffneten Abfahrten und Routen zu bleiben. Für etwa 30 % des Winters prognostiziert. Rund 50 % aller Todesopfer.
2 mäßig	**Mehrheitlich günstige Lawinensituation** Alarmzeichen können vereinzelt auftreten. Lawinen können vor allem an sehr steilen Hängen der im Lawinenbulletin angegebenen Expositionen und Höhenlagen ausgelöst werden. Größere spontane Lawinen sind nicht zu erwarten.	Vorsichtige Routenwahl, vor allem an Hängen der im Lawinenbulletin angegebenen Expositionen und Höhenlagen. Sehr steile Hänge einzeln befahren. Besondere Vorsicht bei ungünstigem Schneedeckenaufbau (Altschneeproblem). Für etwa 50 % des Winters prognostiziert. Rund 30 % aller Todesopfer.
1 gering	**Allgemein günstige Lawinensituation** Es sind keine Alarmzeichen feststellbar. Lawinen können nur vereinzelt, vor allem an extrem steilen Hängen ausgelöst werden.	Extrem steile Hänge einzeln befahren und Absturzgefahr beachten. Für etwa 20 % des Winters prognostiziert. Rund 5 % aller Todesopfer.
Ausführliche Tabelle		

Wichtige Merkmale und Verhaltensmaßnahmen zu den fünf Gefahrenstufen

Stunden mehr als 50 Zentimeter Schnee fallen oder es stark auf eine schwache Schneedecke regnet. Bei einer lockeren Altschneeoberfläche oder generell einem schwachen Schneedeckenaufbau reichen oft auch schon weniger als 50 Zentimeter Neuschnee für eine große Lawinengefahr.

Sehr groß (Stufe 5)

Damit die Gefahrenstufe »sehr groß« erreicht wird, müssen innerhalb einer oder mehrerer aufeinanderfolgender Niederschlagsperioden ergiebige Schneemengen fallen: typischerweise mindestens 100–150 Zentimeter Schnee in drei Tagen. Häufig kommt es vor, dass in solchen Niederschlagsperioden die Schneefallgrenze variiert. Zwischendurch steigt sie deutlich an, sodass es bis in höhere Lagen regnet, und zwar auf eine bereits geschwächte Schneedecke. Damit verschärft sich die Situation häufig. Oft führen schwache Basisschichten in der Schneedecke (Schwimmschneefundament) kombiniert mit viel Neuschnee zu Großlawinenereignissen. Derartige außerordentliche Situationen sind aber sehr selten und treten höchstens etwa alle paar Jahre auf.

Vielfalt und Übergänge der Lawinengefahrenstufen

Im Gegensatz zum stufenweisen Anstieg der fünf Gefahrenstufen steigt die Lawinengefahr in der Natur kontinuierlich und überproportional an. Daher gibt es keine scharfen Grenzen. Außerdem kann die Lawinengefahr sogar innerhalb einer Gefahrenstufe unterschiedlich ausgeprägt sein. Besonders relevant ist diese Vielfalt bei der Gefahrenstufe »erheblich«: Am oberen Rand dieser Gefahrenstufe können Lawinen verbreitet leicht ausgelöst werden. Vereinzelt treten sogar spontane Lawinen auf und die Gefahr ist akut. Am unteren Rand fehlen allenfalls Neuschnee, frischer Triebschnee oder Alarmzeichen, und Lawinenauslösungen sind vergleichsweise selten, womit der Spielraum im Gelände größer wird.

Lawinensituationen lassen sich nicht immer klar einer Gefahrenstufe zuordnen, sondern können sich auch im Übergangsbereich befinden. In solchen Situationen müssen die Merkmale beider Gefahrenstufen beachtet werden, insbesondere die der höheren.

Beim sorgfältigen Lesen der Gefahrenbeschreibung im Lawinenbulletin lässt sich oft erkennen, ob die Lawinensituation innerhalb einer Gefahrenstufe eher am oberen oder am unteren Rand anzusiedeln ist. In der Schweiz wird dieser Trend für trockene Schneebrettlawinen explizit mit »+/-« angegeben.

Die blaue Kurve in der Abbildung zeigt den natürlichen Verlauf der Lawinengefahr. Punkt A zeigt ein »erheblich« am oberen Rand an (3+); in dieser Situation sind spontane Lawi-

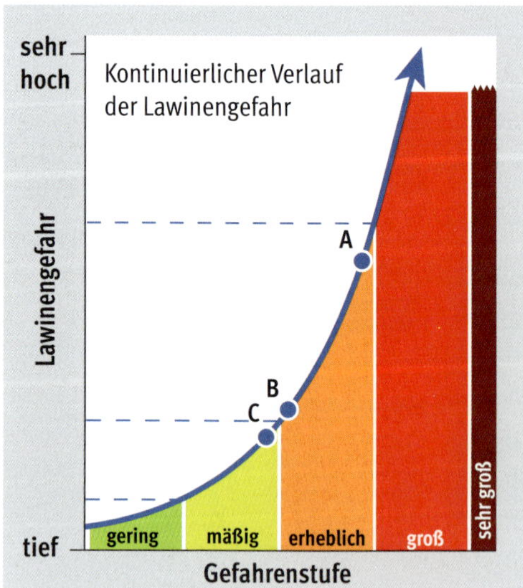

Unterschiedliche Lawinensituationen. Die Lawinensituation in den Punkten A (3+) und B (3-) unterscheidet sich trotz gleicher Gefahrenstufe deutlich. Der Unterschied zwischen B zu C (2+) ist hingegen vergleichsweise klein, obwohl es verschiedene Gefahrenstufen sind.

Aufbruch auf eine Skitour nach seriöser Tourenplanung mit dem Lawinenbulletin

nen und Fernauslösungen vom Hangfuß aus möglich. In der Situation B (»erheblich« am unteren Rand oder 3-) wird man kaum spontane Lawinen sehen oder andere Alarmzeichen erkennen. Mitunter sind auch nur gewisse Geländeteile von der erheblichen Lawinengefahr betroffen. Die Gefahr für den Wintersportler ist bei B wesentlich tiefer als bei A, obwohl in beiden Situationen die Gefahr treffend mit »erheblich« beschrieben wird.

Anders sieht es beim Vergleich der beiden Punkte B und C (2+) aus. Die Lawinengefahr unterscheidet sich in der Realität nur geringfügig, obwohl bei der Situation B eine erhebliche und bei C eine mäßige Lawinengefahr prognostiziert wird. Der Unterschied in der Gefahrenstufe kann sich aber auf die Tourenplanung und das Verhalten im Gelände auswirken. Es ist ratsam, folgende Punkte zu beachten:

› Gefahrenstufenentwicklung der letzten Tage verfolgen, beispielsweise: Wie lange herrscht schon eine mäßige Lawinengefahr? War die Prognose am Vortag noch »erheblich«, so ist die Lawinengefahr am Tag darauf trotz der Rückstufung auf »mäßig« selten deutlich tiefer.
› Aktuell relevantes Lawinenproblem identifizieren: Weshalb ist die Lawinengefahr z. B. »mäßig«, wegen des ungünstigen Schneedeckenaufbaus oder weil über Nacht stellenweise frische Triebschneeansammlungen entstanden sind?
› Auslösewahrscheinlichkeit von Lawinen: Folgende Aussage im Lawinenbulletin deutet beispielsweise auf eine Situation im

oberen Bereich von »mäßig« hin: »An schneearmen Stellen sind Lawinen schon durch geringe Zusatzlast auslösbar.«

> **KURZ UND KNAPP**
>
> Die Ausprägung der Lawinensituation und die Höhe der Gefahr können sich innerhalb der gleichen Lawinengefahrenstufe unterscheiden. Es lohnt sich, die Gefahrenentwicklung der vergangenen Tage zu verfolgen und sich die Frage zu stellen, welches das entscheidende Lawinenproblem ist.

Anstieg und Rückgang der Gefahr

Ein Anstieg der Lawinengefahr und somit auch der Gefahrenstufe ist immer mit einer markanten Wetteränderung verbunden, zum Beispiel Neuschnee, Schneeverfrachtung durch Wind oder Anfeuchtung als Folge von Erwärmung oder Regen (siehe Kap. Einfluss von Wetter und Mensch auf die Schneedecke, S. 69). Anhand dieser Witterungseinflüsse lässt sich ein Anstieg oftmals relativ leicht erkennen und prognostizieren.

Schwieriger ist der Rückgang der Lawinengefahr zu beurteilen. Außer einer deutlichen Abkühlung nach Regen gibt es aufgrund des Wetters dafür häufig keine klaren Anzeichen. Nur wenn wir den ungefähren Aufbau der Schneedecke kennen, können wir einschätzen, wie sich mit der Zeit und dem Wetter deren Stabilität und damit die Lawinengefahr entwickeln wird. Wir müssen uns also mit der Schneedecke auseinandersetzen und uns überlegen, wo Lawinen noch auslösbar und möglich sind. Allgemein nimmt bei schwachem Schneedeckenaufbau die Lawinengefahr langsamer ab als bei günstig aufgebauter Schneedecke (siehe Kap. Lawinenprobleme und günstige Situationen, S. 91).

Während eines Schneefalls im Hochwinter kann die Gefahrenstufe im Lawinenbulletin zum Beispiel auf »erheblich« steigen und danach – je nach Schneedeckenaufbau – noch einige Tage auf dieser Stufe bleiben. Anschließend wird die Gefahrenstufe, ohne dass wesentliche Wettereinflüsse beobachtbar sind, auf »mäßig« zurückgestuft. Vor allem bei einem ungünstigen Schneedeckenaufbau geht die Lawinengefahr in der Realität jedoch nur langsam zurück. In solchen Fällen ist die Lawinengefahr am Tag der Rückstufung von »erheblich« auf »mäßig« meist nur

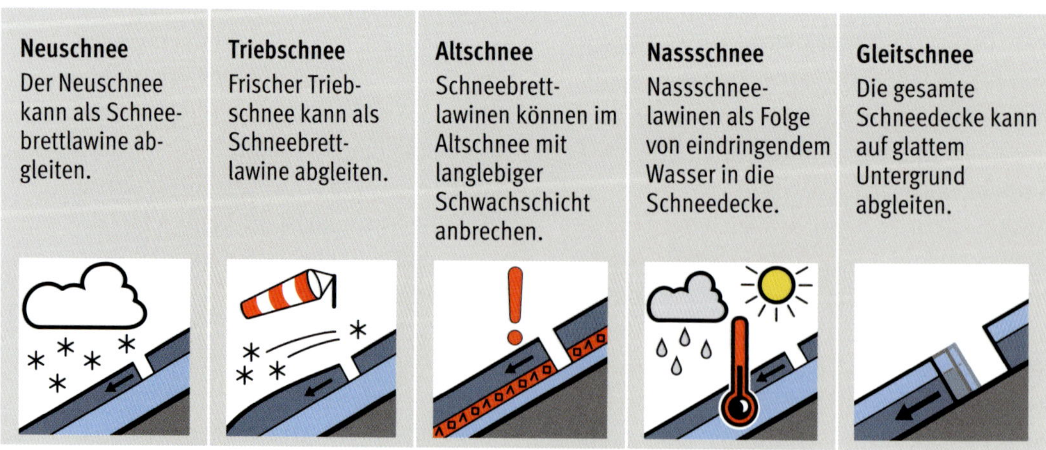

Die von den europäischen Lawinenwarndiensten verwendeten fünf Lawinenprobleme

unwesentlich tiefer, als sie am Vortag war. Die neue Einschätzung hat dann vor allem bei der unbedachten Anwendung der grafischen Reduktionsmethode große Konsequenzen (siehe Kap. Grafische Reduktionsmethode, S. 19).

KURZ UND KNAPP

Die Lawinengefahr ändert sich in der Realität kontinuierlich und nicht stufenweise wie bei den Gefahrenstufen im Lawinenbulletin. Dies ist vor allem bei der Rückstufung der Lawinengefahr zu beachten.

Lawinenbulletin

Das Lawinenbulletin beschreibt in der Regel die zu erwartende Lawinensituation als Prognose für den Folgetag, für eine oder mehrere Regionen. Es richtet sich nicht nur an Wintersportler abseits gesicherter Pisten, sondern auch an Sicherheitsverantwortliche von Verkehrswegen und Siedlungen (Lawinendienste und Lawinenkommissionen). Das Lawinenbulletin beinhaltet einerseits die Gefahrenstufe mit der Angabe, in welchen Höhenlagen und Hangexpositionen sie vorherrscht. Andererseits weist das Lawinenbulletin auf zu erwartende Lawinenprobleme hin und umfasst allgemeine Informationen zum Schneedeckenaufbau und zum Wetter. Meistens besteht das Lawinenbulletin aus einer Übersichtskarte mit Piktogrammen und kurzen zentralen Hinweisen sowie aus einem ausführlicheren Text mit Angaben zur Beurteilung der Lawinengefahr, zur Schneedecke und zum Wetter. Oft wird dort beschrieben, weshalb die Lawinengefahr zum Beispiel als »erheblich« eingeschätzt wird.

Seit 2017 verwenden die europäischen Lawinenwarndienste im Lawinenbulletin nebst der Gefahrenstufe die fünf Lawinenprobleme, um die aktuelle Lawinensituation besser zu beschreiben (siehe Abbildung, S. 142). In einigen Lawinenbulletins sind die Probleme mit Icons dargestellt, bei anderen wird in der Überschrift darauf hingewiesen. Ist kein Lawinenproblem prägnant (oft bei geringer Lawinengefahr: Stufe 1), wird dies in der Schweiz im Lawinenbulletin mit »kein ausgeprägtes Lawinenproblem« angegeben. Dies bedeutet aber nicht, dass keine Lawinengefahr besteht. Die Eigenheiten der Lawinenprobleme sind im Kapitel Lawinenprobleme und günstige Situationen, S. 91, detailliert beschrieben.

Aufbau des Lawinenbulletins: Informationspyramide

Die Reihenfolge der Informationen im Lawinenbulletin folgt dem Prinzip der sogenannten Informationspyramide. Wichtige, aber generalisierte Informationen kommen zuerst, nämlich Gefahrenstufe und Gefahrenstellen (Expositionen und Höhenlage). Danach folgen

Die Inhalte des Lawinenbulletins sind gemäß der Informationspyramide gegliedert: Die allgemeinen und wichtigen Informationen kommen zuerst, weiter unten folgen detailliertere und zusätzliche Informationen.

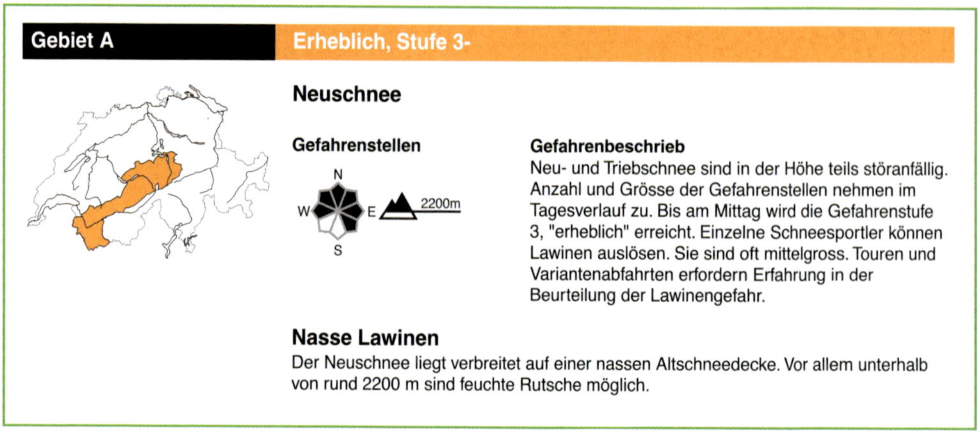

Beispiel der ersten vier Ebenen der Informationspyramide im Schweizer Lawinenbulletin (Quelle: slf.ch)

die Lawinenprobleme und die Beschreibung der aktuellen Lawinensituation. Ergänzende Informationen zur Schneedecke und zur Wetterprognose sowie Messwerte von manuellen und automatischen Messstationen bilden die Basis der Informationspyramide. Diese detaillierten Informationen werden oft in Form von Zusatzprodukten zur Verfügung gestellt.

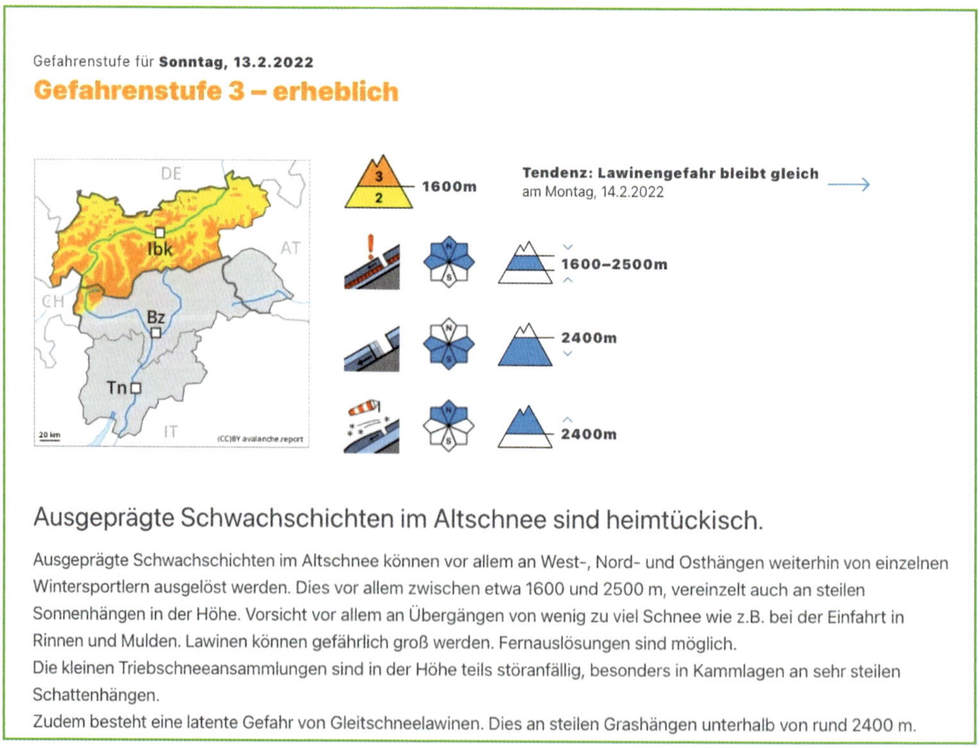

Beispiel der ersten vier Ebenen der Informationspyramide im Euregio-Lawinenreport für die Europaregion Tirol, Südtirol und Trentino (Quelle:lawinen.report)

Erstellung und Informationsgrundlagen

Die Erstellung des Lawinenbulletins basiert auf verschiedenen Grundlagen, wie Messungen (automatisch und manuell), Beobachtungen, Einschätzungen und Modelldaten zu Wetter und Schneedecke. Aus dieser Informationspalette von unterschiedlicher Qualität, Genauigkeit und zeitlicher Gültigkeit schätzen Experten, die Lawinenwarner, die Lawinensituation ein und beschreiben die Gefahr im Lawinenbulletin. Wie bei jeder Prognose gibt es Unsicherheiten, mal kleinere, mal größere. Wer diese als Anwender erkennt, kann die Aussagekraft des Lawinenbulletins besser beurteilen. Vor Ort sollte die Prognose mit eigenen Beobachtungen überprüft werden.

Eine wichtige Grundlage für das Lawinenbulletin sind aktuelle Informationen und Beobachtungen aus dem Gelände, um ein möglichst realitätsnahes Bild der Situation zu erhalten. Darauf aufbauend wird die Prognose für den Folgetag erstellt. Je dichter die Information, desto besser die Einschätzung. Die Informationsdichte kann stark variieren und hängt von der Region und Höhenlage, der Jahreszeit und dem Wetter ab. Folgendes ist zu beachten:

- In den Monaten Dezember bis April erhalten die Warndienste am meisten direkte Beobachtungen und Einschätzungen aus dem Gelände. In den Randmonaten und im Sommer erfolgt die Einschätzung mehrheitlich anhand der Messungen der automatischen Stationen und der Modelldaten.
- Basiert die Einschätzung in erster Linie auf der Wetterprognose, z. B. wegen einer erwarteten Wetteränderung, besteht je nach

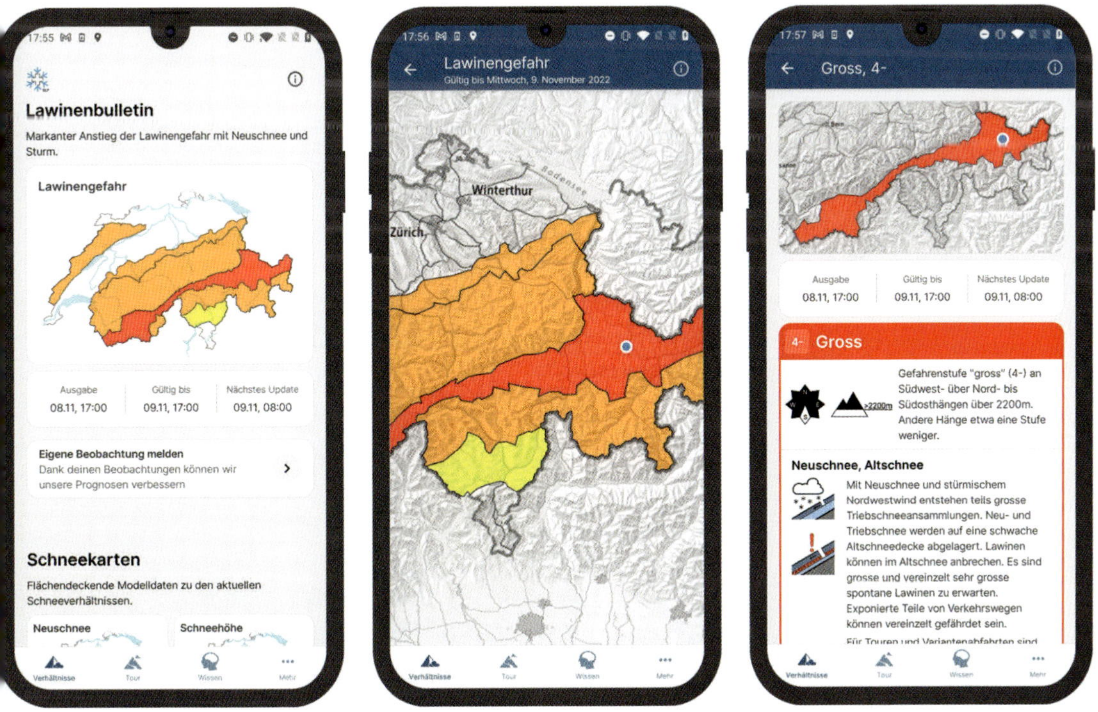

Das komplette Schweizer Lawinenbulletin in der SLF-Smartphone-App »White Risk«

Bei Schlechtwetterperioden ist die Unsicherheit des Lawinenbulletins größer, als wenn nach einigen Tagen schönen Wetters viele Beobachtungen möglich sind.

Wetterlage räumlich und zeitlich eine gewisse Unsicherheit. Eine nicht zutreffende Wetterprognose führt dann auch zu einer falschen Lawinenprognose.

› Während einer Sturmperiode liegen meist wenig Informationen aus dem Gelände vor. Erst bei anschließend schönem Wetter und guter Sicht sind Beobachtungen möglich (z. B. Lawinen oder Triebschneespuren). Zudem sind wieder mehr Leute unterwegs, die Rückmeldungen liefern.
› Besonders bei Altschneeproblemen sind Informationen zum Schneedeckenaufbau zentral. Diese sind aufwendig zu erheben und nur punktuell vorhanden.
› Das Netz von manuellen und automatischen Messungen sowie von Beobachtungen ist zwischen 1500 und 3000 m ü. M. am dichtesten. Oberhalb von 3000 m ü. M. gibt es kaum Informationen.
› Die Dichte der Information ist regional sehr unterschiedlich. In Regionen mit Skigebie-

KURZ UND KNAPP

Das Lawinenbulletin ist nicht immer gleich zuverlässig. Größere Unsicherheiten sind in folgenden Situationen zu erwarten:

› während der Winterrandmonate November und Mai sowie im Sommer,
› in Höhenlagen über 3000 m ü. M.,
› bei unsicherer Wetterentwicklung,
› während einer längeren Schlechtwetterperiode und
› in abgelegenen Regionen.

ten und anderer Infrastruktur sowie in Gebieten mit großer Tourenaktivität sind mehr Informationen verfügbar als in abgelegenen Regionen.

Interpretation und Anwendung

Bei der Interpretation des Lawinenbulletins sollte man sich fragen, was das Hauptproblem ist und worauf die Gefahrenstufe basiert. Ist der erwartete Neuschnee für den Anstieg der Lawinengefahr maßgebend oder ist die Einschätzung der Lawinengefahr durch den Schneedeckenaufbau begründet? Die Gefahrenstufe sollte deshalb unter Berücksichtigung der vorherrschenden Lawinenprobleme, der vergangenen Wetter- und Gefahrenentwicklung sowie der Wetterprognose interpretiert werden. Als Hilfe dient die Beschreibung zur Gefahr und zur Schneedecke.

Die Geländeteile, wo die Gefahr herrscht, werden überwiegend mit einer Expositions- und Höhenangabe grafisch dargestellt (Rosette und Bergsymbol). In den übrigen Expositionen und Höhenlagen ist die Lawinengefahr tiefer. Im Schweizer Lawinenbulletin gilt die angegebene Gefahrenstufe explizit nur für Geländeteile, die sowohl bezüglich Höhenlage als auch Exposition diesen Kriterien entsprechen. Im übrigen Gelände wird als Faustregel empfohlen, eine Gefahrenstufe tiefer anzunehmen. In den Lawinenbulletins von Österreich und Deutschland wird oft explizit angegeben, wie hoch die Lawinengefahr in den übrigen Expositionen und/oder Höhenlagen ist.

Aufgrund der Angabe zu den betroffenen Höhenlagen und Hangexpositionen kann relativ einfach beurteilt werden, wie verbreitet die im Lawinenbulletin beschriebene Gefahr ist (siehe Abbildung).

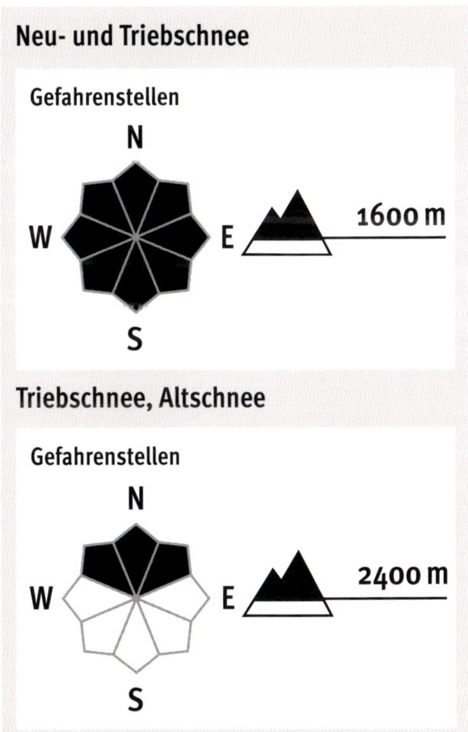

Beschreibung der Geländeteile, wo die Gefahr herrscht, anhand einer Expositions- und Höhenangabe. Im oberen Beispiel ist die Gefahr weitverbreitet und die Möglichkeiten für Touren sind eingeschränkt. Im unteren Beispiel ist die Gefahr lokal beschränkt und es gibt viel Gelände, wo die Verhältnisse oft sogar günstig sind.

KURZ UND KNAPP

Die Gefahrenstufe gilt für Gelände, das sowohl bezüglich Exposition als auch Höhenlage den im Bulletin angegeben Kriterien entspricht. In den nicht spezifizierten Expositionen und Höhenlagen ist die Gefahr in der Regel eine Gefahrenstufe tiefer.

Möglichkeiten und Grenzen

Die Inhalte im Lawinenbulletin (inkl. Gefahrenstufen) gelten immer generell für eine Region. Lokale Unterschiede sind normal, und auch zeitliche Veränderungen innerhalb eines Tages sind möglich. Weiter ist

Frische, spontane Schneebrettlawinen sind ein Hinweis für hohe Lawinenauslösewahrscheinlichkeit. Sie sind typische Alarmzeichen ab erheblicher Lawinengefahr.

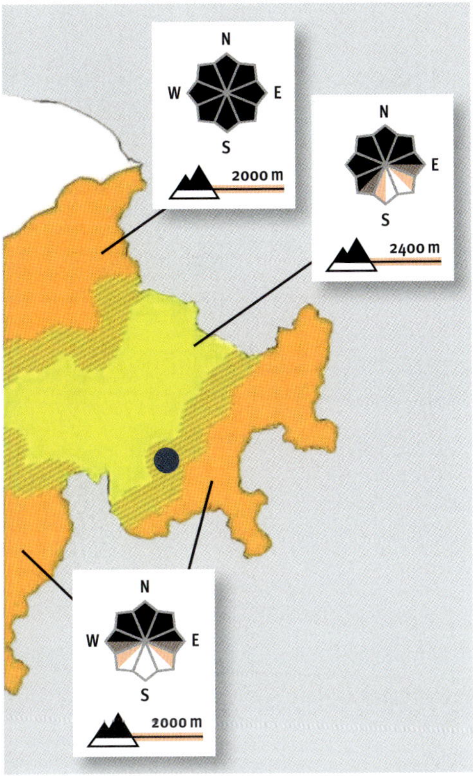

Am Ort des blauen Punktes ist die Lawinengefahr möglicherweise etwas höher als »mäßig«. Auch die Grenzen von Exposition und Höhenlage sind immer als fließende Übergänge aufzufassen. Es gibt selten scharfe Abgrenzungen.

zu berücksichtigen, dass das Lawinenbulletin meist an eine Wetterprognose gekoppelt und die Datengrundlage limitiert ist. Diese möglichen Unsicherheiten des Lawinenbulletins sind daher für die Beurteilung zu berücksichtigen. Weiter sind in den Gefahrenkarten die Grenzen zwischen Gefahrenstufen, Expositionen oder Höhenstufen immer als fließende Übergänge zu deuten. Solche Übergangsbereiche sind konservativ zu beurteilen – sicherheitshalber ist von der ungünstigeren Gefahrenstufe auszugehen. Im Übrigen ändert sich die Lawinensituation selten innerhalb einer Distanz von wenigen Kilometern. Sie ist auch auf einer Höhe von 1900 Metern oft nicht wesentlich günstiger als auf 2100 Meter, wenn im Lawinenbulletin beschrieben wird, dass sich die Gefahrenstellen oberhalb von 2000 m ü.M. befinden.

Zusätzliche Informationen und Messwerte

Zusatzprodukte

Zusätzlich zum Lawinenbulletin bieten die verschiedenen Lawinenwarndienste weitere wertvolle Informationen rund um die aktuellen Wetter- und Schneeverhältnisse an. Beispiele von Zusatzprodukten, die vom Schweizer Lawinenwarndienst bereitgestellt werden, sind:

› Schneehöhenkarten und Neuschneekarten: diverse Karten mit aktuellen Messwerten und interpolierten Flächen
› Wochenbericht: In den Wintermonaten erscheint jeden Donnerstagabend ein Rückblick auf die Wetter- und Lawinensituation der vergangenen 7 Tage. Der Rückblick hilft, die Entwicklung der Lawinensi-

Übersicht über alle Lawinenbulletins Europas: **avalanches.org**	Direkte Weblinks zu Informationen in verschiedenen Alpenländern, wie: • Lawinenbulletins • Schneeinfos • Messwerte

Infokanäle für die Lawinenprognose

tuation besser zu beurteilen. In den Sommer- und Herbstmonaten erscheint bei größeren Schneefällen ein Blog.

› Schneeprofilkarte: Sie beinhaltet Schneeprofile, meistens Hangprofile inklusive Stabilitätstest, und wird laufend aktualisiert.

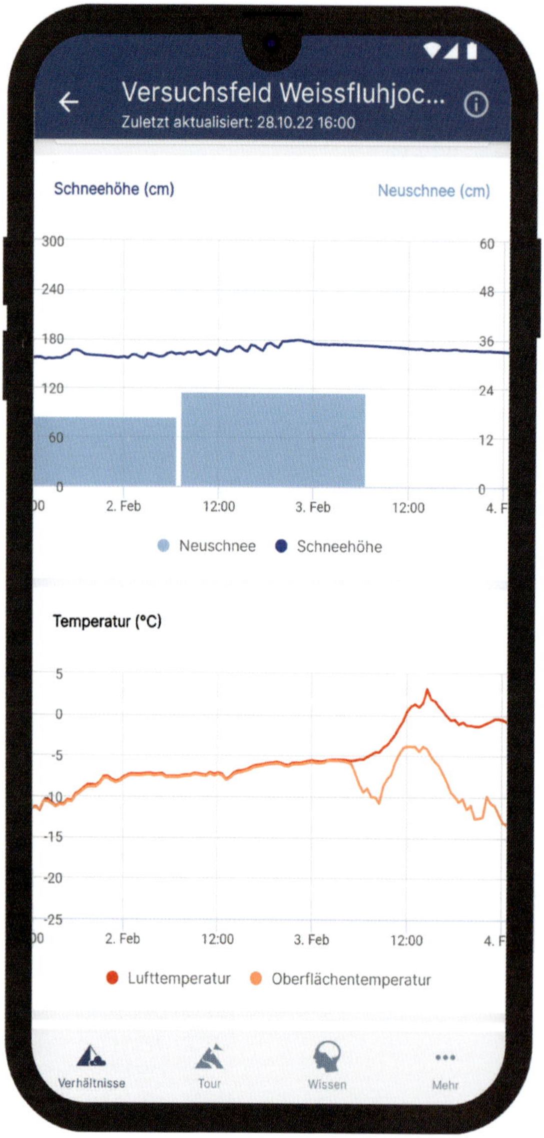

Beispiel der Messwerte einer Station in den Schweizer Alpen in der App »White Risk«

Beispiele von Zusatzinformationen, die von den Warndiensten der Euregio (Tirol, Südtirol und Trentino) zur Verfügung gestellt werden:

› Interaktive Karte mit Mess- und Modellwerten von Schneehöhe, Neuschnee, Lufttemperatur und Wind als Kartenlayer
› Interaktive Karte mit verfügbaren Schneeprofilen, die nach diversen Kriterien gefiltert und einzeln interpretiert werden können
› Interaktive Karte mit zeitlichen Verläufen der Wetterstationen für die verschiedenen Warndienste der Europaregion
› Blog mit Beiträgen aus den verschiedenen Warnregionen

Für die Tourenplanung können weitere Informationen verschiedener Anbieter von Interesse sein wie Wetterkarten, Webcams, Community-Plattformen etc. (siehe Kap. Tourenplanung, S. 221).

Messwerte

In den Alpen gibt es ein relativ dichtes Netz von automatischen Messstationen. Aktuelle Messwerte und solche der vergangenen Tage sind verbreitet verfügbar. Die Informationsplattformen der verschiedenen Lawinenwarndienste bieten oft Visualisierungen der Daten einzelner automatischer und manueller Messstationen an. Solche Messwerte helfen dabei, bereits in der Planung lokale Witterungseinflüsse besser berücksichtigen zu können.

Die Interpretation von Messdaten braucht Erfahrung und muss mit der nötigen Skepsis erfolgen. Es handelt sich bei diesen Daten um Rohwerte und manchmal sind auch Sensoren defekt. Ebenso können Standorte zum Beispiel windbeeinflusst (Anzeige von mehr oder weniger Schnee als effektiv vorhanden) und bisweilen je nach Situation nicht sehr repräsentativ sein.

Beispiel der Messwerte einer österreichischen Station auf der Website lawis.at

Unterwegs beobachten

Beobachten ist der Schlüssel zur eigenständigen Beurteilung der Lawinengefahr. In diesem Kapitel wird aufgezeigt, wie wir durchs Beobachten unterwegs Grundlagen für unsere Entscheidungen sammeln können. Im Hinblick auf die Einschätzung der Lawinenauslösewahrscheinlichkeit mit dem RiskCheck (siehe Kap. Lawinenrisiko, S. 16 und Kap. Risikomanagement, S. 201) fokussieren wir uns auf Beobachtungen zur Lawinenbildung. Wir suchen Informationen, die uns Hinweise zum Schneedeckenaufbau und zur Schneedeckenstabilität liefern.
Die Grundlagen und Hintergründe zu den einzelnen Beobachtungen sind in den Kapiteln Schnee und Schneedecke, S. 29, Lawinenbildung, S. 45, und Einfluss von Wetter und Mensch auf die Schneedecke, S. 69, beschrieben.
Oft erkennen wir bereits in der Planung, welche Umstände für die aktuelle Lawinensituation ausschlaggebend sind. Auch ist es hilfreich, den Witterungsverlauf der vergangenen Tage zu verfolgen, um sich den Schneedeckenaufbau besser vorstellen zu können. Unterwegs im Gelände sind frische Lawinen die besten Indizien für erhöhte Lawinengefahr. Wenn diese fehlen, lässt sich häufig anhand von weiteren Beobachtungen erkennen, welche Prozesse die Schneedecke aktuell beeinflussen – oft auch ohne im Schnee zu graben. Vor allem bei Altschneesituationen helfen jedoch Schneedeckenuntersuchungen, mehr über den Schneedeckenaufbau zu erfahren.
Wachsames Beobachten unterwegs – sei es durch visuelles Erfassen von Eindrücken, durch Erkennen von Veränderungen beim Spuren oder mit gezieltem Blick in die Schneedecke – ist unabdingbar für die Einschätzung der lokalen Lawinensituation. Dabei ist es wichtig, die Erkenntnisse im Kontext der Lawinenbildungsprozesse einzuordnen, also bei Schneebrettlawinen im Hinblick auf die Schlüsselfragen zu Bruchinitiierung, Bruchausbreitung und Variabilität des Schneedeckenaufbaus

Beobachtungen

Der visuelle Eindruck der verschneiten Landschaft gibt uns erste Hinweise, die wir mit dem Lawinenbulletin und der Witterung der vergangenen Tage vergleichen können. Dazu gehören Neuschneemenge, Schneeverteilung, abgegangene Lawinen, Schnee auf Dächern oder Bäumen, Spuren an der Schneeoberfläche sowie vorhandene Spuren von Wintersportlern. Diese Beobachtungen erlauben eine erste Einschätzung des Aufbaus der Schneedecke und der Lawinensituation. Es lohnt sich also, unterwegs die Fühler auszustrecken und ein Gespür für gute Beobachtungen zu entwickeln.

Alarmzeichen

Alarmzeichen sind klare Hinweise auf Instabilität und zeigen, dass die Bedingungen in der Schneedecke für Schneebrettlawinen gegeben sind. Solche Hinweise sind vor allem bei erheblicher Lawinengefahr typisch. Als Alarmzeichen gelten:

- **frische Schneebrettlawinen**, unabhängig von der Art der Auslösung: spontan, künstlich (Sprengung, Wintersportler) oder fernausgelöst,
- **Wumm-Geräusche** (Setzungsgeräusch, verursacht durch die Ausbreitung eines Bruches in einer Schwachschicht) und
- **Rissbildungen** beim Betreten der Schneedecke.

	Alarmzeichen		
Gefahrenstufe	Wumm-Geräusche, Rissbildung	frische Schneebrettlawinen	
		künstlich ausgelöste Schneebrettlawinen	Fernauslösungen, Spontanlawinen
mäßig	vereinzelt	vereinzelt	selten
erheblich	typisch	typisch	vereinzelt
groß	häufig	häufig	typisch

Häufigkeit von Alarmzeichen

Nur wer aktiv beobachtet, sieht frische Lawinen. Nur wer selbst eine Spur anlegt, kann allenfalls ein Wumm-Geräusch hören. Wer in existierenden Spuren geht, vergibt die Möglichkeit, sich warnen zu lassen. Wenn wir allerdings keine Alarmzeichen sehen oder hören, heißt dies noch lange nicht, dass die Lawinengefahr unbedeutend ist.
Wumm-Geräusche oder Rissbildung sind Hinweise, dass eine Schwachschicht gebrochen ist und sich der Bruch ausbreiten kann. Manchmal breitet er sich nur wenige Meter aus, manchmal aber auch quer durch einen ganzen Hang. Der erste Fall ist oft zu beobachten, wenn das Schneebrett über der Schwachschicht die Bruchausbreitung nicht genügend unterstützt (z. B. bei eher lockerem Neuschnee oder bei kantig aufgebauter Schneedecke). Ein »weitläufiges« Wumm und eine Rissbildung über Dutzende von Metern – wie im zweiten Fall – deuten darauf hin, dass der Schneedeckenaufbau die Bruchausbreitung begünstigt (siehe Abbildung).
Bei frischen Lawinen ist der Fall klar – die gebrochene Fläche war ausreichend groß und der Hang steil genug, dass sich eine Schneebrettlawine lösen konnte.

Rissbildung beim Betreten der Schneedecke. Je länger der Riss, desto ausgeprägter ist die Tendenz zur Bruchausbreitung.

KURZ UND KNAPP

Alarmzeichen müssen wir suchen!
Nur wer aktiv beobachtet, sieht frische Lawinen.
Wer selbst eine Spur anlegt, kann allenfalls ein Wumm-Geräusch hören oder Rissbildungen provozieren.

Lawinenbeobachtungen

Frische Schneebrettlawinen gelten als Alarmzeichen. Jedoch nicht jeder Lawinenanriss bzw. jede Ablagerung ist frisch. Es muss abgeschätzt werden, wann die Lawinen ungefähr abgegangen sind. Auch ältere Lawinen können nützliche Hinweise zur Beurteilung der Lawinensituation liefern. Wenn man Anrisse von Lawinen sieht, ist überdies zu unterscheiden, um welche Lawinenart es sich handelt.

Lockerschneelawinen:

› Trockene Lockerschneelawinen deuten darauf hin, dass der Neuschnee wenig gebunden und relativ locker ist. Nasse Lockerschneelawinen belegen, dass die Schneeoberfläche feucht wurde.

› Lockerschneelawinen erzeugen in der Sturzbahn oder im Auslauf eine große Zusatzlast. Bei schwachem Schneedeckenaufbau können sie dadurch Schneebrettlawinen auslösen. Hat also der Auslauf von Lockerschneelawinen in Steilhängen keine Schneebrettlawine ausgelöst, signalisiert dies, dass der Schneedeckenaufbau an dieser Stelle eher günstig ist.

Gleitschneerisse und -lawinen:

› Frische Gleitschneerisse oder -lawinen bedeuten eine aktive Gleitbewegung der Schneedecke. Sie weisen zudem auf eher günstigen Schneedeckenaufbau hin.

› Längst nicht jede Gleitschneelawine ist frisch. Ist der Boden, auf dem die Lawine

Frische Schneebrettlawinen sind deutliche Alarmzeichen.

Bedingungen zur Beurteilung der Neuschneemenge		
	günstig	**ungünstig**
Wind	schwacher Wind	starker oder stürmischer Wind (›40 km/h, Wind hörbar, Wald rauscht)
Temperatur	wenig unter 0 °C (nur wenn keine ungünstige Altschneeoberfläche vorhanden)	kälter als –5 bis –10 °C, v. a. bei Schneefallbeginn
Neuschnee-eigenschaft	Neuschnee unten dichter als oben (nur wenn keine ungünstige Altschneeoberfläche vorhanden)	Neuschnee nach oben dichter (z. B. bei Temperaturanstieg während Schneefall)
Altschnee-oberfläche	kleinräumig stark unregelmäßig (z. B. häufig befahren, winderodiert, Büßerschnee)	gleichmäßig und relativ locker (z. B. Oberflächenreif, aufgebauter Schnee, »Pulver«)
Schneedecken-aufbau	verfestigt und gut	allg. schwach oder oberflächennahe Schwachschichten vorhanden

Bedingungen zur Beurteilung der Neuschneemenge

abgeglitten ist, hingegen noch leicht weiß und weist etwas Schneereste auf, ist die Gleitschneelawine erst kürzlich abgegangen.

Schneebrettlawinen:

- Die Anrissmächtigkeit von Schneebrettlawinen gibt Hinweise, wo sich die Schwachschicht in der Schneedecke beim Abgang befand. Wenn frischer Triebschnee abgeglitten ist, kann entlang des Lawinenanrisses die Triebschneemenge abgeschätzt werden.
- Ist der Lawinenanriss sehr unterschiedlich mächtig, deutet dies auf sehr variable Schneehöhen über der Schwachschicht hin.
- Der Vergleich von Anrissfläche und Hanggröße weist darauf hin, wie gut sich der Bruch ausbreiten konnte.

Kritische Neuschneemenge

Mit dem Anstieg der Neuschneemenge steigt auch die Lawinengefahr. Wie in den Kapiteln Neuschnee, S. 71, und Neuschneeproblem, S. 94, beschrieben, hängt der Anstieg der Lawinengefahr jedoch nicht nur von der Neuschneemenge ab, sondern insbesondere von:

- der Altschneeoberfläche vor dem Schneefall und
- den Eigenschaften sowie der Schichtung des Neuschnees.

Die Regel zur kritischen Neuschneemenge vereinfacht die Beurteilung, ob ein Schneefall zu einer kritischen Situation führt. Die kritische Neuschneemenge ist:

- 10–20 cm bei ungünstigen Bedingungen
- 20–30 cm bei mittleren Bedingungen
- 30–50 cm bei günstigen Bedingungen

Verlockender erster Tag nach Neuschnee

Bei eindeutig erreichter kritischer Neuschneemenge ist die Wahrscheinlichkeit einer Lawinenauslösung erhöht und es muss mindestens von einer erheblichen Lawinengefahr ausgegangen werden.

Triebschneespuren

Triebschnee erkennt man oft anhand von Windspuren auf der Schneeoberfläche (z. B. Dünen). Solche Spuren sind zwar häufig, weisen aber längst nicht immer auf kritische Verhältnisse hin. Trotzdem ist Triebschnee, vor allem wenn er frisch ist, eine der Hauptursachen für Schneebrettlawinen. Es ist nicht einfach zu erkennen, ob der Triebschnee frisch (d. h. 1–2 Tage alt) oder schon älter ist, und ob er abgangsbereit ist. Damit frischer Triebschnee auslösefreudig wird, braucht es bekanntlich noch eine Schwachschicht darunter (siehe Kap. Triebschneeproblem, S. 100). Neben dem Alter des Triebschnees ist auch die verfrachtete Schneemenge rein optisch schwierig bis unmöglich zu beurteilen. Wechten zeigen, aus welcher Richtung der Wind hauptsächlich geweht hat, sind aber selten ein Indiz dafür, dass auf der windabgewandten Seite (im Lee) auch wirklich frischer Triebschnee liegt.

Um Spuren des Windes auf der Schneeoberfläche richtig zu interpretieren, ist es nützlich, die Wetterentwicklung der vergangenen Tage zurückzuverfolgen. Gab es starke Winde, die Schnee verfrachten konnten? Was liegt unterhalb des Triebschnees? Zeichen von Triebschnee müssen mit der Art des vorherrschenden Triebschneeproblems in Zusammenhang gebracht werden (siehe Kap. Triebschneeproblem, S. 100). Wie der Wind die Schneedecke beeinflusst, wird in Kapitel Wind, S. 76, erläutert.

KURZ UND KNAPP

Oft zeugen Windspuren auf der Schneeoberfläche davon, dass der Wind Schnee verfrachtet hat. Alter und Menge des Triebschnees sind jedoch anhand der Spuren nicht immer einfach abzuleiten.
Die Beurteilung von Triebschneespuren muss immer mit dem vorherrschenden Triebschneeproblem in Zusammenhang gebracht werden.

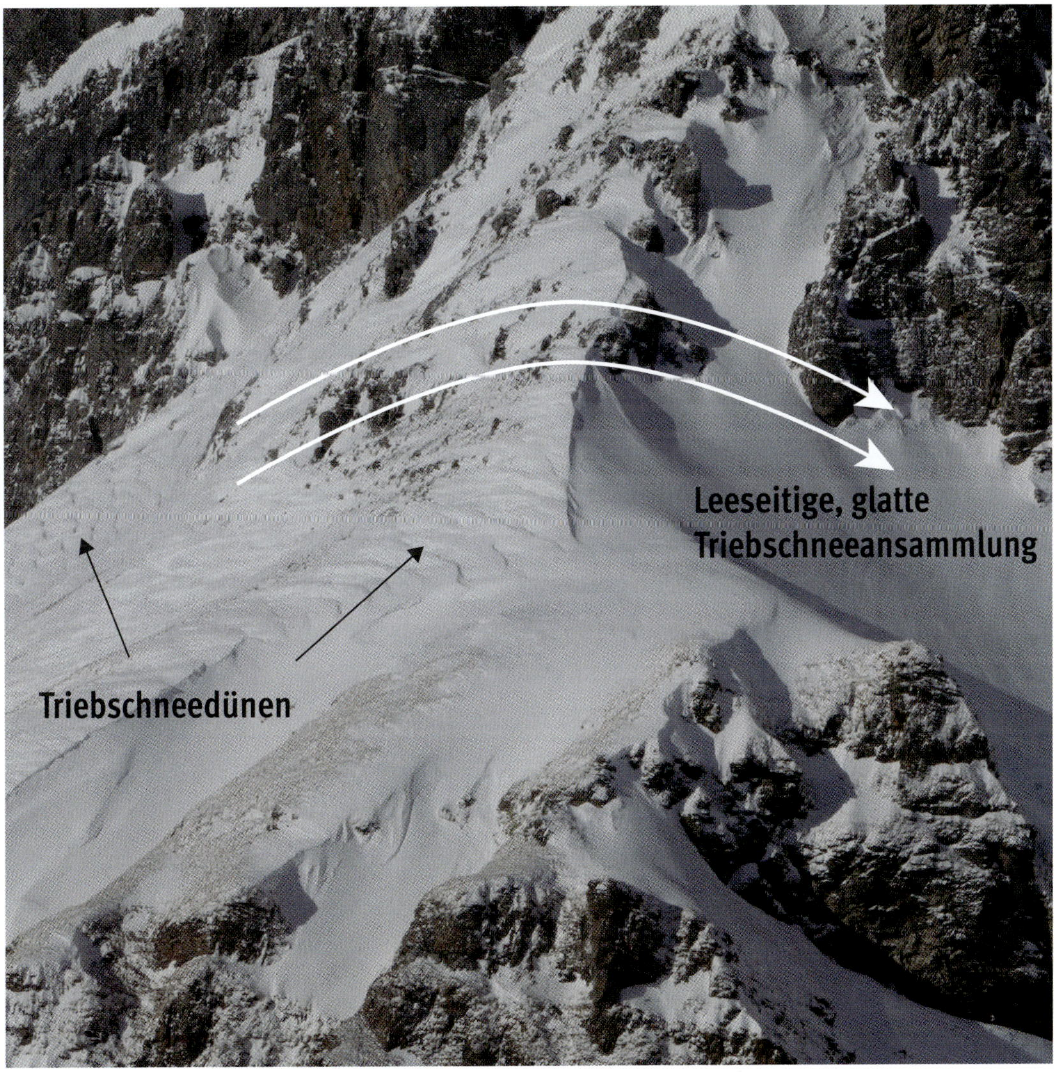

Verschiedene Formen von Triebschneeablagerungen

Weit verbreiteter frischer Triebschnee nach einer Sturmperiode

Frischer Triebschnee? Nein, er ist schon mehrere Tage alt und nach starker Erwärmung bildeten sich darüber Lockerschneerutsche. Der Wind wehte von links unten.

Windbänder: oberflächlich bänderartige Erosionsformen auf einer Triebschneeansammlung. Der Wind wehte von links unten.

Schneeoberfläche

Neben den Spuren des Windes sind oft auch andere Witterungseinflüsse auf der Schneeoberfläche erkennbar, zum Beispiel:

- Knollenbildung durch markante Erwärmung des Neuschnees: deutet auf gute Bretteigenschaften des Neuschnees hin.
- Regenrillen: deuten auf günstige Bedingungen hin, wenn die zerfurchte Schneeoberfläche bereits wieder gefroren ist.
- Schmelzharschkruste: deutet auf günstige Situation hin.
- Oberflächenreif oder eine gleichmäßig lockere Schneeoberfläche: weisen auf eine

Der Schnee, der den Hang hinuntergekollert ist, deutet auf eine ausgeprägte Erwärmung des Neuschnees hin. Der Schnee wurde dabei feucht und pappig und es bildeten sich Knollen.

Dies sind keine Winddünen, sondern Abflussrinnen, die durch Regen entstanden sind. Die schmalen Rinnen verlaufen in Fließrichtung.

zukünftige Schwachschicht hin, wenn sie mit dem nächsten Schneefall eingeschneit werden.

Eigene Spur

Anhand der eigenen Spur lassen sich die Eigenschaften des Schnees an der Oberfläche beurteilen – etwa wie gut er gebunden oder ob er nass oder feucht ist. Man kann auch beobachten, ob sich die Schneeeigenschaften räumlich verändern, beispielsweise aufgrund von kleinen Geländeunterschieden oder unterschiedlichen Windverhältnissen (z. B. weicher Triebschnee neben abgeblasenen Stellen oder Wechsel von Bruchharsch zu Pulver). Nur wer selbst eine eigene Spur anlegt, kann wahrnehmen, wie der Schnee beschaffen ist und wie er sich im Gelände verändert.

Spuren anderer Wintersportler

Viele Spuren in einem Hang verändern die Schneeoberfläche derart, dass diese in Kombination mit dem nächsten Schneefall als günstige Altschneeoberfläche betrachtet werden kann (siehe Kap. Häufiges Befahren, S. 88). Spuren können aber auch weitere Informationen liefern. Anhand von Abfahrtsspuren lässt sich zum Beispiel erkennen, wie gut der Schnee zum Skifahren war (obwohl es natürlich auch Skifahrer gibt, die in Bruchharsch schöne Spuren hinterlassen ...), oder wie sich die Einsinktiefe verändert.
Außerdem zeigen Spuren in einem Hang, dass dieser befahren wurde, ohne dass eine Lawine ausgelöst wurde. Solche Spuren können also auch als Belastungstest betrachtet werden. Allerdings ist nicht bekannt, wie nahe die Belastung an einer Lawinenauslösung war. Man sollte sich daher nicht von bestehenden Spuren verleiten lassen, wenn gleichzeitig klare Anzeichen für eine kritische Situation vorliegen. Ein Wintersportler kann ab und zu, wenn auch selten, im Bereich einer vorhandenen Spur noch eine Lawine auslösen. Auch in einer bestehenden Aufstiegsspur ist eine Lawinenauslösung nicht ausgeschlossen. Je mehr Spuren jedoch bereits vorhanden – respektive Leute in der Spur aufgestiegen – sind, desto weniger wahrscheinlich wird eine Auslösung. Unfallzahlen zeigen, dass oft diejenige(n) Person(en) die Lawine auslöste(n), die den Unfallhang als erste belastet hatte(n).
Dass im Bereich von bestehenden Spuren Schneebrettlawinen ausgelöst werden,

Verschiedene Spurbilder: Triebschnee mit Spursteg (links), kohäsionsloser aufgebauter Schnee (Mitte), Nassschnee (rechts)

kommt eher bei Altschnee- oder Kombi-Problemen und weniger bei einem Neuschneeproblem vor. Die Bruchinitiierung ist meist etwas schwieriger und hängt mehr von der Belastung und der Wirkung des Wintersportlers ab.

Weitere Beobachtungen

Manchmal liefert uns auch der Schnee auf den Hausdächern oder Bäumen Hinweise. Verformungen an Dachkanten, Eiszapfenbildung o. Ä. zeigen beispielsweise, welche Prozesse auf den Schnee und die Schneedecke gewirkt haben.

Die Eiszapfen an der Tanne verraten, dass nach dem Schneefall eine Erwärmung stattfand und der Schnee stellenweise zu schmelzen begann. Danach erfolgte eine Abkühlung und es bildeten sich Eiszapfen.

Schneedeckenaufbau und Schneedeckenstabilität

Der Schneedeckenaufbau bleibt uns größtenteils verborgen. Mit gezielten Beobachtungen und Überlegungen zur Entwicklung der Schneedecke lassen sich jedoch einige Eigenschaften erkennen. Vor allem bei Altschneeproblemen, die keine äußeren Anzeichen wie Alarmzeichen, Triebschnee oder Neuschnee aufweisen, gilt es, sich der Schneedecke vertieft zu widmen.

Bereits aus dem Lawinenbulletin und etwaigen Zusatzprodukten können Informationen über den allgemeinen Zustand der Schneedecke gewonnen werden. Oft bieten die Lawinenwarndienste auf ihren Informationsplattformen auch aktuelle Schneeprofile an. Für unterwegs gibt es einfache Faustregeln und Tests oder etwas aufwendigere Untersuchungen, die Hinweise zum Schneedeckenaufbau liefern.

Werden Beobachtungen, Profile und Tests mit dem Wetterverlauf kombiniert, ergibt sich ein grobes Bild über den Aufbau der Schneedecke. Wichtig dabei ist, sich nicht auf eine einzelne punktuelle Beobachtung zu stützen, sondern verschiedene Beobachtungen und Informationen zu vergleichen und zu hinterfragen, ob diese zusammenpassen und wie groß die Unsicherheiten sind.

KURZ UND KNAPP

Mithilfe von Beobachtungen, einfachen Tests und Schneedeckenuntersuchungen können wir uns ein Bild vom Schneedeckenaufbau machen.

Die Verformung des Neuschnees weist darauf hin, dass bereits Kriech- und Setzungsbewegungen stattgefunden haben.

Ein Bild über den Schneedeckenaufbau zu haben, hilft bei der Beurteilung.

Die Beobachtungen zum Schneedeckenaufbau und die Stabilitätstests können helfen, im Einzelhang die Schlüsselfragen im RiskCheck zur Auslösewahrscheinlichkeit zu beantworten: Bruchinitiierung, Bruchausbreitung und Variabilität (Schichtung)?

Beobachtungen zum Schneedeckenaufbau

Während des Aufstiegs oder bei einer Pause liefern einfache Tests oft gute Hinweise über die Beschaffenheit der oberen Schichten der Schneedecke, ohne dafür ein Loch graben zu müssen. Anhand der Einsinktiefe mit Skiern lässt sich etwa erkennen, wie stark sich der Neuschnee bereits gesetzt hat, oder ob es räumliche Unterschiede in der Härte der obersten Schicht gibt. Die Einsinktiefe ohne Skier zeigt, wie gut die Schneedecke generell verfestigt ist. Tiefes Durchbrechen in den kohäsionslosen Altschnee lässt eine dicke schwächere Schicht vermuten und weist auf eine möglicherweise ungünstige Schneebrett–Schwachschicht-Kombination hin.

Deutlicher Unterschied der Einsinktiefe mit und ohne Skier. Dies weist auf einen ungünstigen Schneedeckenaufbau hin.

Das kräftige Einstecken des Stocks ist eine einfache Methode, die – während des Aufstiegs wiederholt angewandt – verschiedene Schichthärten und Mächtigkeiten im Schneedeckenaufbau zeigen kann. Vor allem wenn Neu- oder Triebschnee auf eine härtere Schicht zum Liegen kommt, sind die Unterschiede mit dem Stock gut spürbar. Über die Einsinktiefe und den Stocktest lassen sich vor allem Schwimmschneeschichten und unterschiedliche Schichthärten sowie deren räumliche Änderungen erkennen, nicht jedoch dünne Schwachschichten. Der Stocktest ist kein Stabilitätstest.

Tiefes Loch, entstanden nach dem Durchbrechen mit dem Skistock in eine kohäsionslose Schwimmschneeschicht

Kleine, harmlose Hänge sind der ideale Ort, um zu testen, ob sich mit kräftiger Belastung ein kleines Schneebrett auslösen lässt. Solche **Böschungstests** sind vor allem bei Triebschnee- und Neuschneesituationen aufschlussreich.

KURZ UND KNAPP

Die detailliertere Auseinandersetzung mit der Schneedecke ist insbesondere bei Altschneeproblemen oft der Schlüssel für eine fundierte lokale Beurteilung.

Einfache Faustregeln zum Schneedeckenaufbau

Um den Einfluss des Schneedeckenaufbaus auf die Lawinengefahr abzuschätzen, helfen folgende Faustregeln:

- **Mehr Schnee ist besser als wenig Schnee**. Dabei ist die Gesamtschneehöhe gemeint und nicht die Neuschneemenge. Bei großer Schneehöhe ist der Temperaturgradient kleiner und der Schneedeckenaufbau dadurch oft günstiger als bei geringer Schneehöhe. Allerdings kann auch eine mächtige Schneedecke bisweilen eine Schwachschicht enthalten. In Regionen mit generell eher wenig Niederschlag, aber kalten Temperaturen (z. B. inneralpine Hochtäler) gibt es häufiger einen ungünstigeren Schneedeckenaufbau als in schneereichen Regionen (z. B. am Alpennordrand).
- **Dicke und ähnliche Schichten sind günstiger als dünne und unterschiedliche.**
- **Die Schneeoberfläche von heute ist die mögliche Schwachschicht von morgen**. Je rauer und unregelmäßiger die Schneeoberfläche auf kleinem Raum, umso günstiger ist dies im Hinblick auf den nächsten Schneefall.

Böschungstest: bewusst provozierte Lawinenauslösung an einem kleinen, harmlosen Hang

Schneedeckenuntersuchungen

Schneedeckenuntersuchungen sind besonders beim Altschnee- und Kombi-Problem hilfreich, um die Auslösewahrscheinlichkeit abschätzen zu können. Bei fehlenden äußeren Anzeichen sind zusätzliche Informationen meist nur in der Schneedecke selbst zu finden. Der Blick in die Schneedecke ist in verschiedener Hinsicht nützlich:

- Ungünstige Schichtkombinationen (Schneebrett auf Schwachschicht) und mögliche Instabilitäten können mit einem Stabilitätstest erkannt werden.
- Die Resultate der Schneedeckenuntersuchungen helfen, die Einschätzung der Auslösewahrscheinlichkeit im RiskCheck zu verfeinern.
- Die Abfolge der Schichten kann mit der »Geschichte« des Winters in Verbindung gebracht werden (z. B. Sonnenkrusten, Regenkrusten, Schwimmschnee).
- Das Prozessverständnis für die Lawinenbildung wird gefördert.

Eine Schneedeckenuntersuchung besteht idealerweise aus einem Schneeprofil, kombiniert mit einem Stabilitätstest. Dabei analysieren wir zuerst die Schichtung im Profil, dann führen wir daneben mindestens einen Stabilitätstest durch und schließlich ordnen wir die Testergebnisse dem Schichtprofil zu. Die (Schwach-)Schichten werden sowohl im Profil wie auch in den Tests identifiziert. Nur so erhalten wir ein komplettes Bild zu Schichtung (Schneebrett über Schwachschicht), Bruchinitiierung und Bruchausbreitung.

Schneedeckenuntersuchungen sollten in unberührten, aber ungefährlichen kleinen, nach unten auslaufenden Hängen durchgeführt werden. Ziel ist es, einen ungünstigen Schneedeckenaufbau zu finden – nicht

In schneereichen Wintern oder Regionen ist die Schneedecke generell günstiger aufgebaut.

einen stabilen. Es ist daher darauf zu achten, dass am Ort der Untersuchung eher unterdurchschnittlich viel Schnee liegt, weil bei geringer Schneehöhe die Schneedecke in der Regel schwächer ist. Ideal für solche Tests sind Hänge, die steiler sind als 30 Grad. Schneedeckentests sind aber auch in mäßig steilem Gelände möglich. In der Regel gräbt man ein rund ein Meter tiefes und eineinhalb Meter breites Loch. Untersucht wird dann die Abfolge der Schichten (Schneeprofil) und die Stabilität anhand eines (oder mehrerer) Tests.

EXPERTENTIPP

Bei der Standortwahl für Schneedeckenuntersuchungen ist Folgendes zu beachten:

- kleiner, auslaufender Hang mit sehr kleinen Konsequenzen im Falle einer Auslösung,
- repräsentativer Ort, wo am ehesten Instabilitäten zu erwarten sind,
- eher unterdurchschnittliche Schneehöhe,
- ungestörte Stelle (keine Spuren) und
- Hangneigung möglichst über 30 Grad.

Im Idealfall bestehen Schneedeckenuntersuchungen aus einem Schneeprofil und einem Stabilitätstest. Aus der Kombination dieser Beobachtungen lässt sich die Schneedeckenstabilität ableiten.

Schneeprofil

Mithilfe eines Schneeprofils lässt sich abschätzen, ob eine ungünstige Schichtung – bestehend aus Schneebrett und Schwachschicht – vorhanden ist. Bei der Untersuchung der Schichten gilt es, auf Unterschiede in der Härte sowie der Kornform und -größe zu achten, vor allem im obersten Meter der Schneedecke. Folgende Konstellationen sind **ungünstig** und daher von besonderem Interesse:

- weiche, grobkörnige Schichten, bestehend aus eher großen, kantigen Kristallen, überlagert von einer etwas härteren feinkörnigen Schicht (z. B. Triebschnee); oft geringer Härteunterschied bei Neuschnee
- generell härtere Schichten neben weichen Schichten (markante Härteunterschiede)
- dünne Schwachschichten im Bereich von Krusten
- potenzielle Schwachschicht weniger als 1 m tief unter der Schneeoberfläche

Welche Eigenschaften von Schwachschicht und Schneebrett die Bildung von Schneebrettlawinen begünstigen, ist in den Kapiteln Schnee und Schneedecke, S. 29, und Lawinenarten und Lawinenbildung, S. 45 beschrieben.

Allein anhand des Schneeprofils ist es schwierig abzuschätzen, ob sich in den gefundenen Schwachschichten ein Bruch initiieren lässt und ob er sich danach auch ausbreitet. Dafür eignen sich Stabilitätstests, die direkt neben dem Profil angelegt werden.

Belastungsstufen bis Bruch erfolgt, beim ECT (Bruchinitiierung)	
1–10	Bruch bei 1- bis 10-mal Belasten aus dem Handgelenk
11–20	Bruch bei 1- bis 10-mal Belasten aus dem Ellbogen
21–30	Bruch bei 1- bis 10-mal Belasten aus der Schulter
Bruchart beim ECT (Bruchausbreitung)	
ECTP	Bruch breitet sich bei Belastung x (oder bei der nächsten) vollständig durch den Block aus.
ECTN	Bruch entsteht bei Belastung x, breitet sich aber nicht vollständig durch den Block aus: Teilbruch, meist nur unter der Schaufel
ECTX	kein Bruch / keine Ausbreitung

Belastungsstufen und Bruchart beim ECT (Extended Column Test)

Stabilitätstest

Bei einem Stabilitätstest wird eine Schneesäule freigelegt und bis zum Bruch belastet. Daraus lässt sich für die lokale Kombination von Schneebrett und Schwachschicht abschätzen, wie ausgeprägt sie zur Bruchinitiierung und Bruchausbreitung neigt.
Als einfacher, schnell durchzuführender Test hat sich der **ECT (Extended Column Test)** bewährt. Der Test zeigt nicht nur, ob es eine Schwachschicht gibt, sondern auch, ob sich der Bruch in der Schicht ausbreitet. Damit lassen sich zwei wichtige Voraussetzungen für Schneebrettlawinen (Bruchinitiierung und Bruchausbreitung) für einen kleinen Ausschnitt der Schneedecke testen.

Ein ECT wird wie folgt durchgeführt:

› Rechteckigen Block, 90 cm breit, 30 cm tief (hangaufwärts), auf drei Seiten freischaufeln. Die Höhe des Blockes liegt bei rund 1 m. Die Rückwand des Blocks mit einer Schnur sägen und so den Block freilegen. Die Vorderseite des Blocks mit der Schaufel sauber glatt abstechen, damit Brüche gut sichtbar werden.
› Schaufelblatt links oder rechts am Rand des Blocks auflegen. Nacheinander je zehnmal mit der Hand aus dem Handgelenk, aus dem Ellbogen und schließlich aus der Schulter auf die Schaufel klopfen bzw. leicht

Stabilitätstest mittels ECT. Die Höhe der Schneesäule kann beliebig gewählt werden. In der Regel reicht 1 m. Oben: Dimensionen des Blocks und worauf geachtet werden muss. Unten: Abgleiten des Blocks nach durchgehend erfolgtem Bruch beim zweiten Schlag aus dem Ellbogen (ECTP 12@55 cm).

Belastungsstufen beim Rutschblock (Bruchinitiierung)	
1	Bruch beim Graben oder Sägen
2	Bruch beim Betreten mit Skiern
3	Bruch beim Wippen mit Skiern (dreimal)
4	Bruch beim ersten Sprung mit Skiern von oben
5	Bruch beim zweiten oder dritten Sprung mit Skiern von oben
6	Bruch beim Sprung ohne Skier von oben
7	kein Bruch
Bruchart beim Rutschblock (Bruchausbreitung)	
ganzer Block	Bruch breitet sich durch den ganzen Block aus
unterhalb der Skier	Bruch breitet sich nur teilweise aus, meist nur unterhalb der Skier, d. h. nur in ungefähr der unteren Hälfte des Blocks
nur ein Eck	Bruch entsteht nur in einem kleinen Teil des Blocks, meist nur in einer Ecke

Belastungsstufen bis der Bruch erfolgt und Bruchart beim Rutschblocktest (RB)

schlagen. Die Belastung sollte dem Eigengewicht des jeweiligen herabfallenden Körperteiles entsprechen (Hand, Unterarm, Arm). Man belastet so lange, bis unter der Schaufel ein Bruch mit sichtbarem Riss entsteht. Hat er sich noch nicht ausgebreitet, wird weiter belastet. Ist der Hang genügend steil, rutscht der Block bei vollständigem Bruch ab. Andernfalls bildet sich lediglich ein durchgehender Riss. Der gebrochene Teil wird dann abgehoben, die Schwachschicht inspiziert und der restliche Block weiter belastet, um auch noch tieferliegende Schwachschichten zu testen. Erfolgt nach allen drei Belastungsstufen kein Bruch, wird der Test beendet.

Der ECT liefert vor allem gute Information zur Frage, ob sich ein Bruch in einer Schwachschicht ausbreitet. Breitet er sich nicht durch den ganzen Block aus, ist die Belastungsstufe wenig aussagekräftig in Bezug auf die Bruchinitiierung.

Bei den auf den Lawinenwarnportalen publizierten Schneedeckenuntersuchungen wird das Schneeprofil vor allem in der Schweiz oft mit einem **Rutschblocktest** (RB) kombiniert. Beim Rutschblocktest wird ein Schneeblock mit drei Quadratmeter Fläche freigelegt und von einem Skifahrer belastet. Gleitet der ganze Block auf einmal ab, hat sich der Bruch über die ganze Fläche ausgebreitet – ein Hinweis auf gute Bedingungen für die Bruchausbreitung. Der Test ist aufwendiger als der ECT, dafür aber aussagekräfti-

KURZ UND KNAPP

Am besten kombiniert man die Resultate von Stabilitätstests mit dem Schneeprofil und überlegt sich, ob die Ergebnisse zusammenpassen. Widersprüchliche Resultate (z. B. günstiger Test, aber ungünstige Schichtabfolge) sind ein Zeichen für eine geringere Aussagekraft des Testresultats.

ger, vor allem aufgrund der größeren Testfläche.

Der schnellste Test ist der Säulentest oder **CT (»Compression Test«)**. Dabei wird eine Schneesäule mit einer Grundfläche von 30 Zentimeter mal 30 Zentimeter freigestellt und in der gleichen Art wie beim ECT belastet. Dieser Test eignet sich sehr gut, um potenzielle Schwachschichten schnell zu finden; er ist diesbezüglich sehr sensitiv.

Der CT ist also nützlich, um das Schneeprofil zu überprüfen. So lassen sich auch dünne Schwachschichten finden, die im Schneeprofil nicht aufgefallen sind. Bei erfolgtem Bruch lohnt es sich, die Schwachschicht sowie die benachbarten Schichten (darüber und darunter) nochmals genauer anzuschauen.

Der CT liefert hingegen keine direkte Information zur Bruchausbreitung. Lediglich die Art des Bruches lässt gewisse Rückschlüsse auf die Bruchausbreitung zu. Ist der Bruch schnell und die Bruchfläche glatt oder erfolgt mit dem Bruch ein deutlicher Kollaps der Schwachschicht, deutet das auf eher gute Bedingungen für die Bruchausbreitung hin.

Die Tests mit kleinen Säulen (ECT und CT) sind

Ein Blick in den obersten Meter der Schneedecke kann manchmal sehr nützlich sein.

anfälliger für ungenaue Ausführungen. Mehrere solcher Tests an einem Standort erhöhen deren Aussagekraft.

EXPERTENTIPP

Bei Schneedeckenuntersuchungen gilt Folgendes zu beachten:

- Möglichst Standorte mit eher unterdurchschnittlicher, aber gleichmäßiger Schneehöhe wählen.
- Im Profil ausgeprägte Schwachschichten suchen und darüberliegende Schichten beurteilen.
- Beim Stabilitätstest weisen saubere, durchgehende Brüche nach geringer Belastung auf eine kritische Schneebrett–Schwachschicht-Kombination hin, Bruchinitiierung und Bruchausbreitung sind wahrscheinlich.
- Man sollte sich an den ungünstigen Resultaten orientieren. Widersprüchliche Resultate sind ein Zeichen für Unklarheit. Mehrere und verschiedene Tests zu machen, ist sinnvoll und erhöht die Zuverlässigkeit, sofern die Resultate zusammenpassen.
- Es handelt sich hierbei um eine sehr lokale Information zur Schneedecke. Die Testergebnisse sind daher mit dem Schneedeckenaufbau und allen weiteren Beobachtungen zu verknüpfen, damit sie in andere Hänge übertragen werden können.

Interpretation von Schneeprofilen

Auf den Informationsportalen der Lawinenwarndienste sind oft aktuelle Schneeprofile vorhanden. In solchen Profilen wird meist jede Schicht von der Schneeoberfläche bis zum Boden charakterisiert, und zwar anhand von Korngröße und Form der Kristalle sowie der Härte und Feuchte (Wassergehalt). Die Härte wird mit der Hand geschätzt. Bei weichem Schnee lässt sich die ganze Faust in den Schnee drücken, die Abstufung zu härteren Schichten geht über »4 Finger«, »1 Finger«, »Bleistift« zu »Messer«. Die Härte des Schnees wird mitunter zusätzlich mit einer sogenannten Rammsonde bestimmt. Weiter wird die Schneetemperatur in verschiedenen Tiefen gemessen sowie werden Stabilitätstests wie Rutschblock oder ECT durchgeführt. Diese Informationen beschreiben die Eigenschaften der Schneedecke am Profilort und erlauben uns, uns ein Bild der Schneedeckenstabilität im Hinblick auf die lawinenbildenden Prozesse zu machen.

Die Interpretation eines Schneeprofils braucht etwas Übung. Anhand des im Folgenden abgebildeten Schneeprofils (Abb. S. 173) zeigen wir an einem konkreten Beispiel, welche Informationen herausgelesen werden können.

Härteverlauf

Auffallend an der Darstellung des Schneeprofils sind die blauen und/oder grauen Balken. Sie zeigen den Härteverlauf durch die ganze Schneedecke. Je breiter der Balken, desto härter die Schichten. Die von Hand abgeschätzte Härte ist in Grau, die mit der Rammsonde gemessene in Blau dargestellt. Man kann erkennen, dass von 66 Zentimeter bis 131 Zentimeter ein Schneebrett vorhanden ist; die Härte nimmt von oben nach unten zu, von Härte 1 (Faust) zu Härte 3 (1 Finger). Darunter finden sich zwei weiche Schichten; das sind mögliche Schwachschichten. Die obere erscheint im Handprofil deutlich, im Rammprofil hingegen nicht. Dünne Schichten werden mit der Rammsonde also in der Regel nicht erkannt. Dickere und wenig verfestigte, weiche Schichten tiefer in der Schneedecke lassen sich jedoch gut erfassen, im Beispiel zwischen rund 40 und 55 Zentimeter.

Schichtabfolge

Rechts neben der grafischen Darstellung des Härteverlaufs sind die Eigenschaften der

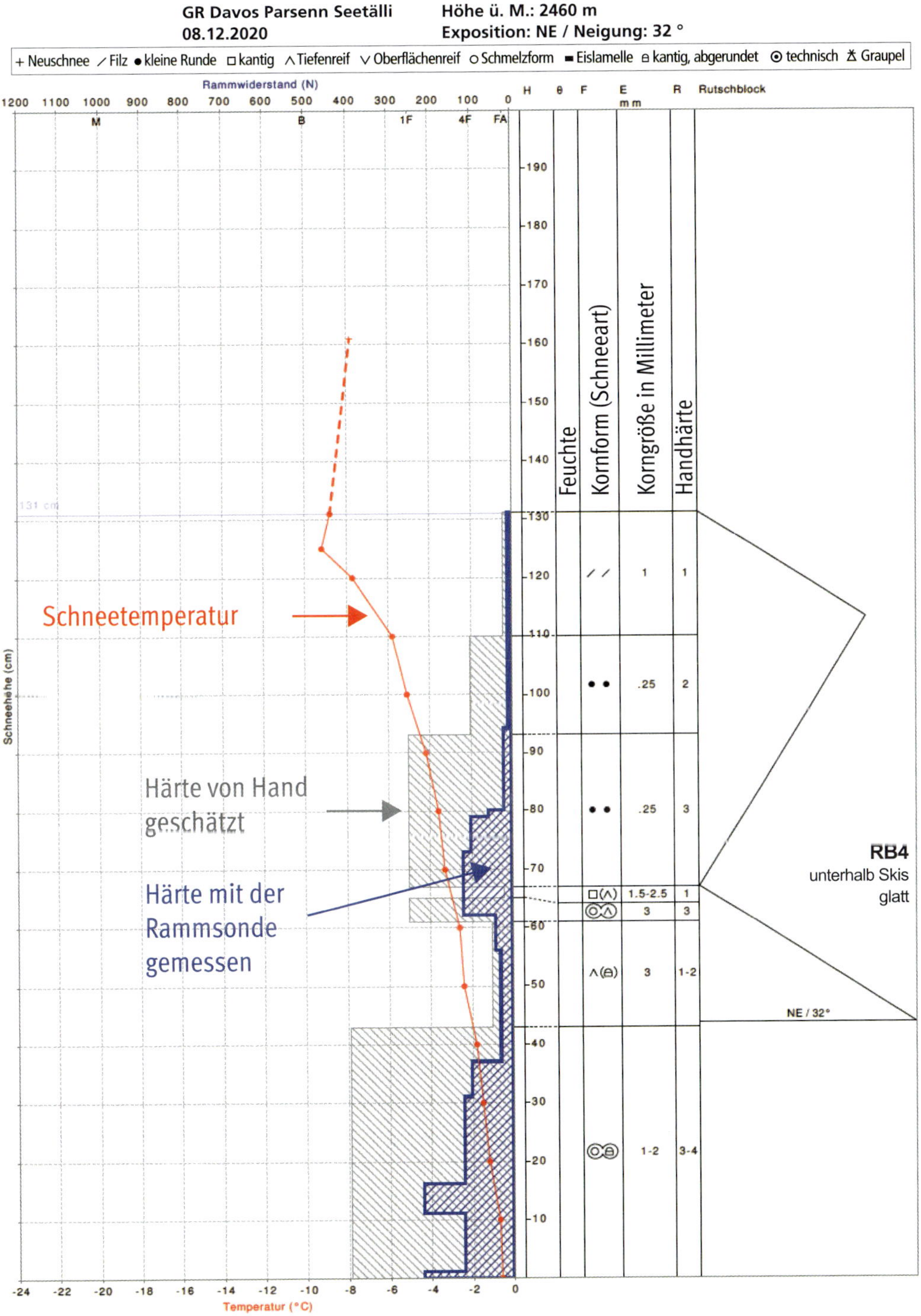

Schneeprofil mit Rutschblocktest. Obwohl beim Rutschblocktest der Bruch erst beim 1. Sprung von oben und nur unterhalb der Skier erfolgte, weist dieses Profil auf einen eher ungünstigen Schneedeckenaufbau hin, da eine ausgeprägte Schwachschicht von Schichten überlagert wird, welche die Eigenschaften eines Schneebretts haben. Insgesamt ist die Schneedeckenstabilität als »mittel« einzustufen (siehe Tabelle S. 176).

Sauberer Bruch eines Rutschblocks (RB)

Schichten abgebildet. In der ersten Spalte wird die Feuchte (Wassergehalt) dargestellt, sofern die Schneetemperatur 0 °C beträgt. In unserem Beispiel ist der Schnee durchweg trocken. Die zwei mittleren Spalten charakterisieren die Form (Symbol) und Größe der Körner (Kristalle) in den Schichten. Ganz rechts findet sich nochmals die von Hand geschätzte Schneehärte, entsprechend dem grafisch dargestellten Härteverlauf (grau schraffiert).

In unserem Beispiel kommen fast alle typischen Kornformen vor: Filz und kleine, runde Körner im Schneebrett sowie kantig aufgebaute Kristalle in den Schichten darunter. Schwachschichten sind typischerweise weiche Schichten mit großen, kantigen Kristallen. In unserem Beispiel befindet sich eine erste Schwachschicht bei 65 Zentimeter. Diese enthält kantige Kristalle mit einer Größe von eineinhalb bis zweieinhalb Millimeter und ist weich (Handhärte 1: Faust). Mehr zu den einzelnen Schneearten wird im Kapitel Schnee und Schneedecke, S. 29, erläutert.

Die rote Kurve zeigt die Schneetemperatur an. Am Boden ist die Temperatur annähernd bei 0 °C und nimmt dann zur Oberfläche hin ab. An der Schneeoberfläche ist die Temperatur etwa −9 °C. Die rote gestrichelte Linie endet bei der Lufttemperatur (– 8 °C).

Stabilitätstests

Ob sich Brüche bilden und ausbreiten können, ist allein anhand der Schichtung schwierig zu beurteilen. Dazu dienen Stabilitätstests. Im Beispiel wurde ein Rutschblocktest gemacht. Bei der Belastungsstufe 4, also beim ersten Sprung mit Skiern von oben, brach der Block in der Schwachschicht oberhalb der Kruste. Der Bruch war glatt, wobei nur die untere Hälfte des Blocks, unterhalb der Skier, abglitt.

Ort und Zeit der Information

Bei der Interpretation von Schneeprofilen muss das Datum der Aufnahme beachtet werden. Ist das Profil schon einige Tage alt, hat sich die Schneedecke unter Umständen (z. B. bei einem Neuschneeproblem) stabilisiert, sodass die Testresultate nicht mehr aussagekräftig sind. Auch die Exposition und Höhenlage müssen beachtet werden, um das Profil richtig einzuordnen. Ebenso sollte die Schneehöhe des Profils unterdurchschnittlich sein.

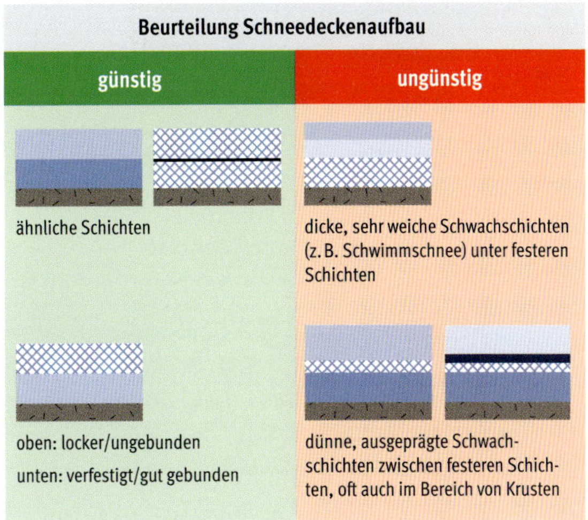

Typische Schichtkombinationen für günstigen und ungünstigen Schneedeckenaufbau

Beurteilung Schneedeckenstabilität

Für die Beurteilung der lokalen Schneedeckenstabilität sollten die Resultate der Stabilitätstests mit dem Schneedeckenaufbau kombiniert werden. Damit wird die Interpretation robuster. Passt das Testresultat nämlich nicht zum Schneedeckenaufbau, ist es oft weniger zuverlässig. Wir können nur zusammen mit dem Schichtaufbau abschätzen, inwieweit die lokale Information des Tests übertragbar ist. Die Frage ist, ob die gefundene Kombination Schneebrett–Schwachschicht für die Verhältnisse in der Region typisch ist – oder zumindest für die Expositionen und Höhenlagen, wo wir unterwegs sind. Nur dann lassen sich die Resultate zu Bruchinitiierung und Bruchausbreitung auch übertragen und können bei der Beurteilung der Auslösewahrscheinlichkeit im RiskCheck mitberücksichtigt werden.

Bruchinitiierung und Bruchausbreitung

Die Resultate eines Stabilitätstests sind als kritisch einzustufen, wenn bei geringer Belastung ein sauberer Bruch entsteht und sich dieser durch die Schneesäule beziehungsweise den Schneeblock vollständig ausbreitet. Dann sind sowohl Bruchinitiierung wie auch Bruchausbreitung wahrscheinlich. Bei der Interpretation werden die Testresultate zur Bruchinitiierung (Belastungsstufe) und zur Bruchausbreitung (Bruchart) kombiniert. Zur Beurteilung der lokalen Schneedeckenstabilität wird neben dem Stabilitätstest auch der Schichtaufbau der Schneedecke mitberücksichtigt.

Schneedeckenaufbau

Bei der Interpretation des Schneedeckenaufbaus stellt sich die Frage, ob es im oberen Meter der Schneedecke eine ausgeprägte Schwachschicht gibt und diese von einem Schneebrett überlagert wird. Bei ungünstigem Schneedeckenaufbau liegt ein geeignetes Schneebrett über einer ausgeprägten Schwachschicht. Bei günstigem Schneedeckenaufbau fehlen entweder die Schwachschicht oder das darüber liegende Schneebrett. Trifft weder die eine noch die andere Einschätzung eindeutig zu, liegt die Beurteilung irgendwo dazwischen. Wie Schneebrett und Schwachschicht zusammen interagieren, ist im Kapitel Zusammenspiel zwischen Schneebrett und Schwachschicht, S. 55, erläutert.

Lokale Schneedeckenstabilität

Für die Beurteilung der lokalen Schneedeckenstabilität werden nun die Resultate der Stabilitätstests mit der Beurteilung des Schneedeckenaufbaus (Schichtung) kombiniert. Die Analyse erfolgt über drei Fragen:

- Ist eine Bruchinitiierung wahrscheinlich?
- Ist eine Bruchausbreitung wahrscheinlich?
- Ist der Schneedeckenaufbau ungünstig?

Wird keine der drei Fragen mit »ja« beantwortet, bezeichnen wir die Schneedeckenstabilität als **»gut«**. Lauten hingegen **mindestens zwei** der drei Antworten »ja«, gilt die Schneedeckenstabilität als **»schwach«**. Alle anderen Kombinationen ordnen wir der Klasse **»mittel«** zu.

Das auf S. 173 beschriebene Beispiel eines Schneeprofils mit Rutschblocktest würde demzufolge folgendermaßen beurteilt:

- Bruchinitiierung (Belastungsstufe): Rutschblockstufe 4 → nein
- Bruchausbreitung (Bruchart): unterhalb der Skier → nein
- Schichtung: »ungünstig« → ja

Die lokale Schneedeckenstabilität würde somit als »mittel« beurteilt. Das eher günstige Testresultat sollte aufgrund der ungünstigen Schichtung nicht überbewertet werden, da diese für die Region – so ist anzunehmen – aufgrund des Witterungsverlaufs typisch ist. Die festgestellte Art von Schwachschicht (kantige Kristalle) ist häufig weit verbreitet und lässt sich in ähnlichen Expositionen wiederfinden. Für unser Beispiel könnte die Stabilität insbesondere dort schwächer sein, wo die Schwachschicht weniger mächtig überdeckt ist oder das Schneebrett etwas verformbarer ist. Im Hinblick auf die Beurtei-

	Testresultat ECT	Testresultat Rutschblock	Bruchinitiierung wahrscheinlich?	Bruchausbreitung wahrscheinlich?	Schichtung ungünstig?	Stabilität Schneedecke
Vollständiger Bruch	ECTP ≤ 22	RB ≤ 3 ganzer Block	JA	JA	JA	schwach
					NEIN	schwach
	ECTP › 22	RB › 3 ganzer Block	NEIN	JA	JA	schwach
					NEIN	mittel
Teilbruch/kein Bruch	ECTN ≤ 10	RB ≤ 3 Teilbruch	JA	NEIN	JA	schwach
					NEIN	mittel
	ECTN › 10 ECTX	RB › 3 Teilbruch	NEIN	NEIN	JA	mittel
					NEIN	gut

Einstufung der lokalen Schneedeckenstabilität anhand von Bruchinitiierung, Bruchausbreitung und Schichtung in die drei Klassen »schwach«, »mittel« und »gut«

lung der Auslösewahrscheinlichkeit mit dem RiskCheck heißt das, dass bei dieser Schichtung Brüche durchaus initiiert werden und sich ausbreiten könnten – beispielsweise an Stellen mit weniger Schnee. Es müssen natürlich auch alle anderen Beobachtungen und Informationen in die Beurteilung der Auslösewahrscheinlichkeit einfließen.
Wenn die Resultate eines Stabilitätstests und die Schichtung nicht zusammenpassen, sind – um Klarheit zu schaffen – weitere Tests hilfreich.

Kombination der wesentlichen Beobachtungen je nach Lawinenproblem

Bis jetzt haben wir die unterwegs machbaren Beobachtungen aufgezeigt und einzeln beschrieben. Längst nicht jede Beobachtung hat jedoch den gleichen Informationsgehalt. Je nach Lawinenproblem sind unterschiedliche Beobachtungen wichtig. Der Fokus liegt nun auf den Schlüsselfragen, die es bei der Einschätzung der Auslösewahrscheinlichkeit im RiskCheck (siehe Kap. Risikomanagement, S. 201) zu beantworten gilt: Bruchinitiierung, Bruchausbreitung, Variabilität des Schneedeckenaufbaus.

KURZ UND KNAPP

Aussagekräftige Beobachtungen sind:

- das Suchen nach Lawinen und die Interpretation derer (Art, Alter, Auslösung etc.),
- das Anlegen einer Spur und der Versuch, Alarmzeichen zu provozieren und die Eigenschaften des Schnees zu spüren,
- das Ausschauhalten nach Spuren von Wintersportlern.

Im Folgenden werden die für ein bestimmtes Lawinenproblem relevanten Beobachtungen beschrieben und so kombiniert, dass sich die Lawinenauslösewahrscheinlichkeit einschätzen lässt. Gezielte Fragen zu jedem Lawinenproblem helfen, das Wesentliche wahrzunehmen und im Hinblick auf die Prozesse der Lawinenbildung zu interpretieren.

Neuschnee

Relevant sind Altschneeoberfläche, Neuschneemenge und Eigenschaften des Neuschnees. Das Neuschneeproblem wird in einem eigenen Kapitel auf S. 94 ausführlich beschrieben.

Schwachschicht:

- ***Wie ist die Altschneeoberfläche beschaffen?***
  Günstig (ungeeignet für Schwachschicht): hart und unregelmäßig
  Ungünstig (geeignet für Schwachschicht): locker und gleichmäßig
- ***Könnte es im Neuschnee eine Schwachschicht geben?***
  Günstig (unwahrscheinlich): warmer und/oder relativ dichter Neuschnee
  Ungünstig (wahrscheinlich): kalter Neuschnee und/oder nach oben dichter werdend

Schneebrett:

- ***Wie viel Neuschnee?***
  Je mehr Neuschnee, desto geeigneter das Schneebrett für die Bruchausbreitung.
  Günstig: 10 cm Neuschnee
  Ungünstig: mehr als ca. 40 cm Neuschnee
- ***Eigenschaften des Neuschnees?***
  Günstig: locker, z. B. kalt und wenig Windeinfluss oder unten dichter als oben
  Ungünstig: leicht verfestigter Neuschnee, z. B. durch Windeinfluss; Neuschnee oben dichter als unten, z. B. bei Temperaturanstieg während Schneefall

Variabilität:

› ***Ist der Neuschnee wegen Windeinfluss unregelmäßig verteilt?***
Bei viel Wind liegt an windexponierten Stellen oft nur wenig oder kein Neuschnee.
› ***Einfluss alter Spuren vor dem Einschneien?***
Bereiche, wo viele Leute durchgehen, sind günstiger als weniger begangene Zonen.

Hilfreiche Beobachtungen zur Beurteilung:

› Ausschau halten nach frischen Schneebrettlawinen, Lockerschneelawinen
› Neuschneemenge mit Messwerten vergleichen, inkl. Wind und Temperaturverlauf
› Neuschneemenge mit Stock abschätzen
› Neuschnee in die Hand nehmen: Lässt er sich ballen? Ist er sehr locker? Gibt es Unterschiede innerhalb des Neuschnees? (siehe Kap. Neuschnee, S. 71)
› Verbindung Neuschnee–Altschnee beurteilen, evtl. mit Stabilitätstests
› Beobachtung von Neuschnee auf Dächern/Bäumen (z. B. Verformungen)
› Eigenschaft des Neuschnees beim Spuren, Einsinktiefen
› Böschungstests

Triebschnee

Relevant sind Windstärke, verfrachtbarer Schnee und worauf der Triebschnee zum Liegen kommt. Das Triebschneeproblem wird in einem eigenen Kapitel auf S. 100 ausführlich beschrieben.

Schwachschicht:

› ***Was liegt unmittelbar unterhalb des Triebschnees?***
Günstig: harter Schnee
Ungünstig: weicher, relativ lockerer Schnee
› ***Ist ein Bruch im Triebschnee möglich?***
Günstig (Bruch kaum möglich): alter Triebschnee (älter als 2 Tage)
Ungünstig (Bruch möglich): frischer Triebschnee (weniger als 24 Stunden alt), tiefe Temperaturen
› ***Wie auslösefreudig ist er?***
Günstig (nicht auslösefreudig): Kleine Triebschneeansammlungen lassen sich in steilen Böschungen nicht auslösen.
Ungünstig (sehr auslösefreudig): positive Böschungstests, Rissbildung an Stellen mit Triebschnee

Schneebrett:

› ***Wieviel Triebschnee?***
Je mehr, desto ungünstiger
Günstig (kaum größere Bruchausbreitung): 5–10 cm
Ungünstig: mehr als 40 cm

Variabilität:

› ***Ist das Triebschneeproblem flächig verbreitet?***
Günstig: kleinräumig und unregelmäßig verbreitet
Ungünstig: großflächig vorhanden

Hilfreiche Beobachtungen zur Beurteilung:

› frische Schneebrettlawinen
› Abschätzung des Alters anhand von Messwerten automatischer Stationen
› Charakteristik von Schneeoberflächen
› Einschätzung der Triebschneemenge mit Stock oder mit Graben
› Überprüfung der Triebschnee-Altschnee-Verbindung, evtl. mit Stabilitätstests
› Eigenschaft des Triebschnees beim Spuren, Einsinktiefen
› Böschungstests

Altschnee, Kombi-Problem:

Relevant ist der Schneedeckenaufbau und wie ausgeprägt die Kombination von Schwachschicht–Schneebrett zur Bruchinitiierung und Bruchausbreitung neigt (siehe Kap. Zusammenspiel zwischen Schneebrett und Schwachschicht, S. 55).
Das Altschnee- und das Kombi-Problem werden jeweils in einem eigenen Kapitel auf S. 108 beziehungsweise S. 117 ausführlich beschrieben.

Schwachschicht:

› ***Art der Schwachschicht? Wie schwach? Wie alt?***
Günstig (wenig ausgeprägt): eher kleinere Kornformen (‹ 1 mm), etwas verfestigt, älter als 1–2 Monate
Ungünstig (sehr ausgeprägt): große, kantige Körner oder Oberflächenreif (› 1–2 mm), sehr weich und locker, weniger als 1 Monat alt

› ***Befindet sich die Schwachschicht im oberen Meter der Schneedecke?***
Günstig: Die Schwachschicht ist so tief in der Schneedecke, dass sie kaum mehr durch Wintersportler beeinflusst werden kann.
Ungünstig: Je näher an der Schneeoberfläche, desto einfacher lassen sich Brüche initiieren.

Schneebrett:

› ***Liegt oberhalb der Schwachschicht ein geeignetes Schneebrett? Wie sind dessen Eigenschaften?***
Günstig: geringe Festigkeit, aufbauend umgewandelt, geringe Mächtigkeit (‹ 20 cm), unten dichter als oben
Ungünstig: gut gebunden und verformbar, relativ mächtig (› ca. 40 cm), oben dichter als unten

Variabilität:

› ***Ist die Schwachschicht an gewissen Stellen bereits gut überdeckt?***
Günstig: Mulden oder Windschattenlagen mit mächtig überdeckter Schwachschicht
Ungünstig: schneearme Stellen mit relativ geringer Überdeckung

› ***Flächige Verbreitung des Schneedeckenaufbaus?***
Günstig: große Variabilität, z. B. durch häufiges Befahren, viel Windeinfluss oder hohe Geländerauigkeit
Ungünstig: geringe Variabilität, gleichmäßige Schneeverteilung, gleichförmiges Gelände

Hilfreiche Beobachtungen zur Beurteilung:

› Eigenschaft des Schnees beim Spuren (Hinweis für Schneebrett)
› Einsinktiefe ohne Skier (Hinweis für Schichtung der Schneedecke)
› Stocktest (Hinweis für Schichtung der Schneedecke und für Variabilität)
› Schneeprofil mit Stabilitätstest an einem Ort mit unterdurchschnittlicher Schneehöhe (Hinweis zur Schneedeckenstabilität)
› Anrissmächtigkeit, Flächigkeit von beobachteten Schneebrettlawinen (Hinweis zu Schwachschichten und Bruchausbreitung)
› Variabilität (Gelände, Schneeoberfläche)

Nassschnee

Relevant sind erstes deutliches Eindringen von Wasser in die Schneedecke und Schichtung der Schneedecke. Das Nassschneeproblem wird in einem eigenen Kapitel auf S. 119 ausführlich beschrieben.

Schwachschicht und Schneebrett:

- ***Dringt Wasser das erste Mal markant in die Schneedecke ein?***
  Günstig: Schneedecke ist bereits durchfeuchtet und Abflusskanäle sind vorhanden.
  Ungünstig: Wasser dringt das erste Mal mehr als nur oberflächlich in die Schneedecke ein.
- ***Wie tief ist das Wasser in die Schneedecke eingedrungen?***
  Günstig: nur oberflächlich wenige Zentimeter
  Ungünstig: bis zu markanten Schichtgrenzen
- ***Gibt es deutliche Schichtübergänge oder alte Schwachschichten?***
  Günstig: keine großen Unterschiede im Aufbau der Schneedecke bzgl. Kornform und Härte
  Ungünstig: große Unterschiede im Aufbau der Schneedecke bzgl. Kornform und Härte

Variabilität:

- ***Gibt es Unterschiede in den Expositionen, Höhenlagen und Geländeformen (Regen oder Sonne)?***
  Bei Regen sind Unterschiede durch eine bestimmte Höhenlage gegeben, bei Sonneneinstrahlung sind unterschiedliche Expositionen und Geländeformen ausschlaggebend.

KURZ UND KNAPP

Die Beobachtungen unterwegs sind wichtig, weil sie

- helfen, das Bild der Lawinensituation aus der Planung zu schärfen, und
- allenfalls wertvolle Informationen zur Beurteilung der Schlüsselstelle(n) geben.

Hilfreiche Beobachtungen zur Beurteilung:

- Eigenschaft des Schnees beim Spuren
- Einsinktiefe ohne Ski
- Mächtigkeit der feuchten Schicht an der Oberfläche
- Schneeprofil mit Fokus auf Feuchte und Schichtgrenzen
- Entwicklung der Nassschneelawinenaktivität: Gibt es Lockerschneelawinen? Gibt es bereits brettartige Anrisse aufgrund von Nassschnee?
- Witterungsverlauf, insbesondere Schneetemperaturen der letzten Tage

EXPERTENTIPP

Typische Situationen für **spontane** Schneebrettlawinen sind:

- Neuschnee: während oder unmittelbar nach bedeutendem Schneefall mit deutlich erreichter kritischer Neuschneemenge
- Triebschnee: große Ansammlungen von sehr frischem Triebschnee auf schwachem Altschnee
- Nassschnee: Regen in eine trockene und schwache Schneedecke. Erstes Eindringen von Schmelzwasser in die Schneedecke aufgrund starker Sonneneinstrahlung, besonders bei schwachem Schneedeckenaufbau

Typische Situationen für **Fernauslösungen** sind:

- Neuschnee: während oder unmittelbar nach bedeutendem Schneefall mit erreichter kritischer Neuschneemenge; insbesondere bei ungünstiger Altschneeoberfläche kombiniert mit leicht verfestigtem Neuschnee
- Altschnee: bei einem noch relativ frischen Altschneeproblem mit markanter langlebiger Schwachschicht (z. B. Oberflächenreif oder große, kantig aufgebaute Kristalle), überlagert von einem verfestigten Schneebrett

Gefahrenbeurteilung für die Lawinenprobleme (Analyser)

Neuschneeproblem

Relevant
- Menge
- Eigenschaft Neuschee
- Altschneeoberfläche

Schwachschicht: Lässt sich Bruch initiieren? nein — ja
- Wie ist Altschneeoberfläche beschaffen? (hart, unregelmäßig/locker, gleichmäßig)
- Könnten im unteren Teil des Neuschnees Brüche entstehen? (unwahrscheinlich/wahrscheinlich)

Schneebrett: Unterstützt es Bruchausbreitung? nein — ja
- Wieviel Neuschnee? (10 cm/>40 cm)
- Eigenschaft Neuschnee? Einfluss Wind? Temperatur? (unten dichter als oben/oben dichter als unten)

Ist die Schneedecke im Hang überall ähnlich? nein — ja
- Einfluss alter Spuren? Wind? (unregelmäßig/gleichmäßig)

Triebschneeproblem

Relevant
- Wind
- verfrachtbarer Schnee
- Schneeeigenschaft unterhalb

Schwachschicht: Lässt sich Bruch initiieren? nein — ja
- Schnee unterhalb Triebschnee? (hart/weich)
- Bruch im Triebschnee möglich? (>2Tg, warm/<24h, kalt)
- Wie auslösefreudig ist der Triebschnee? (zäh, keine Anzeichen/sehr auslösefreudig)

Schneebrett: Unterstützt es Bruchausbreitung? nein — ja
- Wieviel Triebschnee? (5–10 cm/>40 cm)

Ist die Schneedecke im Hang überall ähnlich? nein — ja
- Ist der Triebschnee flächig verbreitet? (nein/ja)

Altschnee- oder Kombi-Problem

Relevant
- Schwachschicht
- Schneebrett
- Variabilität

Schwachschicht: Lässt sich Bruch initiieren? nein — ja
- Wie schwach? Art? Alter? (relativ fest, warm, >2 Monate/locker, kalt, <2 Wochen)
- Tiefe der Schwachschicht? (>1 m/≤0,5 m)
- Härte des Schnees darüber? (hart/weich)

Schneebrett: Unterstützt es Bruchausbreitung? nein — ja
- Konsistenz? (locker/gebunden, verformbar)
- Mächtigkeit? (<10 cm/>50 cm)
- Schichtung? (unten dichter als oben/oben dichter als unten)

Ist die Schneedecke im Hang überall ähnlich? nein — ja
- Flächige Verbreitung des Schneedeckenaufbaus? (nein/ja)

Nassschneeproblem

Relevant
- Wassermenge
- Erstes Eindringen von Wasser in die Schneedecke?
- Schichtung Schneedecke

Schwachschicht und Schneebrett:
- Dringt Wasser das erste Mal markant in die Schneedecke ein? (nein/ja) nein — ja
- Wie tief dringt Wasser in die Schneedecke? (oberflächlich/bis Schichtgrenzen)
- Gibt es deutliche Schichtübergänge oder alte Schwachschichten? (nein/ja) nein — ja

Lockerschneelawinen:
- Einsinktiefe ohne Skier? (gering/groß)

Gleitschneeproblem

- Können Gleitschneerisse bzw. Gleitschneelawinen beobachtet werden?
- Gibt es Anzeichen für aktive Gleitbewegungen (z.B. neue Risse)?
- Existiert aktuell eine typische Gleitschneeperiode?
- Kann sich der gleitende Schnee am Hangfuß abstützen?

Günstige Lawinensituation

- Fehlt eine geeignete Schwachschicht?
- Gibt es eine sehr alte Schwachschicht, die mächtig überlagert ist?
- Fehlt ein geeignetes Schneebrett?
- Liegt lockerer Schnee auf einer stabilen Schneedecke?

Hilfe zur Beantwortung der Schlüsselfragen im RiskCheck in Abhängigkeit des vorherrschenden Lawinenproblems

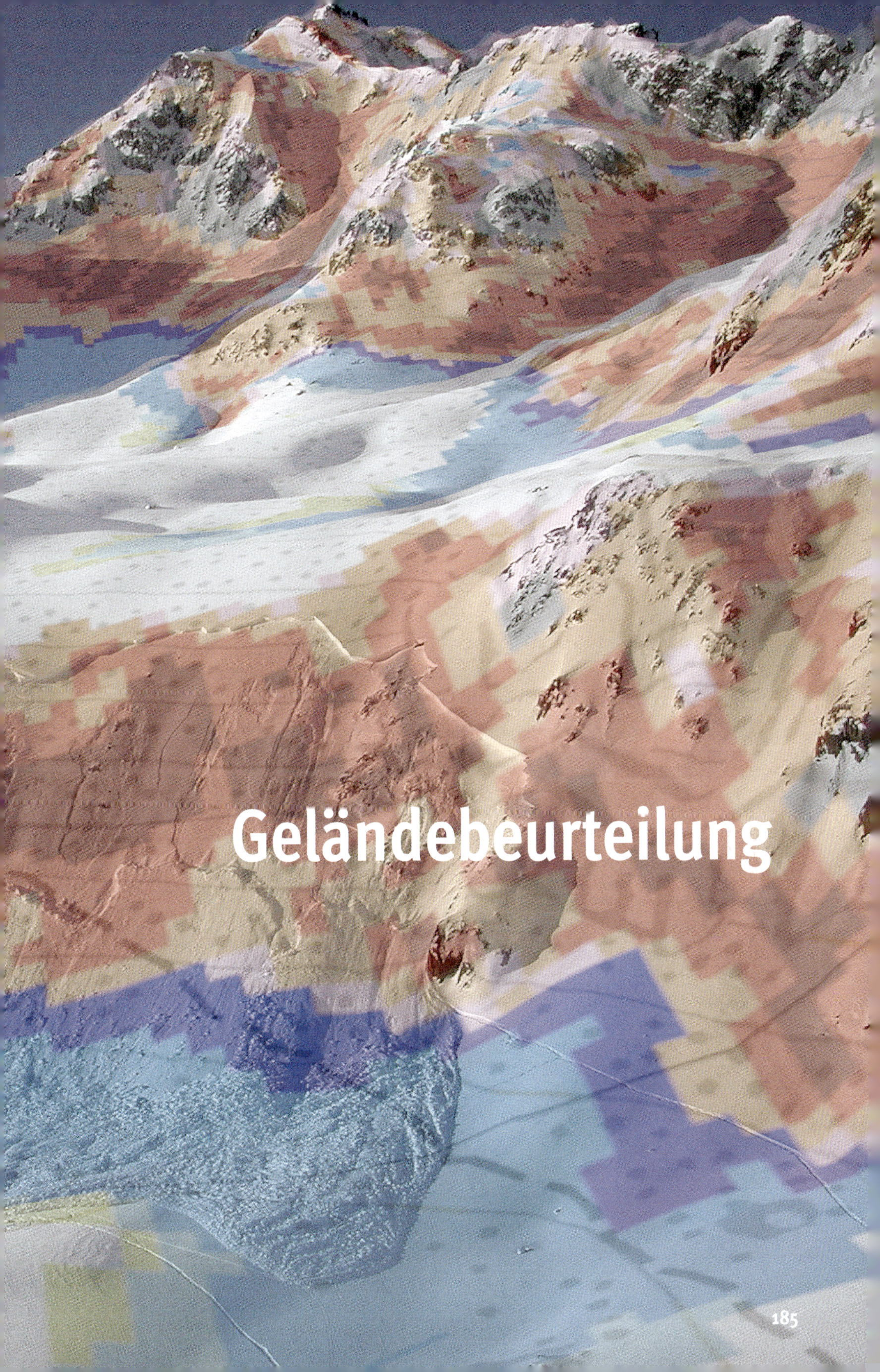

Geländebeurteilung

Die Auseinandersetzung mit dem Gelände ist für Tourengeher und Freerider das A und O, da das Gelände die Wahrscheinlichkeit und Konsequenzen einer Lawinenauslösung beeinflusst – und damit auch das Lawinenrisiko. Im Gegensatz zur Schneedecke verändert sich das Gelände nicht und kann zudem relativ genau beurteilt werden. Diesen Vorteil sollten wir uns zunutze machen.

Während die Hangneigung die hangabwärts gerichteten Kräfte in der Schneedecke beeinflusst, wirken die meisten anderen Geländeeigenschaften nur indirekt auf die Schneedecke. Vom Gelände hängt zum Beispiel ab, wie stark die Sonne auf die Schneedecke einstrahlt. Entsprechend prägt das Gelände auch die Schneetemperatur und somit die Schneeumwandlung. Zudem steuert es die Windverhältnisse und beeinflusst daher, wo sich Triebschnee ansammelt und wie variabel sich die Schneedecke zeigt. Nicht zuletzt bestimmt das Gelände in der Sturzbahn und bei der Ablagerung der Lawine maßgeblich die Folgen einer Erfassung.

Wer eine Tour plant, benötigt topografische Karten für eine genaue Geländebeurteilung und gute Routenwahl. Zusätzliche Hilfe bieten spezifische Kartenlayer, wie die weitverbreiteten Hangneigungsklassen. Entsprechend ist gutes Kartenlesen gefragt. Vor Ort und im Einzelhang müssen die Kartenkenntnisse ins Gelände übertragen werden. Maßgebend für eine ideale Spuranlage sind dann kleinräumige Gegebenheiten, die unter Umständen auf der Karte nicht erkennbar sind. Gleichwohl können sogar vor Ort spezifische Kartenlayer und genaue topografische Karten objektivere Information geben als eine visuelle Einschätzung.

Da der Schneedeckenaufbau oft schwierig zu beurteilen ist, basieren Entscheidungen unterwegs letztlich vielfach auf guten Geländebeurteilungen hinsichtlich einer möglichen Lawinenauslösung und deren Konsequenzen.

KURZ UND KNAPP

Wer das Lawinenrisiko beurteilt, muss das Gelände auf der Karte und vor Ort interpretieren können – im Hinblick auf eine mögliche Lawinenauslösung und deren Konsequenzen.

Typisches Lawinengelände in der Realität (links) und auf der Hangneigungskarte (rechts). Die meisten durch Wintersportler ausgelösten Lawinen ereignen sich in gleichmäßigem oder leicht muldenförmigem Gelände zwischen 35 und 40 Grad Neigung.

Typisches Lawinengelände

Die Geländeeigenschaften gleichen sich bei Lawinenanrissen oft – unabhängig von Gefahrenstufe und Lawinensituation. Die meisten Schneebrettlawinen entstehen in Hängen, die **zwischen 35 und 40 Grad steil** und **gleich- oder leicht muldenförmig** sind. Obwohl Schneebrettlawinen bereits ab 30 Grad Neigung abgleiten können, braucht es für gewöhnlich etwas steilere Hangbereiche, damit sich ein Schneebrett löst und abrutscht.

Bei gleichförmigen Hängen ist der Schneedeckenaufbau oft ähnlich, sodass sich bei schwacher Schneedeckenstabilität ein Bruch über größere Flächen ausbreiten kann. Da rückenartiges Gelände dem Wind mehr ausgesetzt ist, ist die Schneeoberfläche oft weniger locker und unregelmäßig, weshalb dort häufig keine flächige Schwachschicht entsteht. Ein leicht muldenförmiges Gelände (konkav) dagegen bietet vielfach ideale Bedingungen für flächig verbreitete Schwachschichten. Zudem sammelt sich in diesen Geländeformen vorzugsweise frischer Triebschnee an.

KURZ UND KNAPP

Typisches Lawinengelände ist über 35 Grad steil und gleichförmig oder leicht muldenförmig.

Hangneigung

Die Hangneigung spielt bei der Beurteilung des Geländes und des Lawinenrisikos eine wichtige Rolle. Je steiler das Gelände, desto einfacher können Wintersportler Brüche in Schwachschichten initiieren und desto eher und schneller breiten sie sich aus. Der einfache Grundsatz **»Je steiler, desto gefährlicher!«** hilft bei der Routenwahl und Spuranlage hinsichtlich der Lawinenauslösung. Die Hangneigung lässt sich relativ einfach einschätzen und bleibt im Gegensatz zu

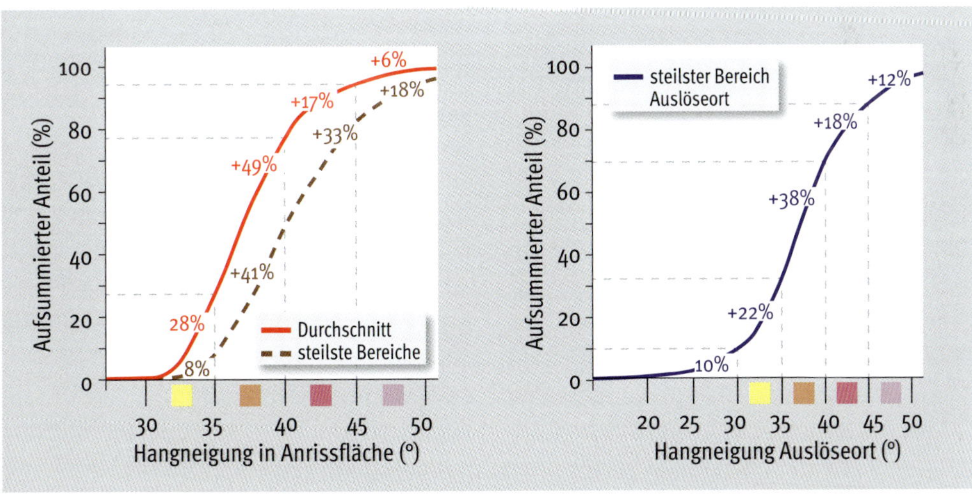

Links: Durchschnittliche Hangneigung (rot, durchgezogen) und steilste Stellen (braun, gestrichelt) in der Anrissfläche von 870 Unfalllawinen mit Wintersportlern in den Schweizer Alpen aus den Jahren 2000 bis 2019. Rechts: Steilster Bereich der Stellen (ungefähr), wo Wintersportler Lawinen ausgelöst haben (300 Unfalllawinen).
Die Kurven zeigen die aufsummierten Anteile pro Hangneigungsklasse (Farbe entsprechend der Hangneigungskarte). Die meisten Unfalllawinen geschehen in Hängen zwischen 35 und 40 Grad Hangneigung.

vielen anderen Faktoren konstant. Nicht umsonst nimmt sie bei vielen Beurteilungsmethoden (z. B. der grafischen Reduktionsmethode, siehe S. 19) eine zentrale Rolle ein. In der Praxis wird die Hangneigung anhand eines zusammenhängenden Hangbereichs von rund 20 Meter mal 20 Meter beurteilt. Dabei ist vor allem der Neigungsbereich zwischen 30 und 40 Grad relevant. Eine Auswertung von Unfalllawinen zeigt, dass sich die meisten Lawinen ab rund 35 Grad lösen. Ab 40 Grad spielen andere Komponenten eine immer größere Rolle. Weniger als 10 Prozent der untersuchten Unfalllawinen lösten sich in Hängen, wo die steilsten Bereiche weniger als 35 Grad steil waren. Ebenso wurden 90 Prozent der Unfalllawinen im Steilhang selbst ausgelöst. Fernauslösungen – d. h. aus mäßig steilem Gelände (< 30 Grad) – waren vergleichsweise selten.

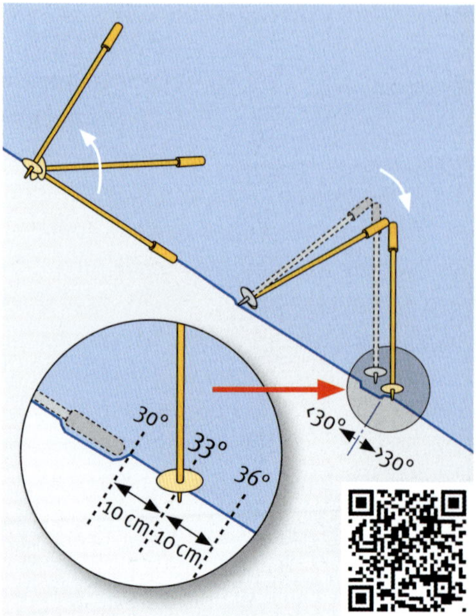

Manuelle Hangneigungsmessung mit zwei gleich langen Skistöcken. Trifft der lotrecht hängende Stock unterhalb der Markierung auf die Schneeoberfläche, ist der Hang steiler als 30 Grad. 10 cm Abstand von der Markierung (ungefähr die Länge des Stockgriffs) entsprechen ca. 3 Grad Hangneigung.

KURZ UND KNAPP

Je steiler, desto gefährlicher!

Hangneigung > 30 Grad = Lawinengelände

Die meisten Lawinen lösen sich ab einer Hangneigung von 35 Grad.

mäßig steil:	• flacher als 30°
steil:	• 30° – 35° steil
sehr steil:	• 36° – 40° steil
extrem steil:	• steiler als 40°

Begriffe der Hangneigungsklassen

Hangneigung messen und schätzen

Die Hangneigung sollte in Größenordnungen (z. B. 35–40 Grad oder rund 35 Grad) eingeschätzt werden und nicht auf ein Grad genau (z. B. 37 Grad). Dafür eignen sich Hangneigungskarten, die aus hochaufgelösten Geländemodellen erstellt wurden und unterschiedliche Hangneigungsklassen über 30 Grad darstellen. Solche Kartenlayer sind auf diversen Websites (für die Planung) und auf Smartphone-Apps (für unterwegs) verfügbar.

Trotz moderner Technik sind einfache Schätz- und Messmethoden im Gelände nach wie vor nützlich. So lässt sich die Hangneigung schon mit Faustregeln schätzen. Zudem dient gelegentliches Messen der Neigung im Gelände bei günstigen Verhältnissen der Eichung, sodass man die Hangneigung zuverlässig einzuschätzen lernt. Messen lässt sich die Hangneigung mit zwei gleich langen Skistöcken oder mit in Smartphone-Apps integrierten Hangneigungsmessern (z. B. White Risk). Anhaltspunkte zum Schätzen von Hangneigungen sind:

Damit Schneebrettlawinen abgleiten können, muss der Hang mindestens 30 Grad steil sein.

- Ab 30 Grad müssen wir beim Aufstieg mit Skiern bei einer Richtungsänderung eine Spitzkehre machen.
- Der Hangbereich von Geröllhalden unterhalb von Felswänden ist häufig rund 35 Grad steil.
- Trockene Lockerschneelawinen brechen häufig in über 40 Grad steilem Gelände an. Felsdurchsetztes Gelände ist oft 40 Grad steil oder sogar steiler.

Topografie

Durch die Geländeform (Topografie) wird der Wind auf verschiedene Art und Weise umgelenkt. Daher steuert die Topografie in großem Maße, wo wie viel Schnee liegt – insbesondere wo Triebschnee abgelagert wird – und wie die Schneeoberfläche beschaffen ist. In windgeschützten Mulden sammelt sich der Schnee typischerweise in großen Mengen an und bleibt ungestört liegen, wodurch mächtige Schneeschichten entstehen. Bei rückenartigem (konvexem) Gelände trägt der Wind den Schnee oft ab und die Schneeoberfläche ist unregelmäßig.

Bezüglich Topografie lässt sich grundsätzlich Folgendes sagen: **Je gleichförmiger der Hang ist, desto homogener (weniger variabel) ist in der Regel die Schneedecke.** Ist die Schneedeckenstabilität dabei schwach, gilt das meist für eine ganze Fläche, was wiederum die Bildung von Schneebrettlawinen begünstigt. Bei sehr unregelmäßigem und rauem Gelände breitet sich ein Bruch oft weniger gut aus.

Viele Lawinen ereignen sich daher in offenen Hanglagen oberhalb der Waldgrenze. Hänge im Bereich von Gebirgskämmen (sog. Kammlagen) sind oft unregelmäßiger und zudem mehr windgeprägt. Dies führt einerseits zu unregelmäßigen Schneedecken, andererseits häufig zu frischem Triebschnee.

Einfluss verschiedener Geländeformen auf die Auslösung von Lawinen:

- **Mulden und Rinnen**: In Mulden und Rinnen sammelt sich Triebschnee an. Die Schneehöhen sind entsprechend unregelmäßig und Richtung Rand weniger mächtig. Die Altschneeoberflächen in Mulden sind oft gleichmäßig und beständig, da dort wenig Erosion stattfindet. Werden solche Oberflächen eingeschneit, begünstigt dies gegebenenfalls die Bruchausbreitung. Bei Triebschneesituationen sind Mulden für Schneesportler oft ungünstig, weil genau dort der frische Triebschnee liegt. Längerfristig wirkt sich dies aber auch positiv aus, da die überdurchschnittliche Schneemenge zu dicken Schichten führt und sich die Schneedecke nach einem Schneefall daher oftmals schnell stabilisiert (siehe Kap. Günstige Situationen, S. 126). Typischerweise können Lawinen in den Randbereichen von Mulden ausgelöst werden, da dort der Schnee über der Schwachschicht weniger mächtig (leichter auslösbar) und das Gelände steiler ist. Dies ist ganz besonders bei Altschneesituationen zu beachten. Mulden haben zudem verschiedene Expositionen, was zu unterschiedlichem Schneedeckenaufbau führen kann.
- **Hänge unterhalb von Terrassen und Plateaus**: Terrassen bieten große Angriffsflächen, von wo der Wind Schnee verfrachten kann. In den Steilhängen darunter kann sich dabei viel Triebschnee ablagern. Weiter unten im Hang nimmt die Schneemenge oft wieder ab. An solchen Stellen können insbesondere bei Altschneeproblemen Lawinen einfacher ausgelöst werden.
- **Freie Hanglagen**: Freie Hanglagen zeichnen sich durch ähnliche Hangneigungen und Expositionen aus, das heißt, das Gelände ändert sich über größere Flächen hinweg nicht wesentlich. Die Schneedecke wird also nicht durch die Geländeform beeinflusst. Folglich ist der Schichtaufbau typischerweise relativ gleichmäßig. In freien Hanglagen lässt sich die Routenwahl meist kaum optimieren.

Kritische Bereiche für Lawinenauslösungen: Schwachschicht mit dünnem Brett darüber (ca. 40–60 cm)

Die Topografie beeinflusst die Variabilität der Schneedecke und die Ausdehnung für die flächige Bruchausbreitung. Das Gelände bestimmt zudem die Folgen einer Lawinenerfassung.

- **Kammlagen**: Als Kammlagen werden Bereiche direkt unterhalb von Gebirgskämmen, Graten und Gipfeln bezeichnet. Häufig ist das Gelände in Kammlagen rau und stark dem Wind ausgeliefert. Es entstehen dadurch weniger flächige und langlebige Schwachschichten an der Schneeoberfläche. Oft bildet sich in diesen Geländeformen hingegen frischer Triebschnee. Kammlagen sind dementsprechend nach Niederschlagsperioden meistens ungünstig.
- **Felsdurchsetztes Gelände**: Hänge mit Felsen, die aus dem Schnee ragen und nicht zu dicht beieinanderliegen, werden als »felsdurchsetzt« bezeichnet und können sich sowohl positiv als auch negativ auswirken. Die Felsen können je nach Größe und Häufigkeit die Variabilität der Schneedecke beeinflussen. Nicht selten breiten sich Brüche in solchem Gelände weniger gut aus als in homogenen Hängen. Dieser gelegentlich kleine Vorteil wird jedoch in der Regel dadurch aufgewogen, dass felsdurchsetztes Gelände häufig über 40 Grad steil ist, die Auslösewahrscheinlichkeit somit erhöht und die Verletzungsgefahr schon bei kleinen Lawinen hoch ist.

Auf einer Karte lässt sich die Topografie anhand der Höhenlinien beurteilen. In Realität ist sie jedoch meist ausgeprägter, als es die Höhenlinien andeuten.
Die Geländeform sollte möglichst in Kombination mit dem Schneedeckenaufbau beurteilt werden. Auf diese Weise lässt sich besser abschätzen, ob eventuell die Mulde zu

In Kammlagen entsteht frischer Triebschnee, während weiter unten lockerer »Pulver« vorherrscht.

bevorzugen ist, weil dort beispielsweise mächtiger, alter Triebschnee liegt, oder doch der Geländerücken günstiger ist, weil dort viel Schnee weggeblasen wurde. Generell sind Geländerücken meist günstiger, da sie oft die Auslösewahrscheinlichkeit und die Konsequenzen von Lawinen verringern (siehe Kap. Risikomanagement, S. 201).

EXPERTENTIPP

Gelände über 30 Grad Hangneigung kann wie folgt beurteilt werden:

- teils günstig: rückenartig, nur kurze steile Stellen, relativ dichter Wald
- ungünstig (typisches Lawinengelände): großflächig über 35 Grad, leicht muldenförmig oder gleichförmig – was auch gutes Skigelände ist.

Exposition und Höhenlage

Exposition und Höhenlage wirken sich – wenn auch indirekt – stark auf die Entwicklung des Schneedeckenaufbaus aus. Die Exposition beeinflusst vor allem die Energiebilanz der Schneedecke, von der Höhenlage hängen Temperatur, Wind und Art des Niederschlags ab. Zudem ändert sich mit der Höhenlage die Vegetation (z. B. Waldgrenze).

Exposition

Die Exposition bestimmt – neben der Hangneigung –, wie viel Sonnenstrahlung auf einen Hang fällt. Der Effekt hängt stark von der Jahres- und Tageszeit ab. Tagsüber erwärmen sich die Südhänge und in der Nacht kühlt sich der Schnee wieder ab. Infolge dieser Temperaturschwankungen verfestigt sich die

Schneedecke und an der Schneeoberfläche entstehen weniger Schwachschichten. In Nordhängen hingegen bilden sich aufgrund der kalten Temperaturen häufiger Schwachschichten an der Schneeoberfläche. Außerdem nimmt die Lawinengefahr dort langsamer ab. Oft spricht man auch von Schattenhängen und meint damit Hänge, die meist im Schatten liegen. Im Hochwinter sind dies nicht nur Nordhänge.
Auch wenn sich in den Nordhängen mehr als doppelt so viele Lawinenunfälle wie in Südhängen ereignen, können mitunter Südhänge gefährlicher sein als Nordhänge, meist aber nur kurzzeitig. Hier einige Beispiele:

› Am ersten schönen Tag nach einem Schneefall erwärmt sich die Neuschneeoberfläche an Südhängen leicht, was die Bildung eines Schneebretts begünstigt. Die Sonneneinstrahlung erhöht die Auslösewahrscheinlichkeit von Schneebrettlawinen jedoch nur, wenn der Neuschnee an seiner Basis noch schwach ist oder auf einer ungünstigen Altschneeoberfläche liegt.
› Nordwind kann lockeren Schnee aus Nordhängen in Südhänge verfrachten und dort zu einer Triebschneesituation führen.
› Bei Nordwest- oder Nordstaulagen mit viel Schnee herrscht an Süd- und Südosthängen oft kurzfristig eine hohe Lawinenaktivität.
› Im unmittelbaren Bereich von Schmelzharschkrusten können große Temperaturgradienten entstehen und sich somit dünne Schwachschichten bilden (siehe Kap. Schwachschichten, S. 37).
› Wenn kalter Neuschnee auf tagsüber angefeuchtete Südhänge fällt, entstehen kurzfristig große Temperaturgradienten. Diese können, wenn es länger kalt bleibt, am Übergang Neuschnee–Altschnee zur Schwachschichtbildung führen (siehe Kap. Kalter Neuschnee auf feuchter Altschneeoberfläche, S. 97).
› Dringt aufgrund der starken Sonneneinstrahlung Schmelzwasser in die Schneedecke ein, steigt die Gefahr von Nassschneelawinen (siehe Kap. Nassschneelawinen, S. 63).

KURZ UND KNAPP

› In Schattenhängen ist die Schneedecke kalt und oftmals schwächer aufgebaut als in Sonnenhängen.
› Sonnenhänge können kurzzeitig kritisch werden, besonders bei starker Sonneneinstrahlung, beim Eindringen von Schmelzwasser im Frühling oder je nach Schneedeckenaufbau unmittelbar nach einem Schneefall.

Höhenlage

Die Höhenlage beeinflusst die Schneedecke in erster Linie durch unterschiedliche Temperaturen, besonders ausgeprägt bei Niederschlägen, wenn es unten regnet und oben schneit. In tiefen Lagen unter rund 1800 Meter über Meer sind die Schneetemperaturen in den Alpen selten lang anhaltend tief, sodass sich Schwachschichten im Allgemeinen weniger ausgeprägt bilden und auch schneller verfestigen.
In Gipfel- und Gratnähe weht der Wind meist stärker als weiter unten. Die Waldgrenze stellt zudem eine natürliche Grenze in einer bestimmten Höhenlage dar. Sie liegt in den Alpen je nach Klima zwischen etwa 1800 bis 2200 Meter über Meer. In den Hochalpen lassen sich daher drei typische Höhenstufen unterscheiden, die häufig unterschiedliche Schneedeckeneigenschaften aufweisen:

1. **Unterhalb der Waldgrenze:** Im bewaldeten

Geländefalle: Steile Hänge links und rechts bedrohen die Aufstiegsroute. Diese Stelle entspricht dem Beispiel 3 auf Seite 233.

Gelände ist die Schneedecke variabel und der Wind hat kaum Einfluss. Im freien Feld und im lichten Wald ist die Schneedecke eher gleichmäßig aufgebaut und es bildet sich auch einmal verbreitet Oberflächenreif. Die Lufttemperaturen schwanken in dieser Höhenstufe oft um null Grad Celsius, was den Schneedeckenaufbau günstig beeinflusst. Indessen treten oftmals Gleitschneelawinen auf. Bei sehr kalten Temperaturen und nachfolgendem Schneefall können aber auch einmal kritische Verhältnisse auftreten.

2. **Große, homogene Hänge** zwischen **Waldgrenze und etwa 100 Höhenmetern unterhalb von Kamm- oder Passlagen**: In dieser Höhenstufe ist das Gelände häufig nicht sehr rau. Auch gibt es wenig Winderosion, und die Schneedeckeneigenschaften sind oft verbreitet ähnlich. Wenn der Aufbau der Altschneedecke ungünstig ist, werden besonders in dieser Höhenstufe große Lawinen ausgelöst.
3. **Gipfel-, Kamm- oder Passlagen** und bis etwa 100 Höhenmeter darunter: Ausgeprägte Geländerauigkeiten und überwiegend starke Winde führen wiederholt zu winderodierten Schneeoberflächen, aber auch zu Triebschnee. Die Schneedecke kann auf engem Raum (< 2 m) oder auch großflächiger variieren. Bereits kleine Lawinen können in dieser Höhenstufe zu gefährlichen Abstürzen führen. Oft sind Triebschnee oder Neuschnee das Haupt-

problem. Große Lawinen sind insbesondere nach Großschneefällen zu erwarten.

Geländefallen

Je nach Topografie kann das Gelände die Folgen einer Lawinenerfassung verschlimmern. Solche Geländeformen werden als Geländefallen bezeichnet. Eine Geländefalle liegt insbesondere vor, wenn:

› die gewählte Route unmittelbar von großen und sehr steilen Hängen umgeben ist,
› eine Mulde am Hangfuß zu großen Verschüttungstiefen führt,
› Felsblöcke oder Bäume in der potenziellen Sturzbahn liegen und zu schwerwiegenden Verletzungen führen oder
› schon unterhalb von kleinen Hängen Absturzgefahr herrscht.

Expositionszeit

Je länger man sich im Lawinengelände aufhält, desto mehr Möglichkeiten gibt es, eine Lawine auszulösen. Je länger man einer Gefahr ausgesetzt ist, desto größer das Risiko. Entsprechend sind Touren, die über längere Abschnitte durch Lawinengelände führen, kritischer einzustufen, als wenn nur eine kurze Stelle ungünstige Geländeeigenschaften aufweist. In Regionen wie Nordamerika, Skandinavien und Andorra wird das Lawinengelände mit der Avalanche Terrain Exposure Scale (ATES) in verschiedene Komplexitäts-Klassen eingeteilt. Anhand verschiedener Kriterien – unter anderem auch der Expositionszeit – lassen sich eine Route oder eine bestimmte Stelle einer Klasse zwischen »simple« bis »complex« zuordnen. In den Alpen hat sich diese Geländebeurteilung nicht durchgesetzt.

Kleine Lawine – große Konsequenzen! Der Skifahrer (roter Kreis) wurde von der oberen, kleinen Lawine erfasst und konnte sich oberhalb der Felswand durch eine Fahrt zur Seite gerade noch retten.

Potenzielle Schlüsselstellen

Der Lawinengefahr ausgesetzte, exponierte Bereiche einer Route werden als »Schlüsselstellen« bezeichnet. Sie erfordern besondere Aufmerksamkeit in der Beurteilung (siehe Kap. 3x3 – Anwendung RiskCheck, S. 219). In Bezug auf die Lawinengefahr bestimmt in erster Linie die Hangneigung die potenziellen Schlüsselstellen. Sie umfassen primär Hänge über 30 Grad Neigung (Steilhänge).
In einer kritischen Lawinensituation, in der spontane Lawinen oder Fernauslösungen möglich sind, sind wir unter Umständen auch in Gelände unter 30 Grad gefährdet. Es sind

dann zusätzlich zu Steilhängen folgende Geländebereiche zu berücksichtigen:

- der Fuß von Steilhängen bei der Gefahr von Fernauslösungen
- der Auslauf möglicher großer Lawinen bei Gefahr von spontanen Lawinen

KURZ UND KNAPP

Je höher die Lawinengefahr, desto wahrscheinlicher sind Lawinenauslösungen und desto mehr Gelände wird zu einer Schlüsselstelle.

Um das Lawinenrisiko an den Schlüsselstellen ganzheitlich zu beurteilen, sollten die aktuelle Gefahr (Wahrscheinlichkeit einer Lawinenauslösung) und die Konsequenzen einer Auslösung berücksichtigt werden. Dafür eignet sich der RiskCheck (siehe Kap. Risikomanagement, S. 201).
Wer Schlüsselstellen finden möchte, muss topografische Karten interpretieren können. Hierfür bieten Kartenlayer mit Hangneigungsklassen oder Layer mit spezifischen Informationen zum Lawinengelände Unterstützung.

Digitale Lawinengeländekarten

Topografische Karten sind die Grundlage für eine vorausblickende Geländebeurteilung und gute Routenwahl. Die Interpretation des Geländes aus der Karte ist jedoch nicht einfach und je nach Kartenmaßstab nur beschränkt möglich. Wertvolle Zusatzinformationen liefern hochaufgelöste digitale Höhenmodelle, aus denen sich verschiedene Kartenlayer ableiten lassen. Insbesondere Layer mit Hangneigungsklassen sind mittlerweile Standard und für die Geländebeurteilung unverzichtbar. Überdies wurden in jüngster Zeit Kartenlayer entwickelt, die das Lawinengelände in seiner ganzen Vielfalt abbilden. Dabei gilt es zu unterscheiden in:

- sicheres Gelände,
- potenzielle Anrissgebiete,
- Gelände mit Potenzial für Fernauslösungen,
- mögliche Auslaufbereiche typischer »Skifahrerlawinen« und
- Gelände, wo das Potenzial für tiefe Verschüttung oder ernsthafte Verletzungen groß ist.

Für die Schweiz existieren gegenwärtig zwei solche Karten (CAT und ATH), die das potenzielle Lawinengelände für typische »Skifahrerlawinen« abbilden und klassifizieren.

Thematische Lawinengeländekarte (Classified avalanche terrain, CAT)

Diese Karte unterteilt das Lawinengelände thematisch in »Anrissgebiet« und »Auslaufgebiet«. Die Farbe Rot zeigt ein potenzielles

slf.ch/avalanche-terrain-maps	Gratis Online-Zugang zu den Lawinengeländekarten CAT und ATH
whiterisk.ch und White Risk App	Online- und Offline- (Download in App) Zugang zu den Lawinengeländekarten CAT und ATH (Abo erforderlich)
Skitourenguru.ch	Frei verfügbarer Online-Kartenlayer, der das Lawinengelände in ähnlicher Weise wie ATES (Avalanche Terrain Exposure Scale) klassifiziert

Zugang zu digitalen Lawinengeländekarten

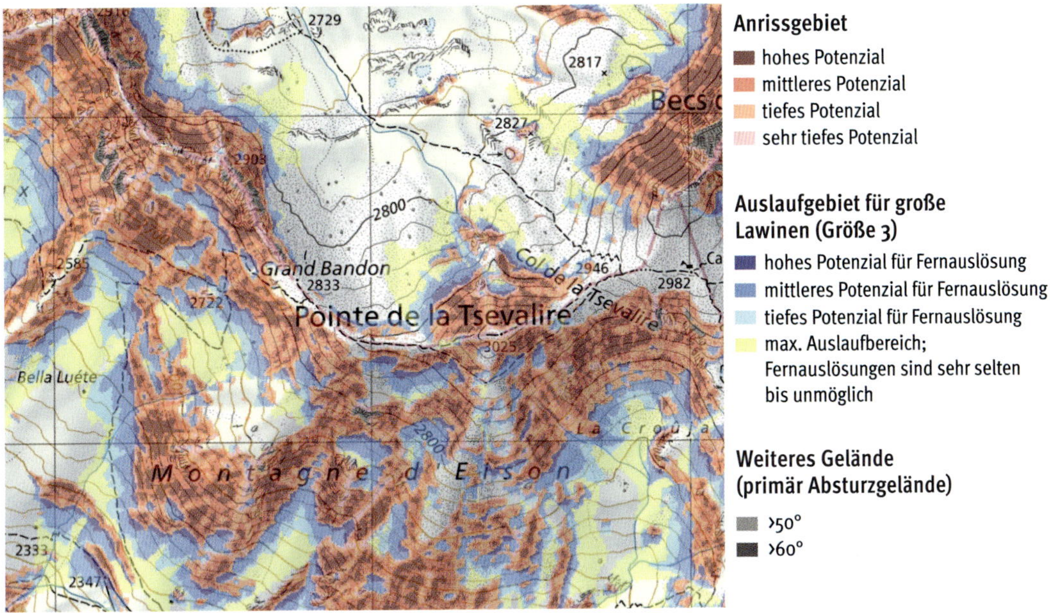

Die Thematische Lawinengeländekarte (CAT) klassifiziert das Lawinengelände in potenzielle Anrissgebiete (rote Flächen) und mögliche Auslaufbereiche (blau bis gelb) für Lawinen bis zur Größe 3 (große Lawinen). Die blauen Flächen zeigen Bereiche, wo Fernauslösungen möglich sind.

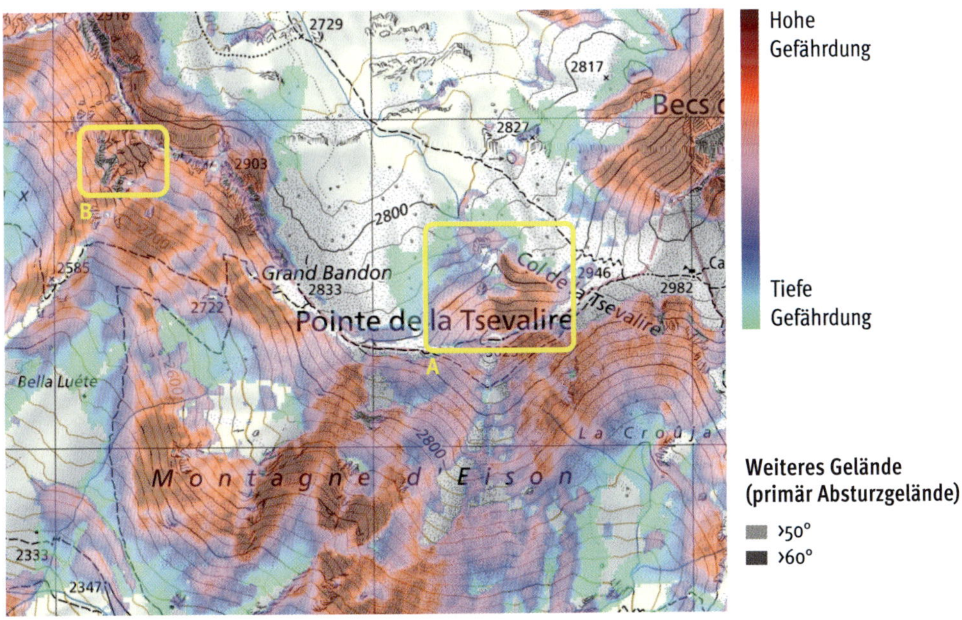

Die Gefahrenhinweiskarte Lawinengelände (ATH) zeigt die allgemeine Gefährdung aufgrund von Lawinen. Neben der Lawinenauslösung sind dabei auch die Konsequenzen berücksichtigt. Im Beispiel A haben der Nordhang (rechts) und der NW-Hang (links) ähnliche Geländeeigenschaften im Anrissbereich. Die Gefährdung ist aber im Nordhang größer, weil darunter eine Geländefalle in Form einer Mulde liegt. Auch im Rechteck B hat es einen Hangbereich mit hoher Gefährdung, weil aufgrund der Felsen Absturzgefahr herrscht.

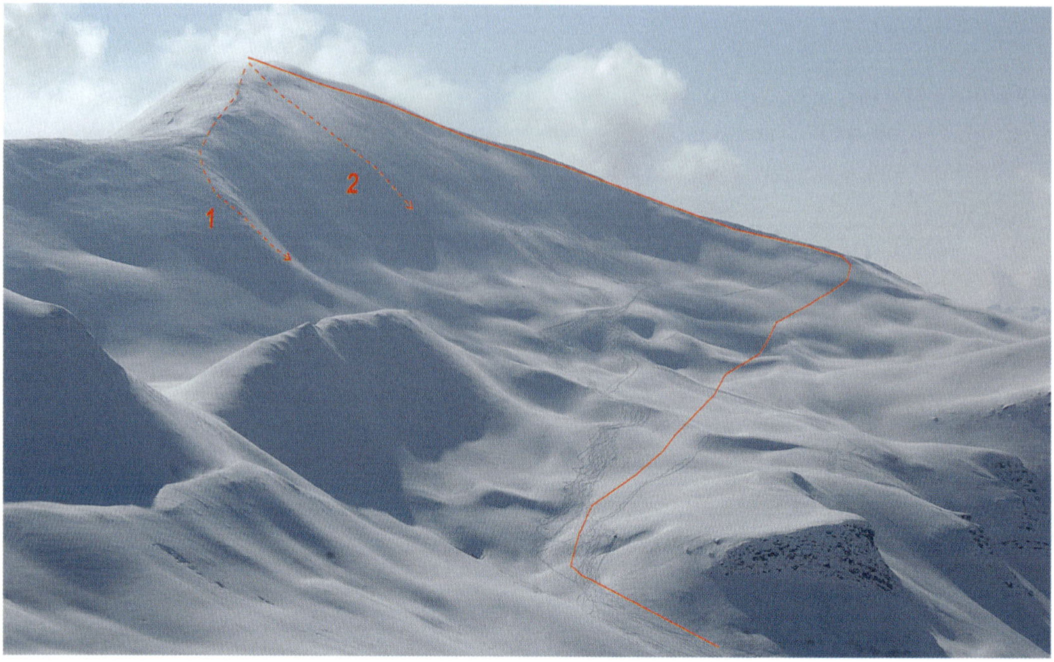

Die durchgezogene Linie stellt eine optimale Route dar – sie umgeht große Steilhänge weiträumig und führt über einen lang gezogenen Geländerücken auf den Gipfel. Für die Abfahrt bieten sich zwei weitere Möglichkeiten an (1 und 2). Beide Varianten sind ähnlich steil und haben die gleiche Exposition. Dennoch ist Variante 1 günstiger, da sie über eine schmale, aber gut ausgeprägte Rippe führt.

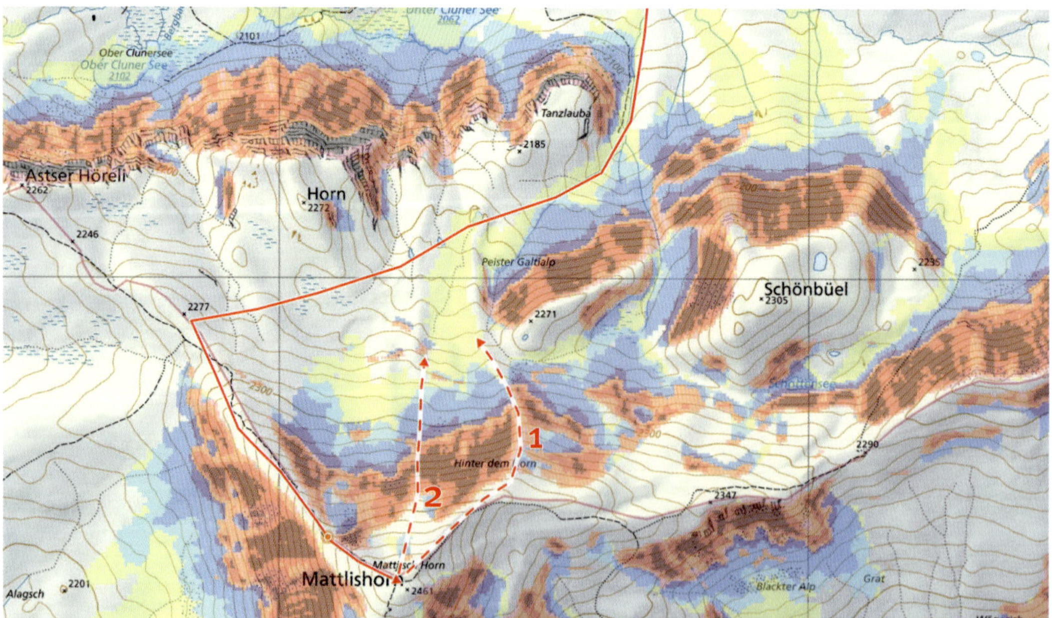

Die Route mit Varianten vom Bild oben eingezeichnet in der Lawinengeländekarte CAT.

Anrissgebiet zwischen 30 und 50 Grad Neigung an. Je dunkler das Rot, desto wahrscheinlicher ist ein Lawinenanriss. Berücksichtigt werden dabei Hangneigung und Geländeform. Das potenzielle Auslaufgebiet ist mit drei Blautönen und Gelb eingefärbt. Je dunkler das Blau, desto eher können im Falle eines sehr ungünstigen Schneedeckenaufbaus (typisch bei Altschneeproblem) Lawinen fernausgelöst werden. Die gelbe Farbe zeigt den möglichen Auslauf einer großen (Größe 3) trockenen Schneebrettlawine mit durchschnittlicher Anrissmächtigkeit von 50 Zentimeter.

Gefahrenhinweiskarte Lawinengelände (Avalanche terrain hazard, ATH)

Die Gefahrenhinweiskarte zeigt die mögliche Gefährdung durch Lawinen. Dabei wird das Potenzial für Lawinenanriss und Fernauslösung mit den möglichen Konsequenzen durch Verschüttung oder Absturz kombiniert. Die Gefährdung respektive das Geländerisiko werden mit kontinuierlichen Werten beschrieben, die mit einem Farbverlauf dargestellt sind. Je höher der Wert, desto eher sind wir durch Lawinen gefährdet. Im Gegensatz zur ersten Karte kann hier nicht thematisch zwischen Anriss- und Auslaufgebiet unterschieden werden.

Kupiertes Gelände ermöglicht das Anlegen einer optimalen Route (durchgezogene Linien). Das Gelände der eingezeichneten Abfahrtsvarianten (gestrichelt) ist ungünstig.

Gelände und Spuranlage

Wählen wir für den Aufstieg den steilen Rücken mit 40 Grad Neigung oder doch besser den flacheren, 35 Grad steilen Hang? Wie weit weg vom Steilhang sollen wir den Hangfuß traversieren, um Fernauslösungen möglichst zu vermeiden? Wo sammeln wir uns für eine Pause, um nicht von einer Lawine erfasst zu werden? Besteht die Gefahr einer besonders tiefen Verschüttung oder eines Absturzes? Für Antworten auf diese Fragen müssen wir das Gelände zusammen mit der Wetter- und Lawinensituation beurteilen. Die verschiedenen Aspekte dieser Beurteilung lassen wir anschließend in die Risikoanalyse (siehe Kap. Risikomanagement, S. 201) einfließen, damit wir eine für die aktuelle Situation optimale Spur legen können.

Oft sind Form und Größe des Hanges oder das Gelände unterhalb wichtiger für die Beurteilung als die gradgenaue Hangneigung. Je nach Topografie empfehlen sich günstige Geländeformen für eine optimale Spuranlage. Gelände mit kleinräumig unterschiedlicher Topografie (»kupiertes« Gelände) bietet vielmals die Möglichkeit, steilste Stellen zu umgehen und/oder auf Geländerücken auszuweichen – im Gegensatz zu Gelände mit großen, gleichförmigen Steilhängen.

Risikomanagement

In Zusammenarbeit mit Benjamin Reuter

Von der Planung zu Hause bis zur Abfahrt durch den Tiefschneehang müssen wir immer wieder Entscheidungen treffen, um das Risiko eines Lawinenunfalls möglichst tief zu halten. Indem wir uns mit der **Gefahr** und den möglichen **Konsequenzen** auseinandersetzen, schätzen wir das **Lawinenrisiko** ein und verringern es auf ein akzeptables Maß – mit an die Situation angepassten **Maßnahmen** oder einem geänderten Plan.

Das Risiko lässt sich generell anhand der vorherrschenden Verhältnisse, des Geländes und des menschlichen Verhaltens beurteilen. Diese Faktoren beeinflussen sowohl Gefahr als auch Konsequenzen, wobei sich die lokalen Verhältnisse in erster Linie auf die Gefahr auswirken und das Gelände vor allem für die Konsequenzen entscheidend ist.

Das System »3x3« (siehe Kap. 3x3 – Anwendung RiskCheck-Konzept, S. 219) spiegelt die Phasen von der Planung bis zum Einzelhang wider und hilft Schritt für Schritt, wichtige Informationen zu sammeln und die Lage laufend neu zu beurteilen. Für eine risikobasierte Entscheidung dient das im Folgenden vorgestellte RiskCheck-Konzept, mit dem sich das Lawinenrisiko an Schlüsselstellen strukturieren und anhand der wesentlichen Fakten einschätzen lässt.

Risikomanagement im Lawinengelände heißt: Durch Kombination der Gefahr – der Wahrscheinlichkeit einer Lawinenauslösung – und der Konsequenzen einer Auslösung das Risiko unter Berücksichtigung geeigneter Maßnahmen abschätzen.

Abgang einer Schneebrettlawine, welche von der unmittelbar bei der Anrisskante stehenden Person ausgelöst wurde.

Risiko = Gefahr × Konsequenz

Das Risiko für einen Lawinenunfall wird einerseits bestimmt durch die Lawinengefahr, und andererseits durch das Verhalten der Personen, die sich der Gefahr aussetzen. Das Risiko resultiert aus der Wahrscheinlichkeit einer Lawinenauslösung, kombiniert mit den möglichen Konsequenzen eines Lawinenabgangs, also der Schwere des Schadens. Dabei betrachten wir das (individuelle) Risiko für Personen, die sich an einer Schlüsselstelle der Tour befinden, und zwar unter Berücksichtigung der aktuellen lokalen Verhältnisse.
Bei hoher regionaler Lawinengefahr ist die Wahrscheinlichkeit einer Lawinenauslösung grundsätzlich größer als bei tiefer Gefahr. Die Lawinengefahr können wir nicht verändern. Wir können aber mit unserem Verhalten sowohl die Lawinenauslösewahrscheinlichkeit als auch die Konsequenzen beeinflussen und dadurch das Risiko im Rahmen der bestehenden Lawinengefahr verringern. Wir versuchen also, das Risiko zu reduzieren, indem wir uns der Gefahr möglichst wenig aussetzen – beispielsweise gefährdete Stellen umgehen – oder die Auslösewahrscheinlichkeit durch geeignete Spuranlage reduzieren. Andererseits kann das Schadensausmaß zum Beispiel durch einzeln Fahren oder die Wahl geeigneter Sammelpunkte verringert werden.
Wie in allen risikobehafteten Lebensbereichen üblich, gilt es, die Gefahr zu erkennen (Gefahrenanalyse) und die Konsequenzen abzuschätzen (Analyse des Schadensausmaßes), um darauf basierend das Risiko für Personen einzustufen (Risikoanalyse).

Konzept RiskCheck

Das RiskCheck-Konzept ist ein Leitfaden, der den Fokus auf die wesentlichen Fragen zu den

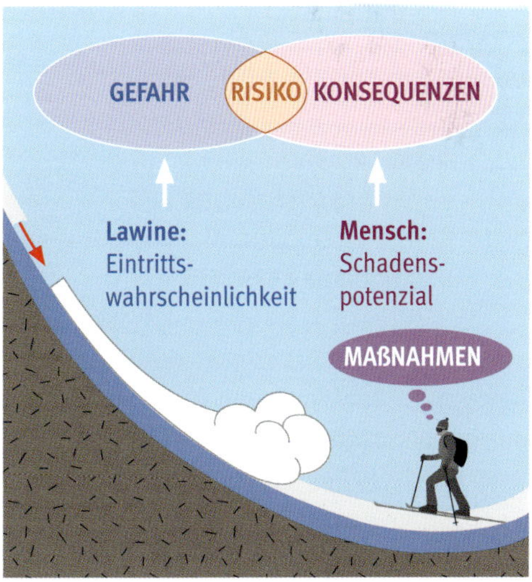

Unterschied zwischen Gefahr und Risiko. Das Lawinenrisiko ergibt sich aus der Lawinengefahr und den Konsequenzen. Die Verhältnisse, das Gelände und unser Verhalten beeinflussen sowohl die Gefahr als auch die Konsequenzen.

Elementen »Gefahr« und »Konsequenzen« lenkt und die Antworten schließlich in der Risikoanalyse grafisch zusammenführt. Der RiskCheck basiert auf dem Einzelhangtool aus dem Merkblatt Achtung Lawinen (Ausgabe 2016) und der GKMR-Methode von Benjamin Reuter und Chris Semmel.

Bei Aktivitäten im Lawinengelände wird das Risiko an vorab definierten Schlüsselstellen vertieft analysiert und bewertet. Dabei hilft eine Grafik, um die Einschätzung der Gefahr und der Konsequenzen zu kombinieren. Offensichtlich ist das Risiko hoch, wenn die Gefahr hoch ist und die Konsequenzen groß sind. Ebenso deutlich ist das Risiko tief bei tiefer Gefahr und kleinen Konsequenzen.

Die Schlüsselfragen helfen, die Gefahr, nämlich die **Wahrscheinlichkeit einer Lawinenauslösung (blau),** zu beurteilen und die Konsequenzen, also die **Folgen einer Lawinenauslösung (pink),** abzuschätzen. Aus der Kombination der beiden Einschätzungen ergibt sich das **Risiko (ocker),** das unter Berücksichtigung risikomindernder **Maßnahmen (violett)** bewertet wird.

Damit ergibt sich folgender Ablauf der Risikoanalyse:

1. Gefahr erkennen und beurteilen
2. Konsequenzen abschätzen

3./4. Risiko unter Berücksichtigung von Maßnahmen bewerten

Einsteiger und Profis können das RiskCheck-Konzept in der Planung und im Einzelhang mit jeweils angepassten Beurteilungshilfen (z. B. GRM, Lawinenprobleme, Schneedecke, Beobachtungen etc.) verwenden. In der Planung wie auch im Einzelhang bleibt der Ablauf gleich, lediglich die Informationen für die Beantwortung der Fragen zur Gefahr und den Konsequenzen verändern sich.

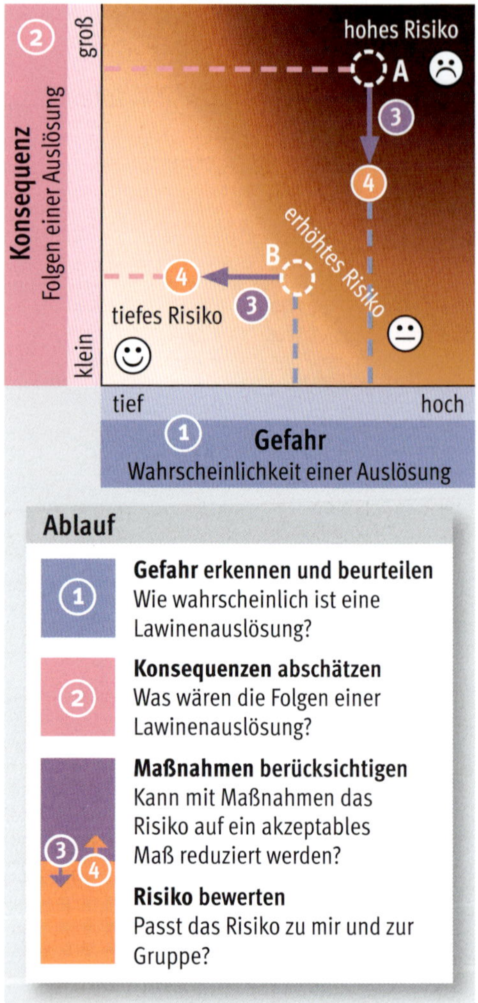

Der RiskCheck dient als Leitfaden zur Analyse des Lawinenrisikos an Schlüsselstellen, sowohl in der Planung als auch im Einzelhang. Oben ist das RiskCheck-Schema mit den beiden Achsen »Gefahr« und »Konsequenz« dargestellt, unten der Ablauf. Im Beispiel A sind sowohl die Gefahr hoch als auch die Konsequenzen groß. Somit ergibt sich ein hohes Risiko, das auch mit Maßnahmen zur Minderung der Konsequenzen nicht akzeptabel minimiert werden kann, d. h. Alternative wählen oder Verzicht. Im Fall B ist die Gefahr mittelmäßig einzustufen und die Konsequenzen sind eher klein. Mit einer Maßnahme zur Verringerung der Auslösewahrscheinlichkeit wird das Risiko tiefer.

Rechte Seite:
RiskCheck-Konzept mit Schlüsselfragen zu (1) Gefahr, (2) Konsequenzen, (3) Maßnahmen und (4) Risikobewertung. Beurteilungshilfen zur Anwendung des RiskCheck sind über den QR-Code zu finden.

RiskCheck für Schlüsselstellen

Konsequenzen: Folgen einer Auslösung

klein: nicht ganz verschüttet, unverletzt
groß: tiefe Verschüttung, tödliche Verletzung

2

Grobe Beurteilung

Wie groß ist der Hang?
Großer Hang oberhalb von mir ist ungünstig.

Was ist unter mir?
- Hindernisse in der Sturzbahn
- Geländefalle am Hangfuß od. Absturzgefahr

Werden mehrere Personen erfasst?
Geeignete Sammelpunkte zwischen kurzen Abschnitten sind günstig

Detaillierte Beurt.

Wie viel Schnee kommt?
Tiefe Verschüttung oder hohe mechanische Kräfte bei großen Schneemassen

Weitere Faktoren?
- kaum Fluchtmöglichkeiten
- erschwerte Bedingungen für die Rettung

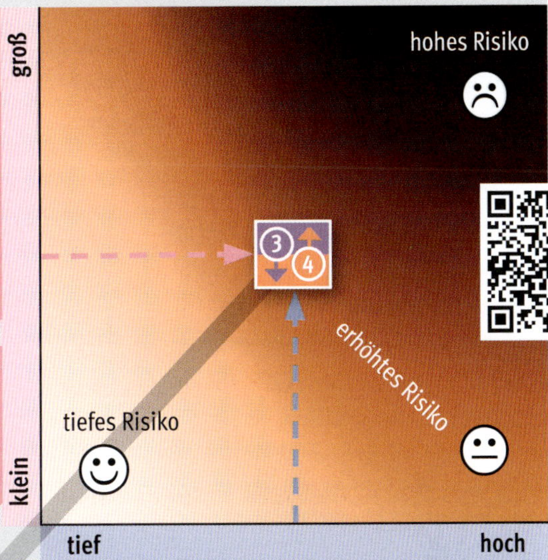

Gefahr: Wahrscheinlichkeit einer Auslösung

tief: günstige Lawinensituation
hoch: schwache Schneedecke, spontane Lawinen

1

Grobe Beurteilung

Wie ist die Gefahr grob einzuordnen?

Klare Hinweise aus folgenden Elementen suchen:
- Lawinenbulletin
- Hangneigung
- Alarmzeichen in den letzten 24 Stunden
- frische Spuren
- häufig befahren

Detaillierte Beurteilung

Gefahreneinschätzung verfeinern: Lawinenprobleme, lawinenbildende Prozesse

- **Gibt es eine Schwachschicht? Lässt sich ein Bruch initiieren?**
  Typisch: aufbauend umgewandelte Schneeoberfläche kürzlich eingeschneit / im oberen halben Meter
- **Gibt es ein Schneebrett? Unterstützt es die Bruchausbreitung?**
  Typisch: mindestens leicht verfestigte Schichten oberhalb der Schwachschicht
- **Ist die Schneedecke im Hang überall ähnlich?**
  Typisch: geringe Variabiliät begünstigt großflächige Bruchausbreitung
- **Weitere Faktoren?**
  Zusätzliche Gefährdung durch Fernauslösungen, andere Personen, spontane Lawinen etc.

Maßnahmen berücksichtigen

Lässt sich die Wahrscheinlichkeit einer Auslösung verringern?
Flachere Geländeabschnitte bevorzugen, große Belastungen meiden etc.

Lassen sich die Folgen einer Auslösung verringern?
Einzeln zwischen geeigneten Sammelpunkten, Bereiche mit Geländefallen meiden etc.

Wie wirksam sind die Maßnahmen?
Maßnahmen kombinieren, um das Risiko zu senken

3

4

Risiko bewerten

Wie groß sind die Unsicherheiten?
Ist die Einschätzung entsprechend defensiv?

Welchen Einfluss hat der Faktor Mensch auf die Einschätzung?

Passt das Risiko zu mir und zur Gruppe?

exponentieller Anstieg

- ☹ Verzicht empfohlen, Alternative wählen
- Mit risikomindernden Maßnahmen ggf. machbar.
- 😐 Ausbildung und Erfahrung notwendig! Unerfahrene sollten diesen Bereich meiden!
- ☺ Mit akzeptablem Restrisiko relativ sicher

Risiko mit RiskCheck einschätzen

Im Folgenden wird der Ablauf der Risikoanalyse basierend auf den vier Elementen: Gefahr erkennen, Konsequenzen abschätzen, Maßnahmen berücksichtigen und Risiko bewerten im Detail beschrieben.

Gefahr erkennen und beurteilen

Die zentrale Frage lautet: **Wie wahrscheinlich ist eine Lawinenauslösung?**

Maßgebend für die Lawinenauslösewahrscheinlichkeit ist die Stabilität der Schneedecke, deren Verbreitung im Hang und die zu erwartende Art der Auslösung.

Auch wenn keine aussagekräftigen lokalen Informationen vorhanden sind, also meist in der Planungsphase der ersten Tour im jeweiligen Gebiet, erlauben einfach verfügbare Informationen eine grobe Beurteilung der Gefahr. Ergibt diese Beurteilung ein klar hohes oder tiefes Risiko, ist die Einschätzung ausreichend. Ansonsten hilft die detaillierte Beurteilung, um die Gefahreneinschätzung zu verfeinern. Dabei werden die an der Lawinenbildung beteiligten Prozesse miteinbezogen (Prozessdenken; siehe Kap. Schneebrettlawinen, S. 47). Die Lawinenprobleme bieten hierfür einen guten Ausgangspunkt.

Die Bandbreite der Gefahreneinschätzung reicht von »tief« bis »hoch« und ist wie folgt zu verstehen:

- **tief**: Die Lawinensituation ist günstig und es besteht kein ausgeprägtes Lawinenproblem. Der Aufbau der Schneedecke ist im Allgemeinen gut. Es gibt keine ungünstigen Anzeichen.
- **hoch**: Es herrscht ein akutes Lawinenproblem. Es gibt eindeutige Hinweise für eine schwache Schneedecke, beispielsweise kommen Alarmzeichen verbreitet vor.

Da ein Großteil des Hanges oberhalb der Spur abgeblasen ist, verringen sich Gefahr und Konsequenzen.

KURZ UND KNAPP

Der RiskCheck führt grundlegende Überlegungen und Einschätzungen zu Gefahr, Konsequenzen und Maßnahmen an Schlüsselstellen grafisch in einer Risikoanalyse zusammen.

Grobe Beurteilung

Schlüsselfrage: ***Wie ist die Gefahr grob einzuordnen?***

Eine erste grobe Beurteilung erfolgt anhand der im Lawinenbulletin enthaltenen Informationen (Gefahrenstufe, Lawinenproblem, Gefahrenstellen, Gefahrenbeschreibung) und der Hangneigung. Dabei können die grafische Reduktionsmethode GRM (siehe S. 19) oder andere ähnliche Methoden als Beurteilungshilfe herangezogen werden. Im Tourengebiet geben einfache Beobachtungen, wie Alarmzeichen oder frische Spuren, weitere Hinweise zur Lawinenauslösewahrscheinlichkeit.

Sind Alarmzeichen verbreitet vorhanden, ist die kritische Neuschneemenge erreicht oder liegt frischer Triebschnee auf einer weichen Schneeoberfläche, deutet dies auf eine hohe Gefahr hin.

Die Lawinensituation ist eindeutig günstig, wenn beispielsweise eine nasse Schneedecke nach einer klaren Nacht mit starker Abkühlung eine tragfähige Kruste bildet, wie in den Morgenstunden im Frühling.

Sind im zu beurteilenden Hang bereits viele Spuren vorhanden, kann die Gefahr tiefer eingestuft werden, denn eine Lawinenauslösung ist im Spurbereich nach mehrfach erfolgten Belastungen deutlich weniger wahrscheinlich. Wissen wir, dass eine Variante oder ein Hangbereich häufig befahren wurde, ist das ebenfalls ein Hinweis für eine tiefere Auslösewahrscheinlichkeit.

Detaillierte Beurteilung

Für die detaillierte Beurteilung werden die Informationen der groben Beurteilung mit weiteren lokalen Beobachtungen zur Schneedecke und zur Stabilität (siehe Kap. Beurteilung Schneedeckenstabilität, S. 175) ergänzt. Wir fokussieren uns nun auf die Schneedecke und die lawinenbildenden Prozesse. Mit Überlegungen zur Schneebrett-Schwachschicht-Kombination unter Berücksichtigung des aktuellen Lawinenproblems schätzen wir ein, ob sich ein Bruch initiieren lässt und falls ja, ob und wie weit er sich ausbreiten könnte (siehe Kap. Bruchprozesse, S. 49).

Die folgenden **Schlüsselfragen** orientieren sich an den Prozessen und helfen, die Auslösewahrscheinlichkeit für das aktuelle Lawinenproblem an der Schlüsselstelle zu beurteilen. Die wichtigen Fragen zur Gefahrenbeurteilung für die Lawinenprobleme sind am Schluss des Kapitels Unterwegs beobachten und beurteilen, S. 177, zusammengefasst.

Bruchinitiierung: Gibt es eine Schwachschicht? Lässt sich ein Bruch initiieren?

Müssen wir damit rechnen, dass an der Schlüsselstelle eine Schwachschicht vorhanden ist, und wenn ja, um welche Art von Schwachschicht handelt es sich? Wie alt und wie schwach ist sie? Wie mächtig ist sie überlagert? Je tiefer die Schwachschicht, desto schwieriger wird eine Bruchinitiierung durch einen Wintersportler (siehe Kap. Zusatzlast, S. 86). Je steiler das Gelände, desto einfacher lassen sich Brüche durch Wintersportler initiieren.

Bruchausbreitung: Gibt es ein Schneebrett? Unterstützt es die Bruchausbreitung?

Ist im Hang die Schwachschicht von einem Schneebrett überlagert, das genügend Energie für die Bruchausbreitung liefert? Erst wenn das Schneebrett ausreichend dick ist und sich der Schnee im Brett etwas verfestigt hat, sind die Bedingungen für die Bruchausbreitung günstig (siehe Kap. Zusammenspiel zwischen Schneebrett und Schwachschicht, S. 55). Sind Bruchinitiierung und -ausbreitung möglich, ist die Schneedeckenstabilität schwach (siehe Kap. Beurteilung Schneedeckenstabilität, S. 175).

Variabilität: Ist die Schneedecke im Hang überall ähnlich?

Damit sich schließlich eine Schneebrettlawine bildet, muss sich der anfängliche Bruch auch über weite Teile des Hanges hinweg ausbreiten können. Die Auslösewahrscheinlichkeit an der Schlüsselstelle hängt also davon ab, ob der ungünstige Schneedeckenaufbau im Hang verbreitet vorkommt. Dazu tragen gleichförmiges Gelände und eine gleichmäßige, zusammenhängende Schneeverteilung bei. In Triebschneesituationen kommt es bisweilen vor, dass die kritische Schichtung »frischer Triebschnee auf ungünstiger Altschneeoberfläche« nur in einem Teil des Hanges auftritt.
In Hängen, die häufig befahren werden, breiten sich wegen der großen Variabilität im Bereich der Spuren kaum Brüche aus (siehe Kap. Häufiges Befahren, S. 88). Wird die verspurte Altschneeoberfläche eingeschneit, sind Brüche am Übergang von Neu- zu Altschnee unwahrscheinlich und die Lawinenauslösewahrscheinlichkeit ist eher tief.

Weitere Faktoren?

Abgesehen vom Begehen oder Befahren des Hanges sind noch weitere Möglichkeiten der Auslösung an der Schlüsselstelle zu bedenken. Die Gefahr einer Fernauslösung kann bereits am Fuß des zu beurteilenden Hanges bestehen. Sind spontane Lawinen zu erwarten, muss der Auslaufbereich potenzieller Lawinen beurteilt werden. Auch die mögliche Gefährdung durch Dritte, beispielsweise durch andere Schneesportler in der näheren Umgebung, ist zu berücksichtigen.

Konsequenzen abschätzen

Die zentrale Frage lautet: **Was wären die Folgen einer Lawinenauslösung?**
Im besten Fall werden wir nach einer Auslösung nicht von der Lawine erfasst, weil wir uns im Randbereich befinden oder es uns gelungen ist, uns mit einer Schussfahrt zur Seite zu retten.
In allen anderen Fällen, also wenn es zu einer Erfassung kommt, spielen für die Konsequenzen einerseits Größe und Art der Lawine, andererseits das Gelände eine Rolle.
Die Bandbreite der Einschätzung der Konsequenzen geht von »klein« bis »groß« und ist wie folgt zu verstehen:

- › **klein:** Eine Ganzverschüttung ist kaum möglich. Zudem ist keine ernsthafte Verletzung zu erwarten.
- › **groß:** Eine schwere oder tödliche Verletzung ist möglich, z. B. als Folge eines Absturzes. Ebenso denkbar ist eine tiefe Verschüttung aufgrund einer Geländefalle, z. B. muldenförmiges Gelände im Ablagerungsbereich. Eine schnelle Bergung wäre nicht möglich.

Fünf **Schlüsselfragen** erlauben die Einschätzung der Konsequenzen, also der Folgen einer Lawinenauslösung.

Wie groß ist der Hang?

Je größer der Hang oberhalb des Erfassungsortes, desto wahrscheinlicher wird eine ernste Verschüttung. Die Hanggröße wirkt sich jedoch unterschiedlich stark aus, je nachdem, wo wir uns im Hang befinden und ob wir auf-

Wie ist die Gefahr grob einzuordnen?	
Tendenz hin zu »tief«	**Tendenz hin zu »hoch«**
Gefahrenstufe 1	Gefahrenstufe 4
GRM »grün«	GRM »rot«
keine Alarmzeichen, obwohl länger gespurt wurde	Alarmzeichen verbreitet
günstige Lawinensituation	akute Lawinensituation
viele Spuren vorhanden	
Bruchinitiierung, Bruchausbreitung, Variabilität	
Tendenz hin zu »tief«	**Tendenz hin zu »hoch«**
Schwachschicht tiefer als 1 m	Schwachschicht im oberen Meter
Günstige Schichtung: • kein Schneebrett oder keine Schwachschicht oder • Schwachschicht auf Schneebrett)	**Ungünstige Schichtung:** • große, kantige Kristalle in der Schwachschicht überlagert von genügend gebundenem Schneebrett • ungünstige Resultate der Schneedeckentests
≤ 30° um Spur	› 35° um Spur
steilster Hangbereich ‹ 35°	steilster Hangbereich › 35°
unregelmäßiges, raues Gelände	gleichflörmiges Gelände
inhomogene Schneeverteilung	homogene Schneeverteilung
häufig befahren	selten befahren

Anhaltspunkte zur Beurteilung der Lawinenauslösewahrscheinlichkeit

steigen oder abfahren. In einer Traverse im obersten Bereich eines Hanges ist beispielsweise die Verschüttungsgefahr kleiner als am Hangfuß. In der Abfahrt sind wir beweglicher als im Aufstieg und können insbesondere bei kleinen Hängen etwas mutiger sein.

Wie viel Schnee kommt auf mich zu?

Für die Menge an Schnee, die in Bewegung geraten könnte, ist die Anrissmächtigkeit entscheidend. Je mehr Schnee sich bewegt, desto größer sind Mitreiß- und Verschüttungsgefahr. Die großen Schneemassen eines meterdicken Anrisses können uns tief verschütten. Dazu braucht es weder ein riesiges Anrissgebiet über uns noch eine ausgeprägte Geländefalle im Auslauf. Im Zusammenhang mit der vorhergehenden Überlegung zur Größe des Hanges geht es also um die Frage **»Was ist über mir?«**.

Kleine Konsequenz:
- kleiner Hang
- relativ geringe Anrissmächtigkeit
- sanfter Auslauf mit guten Chancen, unversehrt davonzukommen

Große Konsequenzen:
- mittelgroßer Hang, große Anrissmächtigkeit
- markante Mulde am Hangfuß
- große Verschüttungsgefahr gegeben

Was ist unter mir?

In der Sturzbahn und im Auslaufbereich bestimmt vor allem das Gelände, was passieren kann. Bäume oder Felsen können bei einer mitgerissenen Person zu schweren Verletzungen führen. Fließt eine Lawine über eine Felswand, kommt es zu einem Absturz. Läuft eine Lawine in einer Mulde oder in einem Graben aus, droht eine tiefe Verschüttung mit geringeren Überlebenschancen. Solch markante **Geländefallen** erhöhen die Konsequenzen drastisch, sodass bereits eine kleine Lawine zu schlimmen Folgen führen kann.

Werden mehrere Personen erfasst? Gibt es sichere Sammelpunkte?

Wenn sich mehrere Personen einer Gefahr aussetzen, nehmen die Konsequenzen in jedem Fall zu. Entsprechend ist jeweils zu überlegen, ob sich mit einfachen taktischen Maßnahmen erreichen lässt, dass sich möglichst nur eine Person im Gefahrenbereich befindet. Dies bedingt jedoch kurze Abschnitte zwischen sogenannten »sicheren Inseln«, an denen sich die Personen wieder sammeln können. Nicht immer bieten sich solche geeigneten Sammelpunkte im Gelände an, zum Beispiel im Aufstieg durch einen großen, gleichförmigen Steilhang. Wer in diesem Fall von einer Lawine mitgerissen wird, muss mit höheren Konsequenzen rechnen. Je weniger Personen einer Gruppe erfasst werden, desto mehr Menschen können gegebenenfalls Hilfe leisten.

Weitere Faktoren?

Primär wollen wir natürlich verhindern, dass sich ein Lawinenunfall ereignet. Sollte es aber dennoch dazu kommen, führen erschwerende Faktoren für die Rettung zu größeren Konsequenzen. Bei schlechter Sicht oder in einer abgelegenen Gegend dauert es möglicherweise lange, bis zusätzliche Hilfe vor Ort ist. Je geringer die Anzahl der möglichen Retter, umso eingeschränkter sind die Möglichkeiten zur Hilfeleistung.
Manchmal existieren Fluchtmöglichkeiten, die – wenn sie zuvor antizipiert wurden – im Falle einer Auslösung ergriffen werden können.

Maßnahmen berücksichtigen

Die zentrale Frage lautet: **Kann mit Maßnahmen das Risiko auf ein akzeptables Maß reduziert werden?**

Ist die Gefahr erkannt und sind die Konsequenzen abgeschätzt, kann das Risiko mit dem RiskCheck-Schema bewertet werden. Oft lässt sich das Risiko durch Maßnahmen noch verringern. Dabei muss unterschieden werden

Wie groß ist der Hang?	
Tendenz hin zu »tief«	**Tendenz hin zu »hoch«**
weniger als 20 Höhenmeter	mehr als 100 Höhenmeter
Hang ist unter mir	Hang ist über mir
Wieviel Schnee kommt?	
Tendenz hin zu »tief«	**Tendenz hin zu »hoch«**
kleine Triebschneelinse	Altschneeproblematik
dünner Anriss, z.B. 20 cm	weitläufiges Anrissgebiet mit dickem Schneebrett
Was ist unter mir?	
Tendenz hin zu »tief«	**Tendenz hin zu »hoch«**
sanft auslaufender Hang	Geländefalle am Hangfuß, wie tiefe Mulde, Felsblöcke oder Bäume
rückenförmige Geländeformen in Anrissbereich und Sturzbahn	Felsstufe, Felsblöcke oder Bäume in der Sturzbahn
Werden mehrere Personen erfasst? Gibt es geeignete Sammelpunkte?	
Tendenz hin zu »tief«	**Tendenz hin zu »hoch«**
geeignete Sammelpunkte zwischen kurzen Abfahrten vorhanden, z. B. seitlich des Hanges oder geschützt unterhalb von Felsen	keine geeigneten Sammelpunkte vorhanden oder sie befinden sich weit entfernt des großen Hanges, nicht aber am Hangfuß
gestuftes Gelände oder Sammelpunkte auf ausgeprägten Kuppen vorhanden	Es lässt sich im Aufstieg nicht vermeiden, dass mehrere Personen gleichzeitig der Gefahr ausgesetzt sind.
Weitere Faktoren?	
Tendenz hin zu »tief«	**Tendenz hin zu »hoch«**
schnelle und wirkungsvolle Kameradenrettung möglich	kein Flugwetter, abgelegenes Gebiet ohne Empfang etc.
gute Fluchtmöglichkeiten vorhanden (kleinere Hänge)	kaum Fluchtmöglichkeiten bei einer Erfassung

Anhaltspunkte zur Beurteilung der Konsequenzen

in Maßnahmen, welche die Lawinenauslösewahrscheinlichkeit verringern, und solchen, die die Konsequenzen abschwächen. Ein Blick auf die **Negativpunkte**, die die Gefahren und die Konsequenzen verstärken, hilft uns, die geeigneten Maßnahmen für eine bestimmte Situation zu finden. Denn nicht immer führt eine generell risikomindernde Maßnahme im konkreten Fall zu einem wesentlich tieferen Risiko. Daher ist immer zu hinterfragen, was die Maßnahmen im Hinblick auf die Lawinenauslösung und/oder die Konsequenzen effektiv erreichen können.
Bei der Berücksichtigung von Maßnahmen sind folgende **Schlüsselfragen** hilfreich:

Lässt sich die Wahrscheinlichkeit einer Lawinenauslösung verringern?
Je nach Gelände und Verhältnissen lässt sich eine Spur so anlegen, dass eine Auslösung weniger wahrscheinlich wird, zum Beispiel indem steilere Bereiche gemieden werden und der Aufstieg in mäßig steilem Gelände erfolgt. Bei einem Altschneeproblem macht es bisweilen Sinn, dort zu spuren, wo die potenzielle Schwachschicht tiefer in der Schneedecke liegt. Das kann bedeuten, unmittelbar in einer Mulde zu bleiben und die Randbereiche zu meiden. Denn zu den Rändern hin nimmt die Schneehöhe ab und es wird zunehmend leichter, Brüche zu initiieren (siehe Kap. Zusatzlast, S. 86, und Kap. Typisches Lawinengelände, S. 187).
Eine geringere Zusatzlast reduziert ebenfalls die Wahrscheinlichkeit einer Bruchinitiierung. Eine relativ sanfte Abfahrt ohne Sturz belastet die Schneedecke mitunter weniger, als wenn mit Schneeschuhen hinuntergerannt wird. Die Schneedecke belasten wir am wenigsten, wenn wir geradeaus fahren ohne Kurven zu machen – auch wenn dies nicht immer praktikabel sein mag. Stehen mehrere Personen nahe nebeneinander, stellt das ebenfalls eine erhöhte Belastung der Schneedecke dar. Wenn möglich verzichten wir also auf Sammelpunkte in Steilhängen. Genauso verringert sich die Wahrscheinlichkeit einer Lawinenauslösung, wenn wir die Spur in verspurte Hangbereiche legen, weil der Hang an diesen Stellen bereits mehrmals belastet wurde, ohne dass es zu einer Auslösung kam.

Typische Maßnahmen, um die Lawinenauslösewahrscheinlichkeit zu verringern:
› flachste Stellen wählen
› Hang im bereits verspurten Bereich begehen oder befahren resp. Spurfahren anordnen
› Hangbereich begehen oder befahren, wo viel Schnee über der potenziellen Schwachschicht liegt (bei Altschneeproblem)
› Stellen mit wenig oder keinem frischen Triebschnee begehen oder befahren (z. B. abgeblasene Rücken bevorzugen)
› große Belastungen meiden (Sturz, Besammlung, Sprünge).

Lassen sich die Folgen einer Lawinenauslösung verringern?
Mit einer optimalen Spuranlage lassen sich nicht nur die Wahrscheinlichkeit, sondern auch die Konsequenzen einer Lawinenauslösung herabsetzen. Die Spur wird vorzugsweise so angelegt, dass die **Hangbereiche oberhalb der Spur eher klein** sind. Würde im Falle einer Auslösung eine Person erfasst, stünden ihre Chancen besser, nicht weit mitgerissen zu werden oder zumindest in der Lawine obenauf zu sein. Ebenso empfiehlt es sich, die Route entlang von ausgeprägten Geländerücken zu legen, da dort losgelöster Schnee meist links oder rechts abgleitet und so auf dem Rücken weniger Schnee zusammenkommt, der eine Person erfassen könnte.

Da Hangbereiche mit **Geländefallen** zu schlimmen Folgen führen, versuchen wir bei der Spuranlage, solche Stellen zu **meiden**. Geht das nicht, ist abzuwägen, dort einzeln aufzusteigen oder abzufahren. Wir setzen uns dann trotzdem der Gefahr aus, reduzieren aber immerhin das Schadensausmaß. Darüber hinaus dient diese Maßnahme auch dazu, dass im Falle einer Erfassung möglichst viele Personen Hilfe leisten können.
An Sammelpunkten kommt die gesamte Gruppe zusammen. Es ist daher besonders wichtig, dass diese Orte gut geschützt sind, zum Beispiel unter Felsen oder entfernt von möglichen Lawinenausläufen.

Zusammengefasst vermindern folgende Maßnahmen die Konsequenzen:

- möglichst oberhalb des Hanges bleiben (z. B. bei Traversen)
- am Rand des potenziellen Anrissgebietes bleiben
- rückenartiges Gelände bevorzugen
- Stellen mit höherer Absturz- bzw. Verschüttungsgefahr meiden
- möglichst nur eine Person im gefährdeten Bereich
- in nicht exponierten Bereichen stoppen (»sichere Inseln«, z. B. unterhalb von Felsen, seitlich des potenziellen Anrissgebietes, außerhalb potenzieller Auslaufgebiete)
- Möglichkeiten überlegen, um schnell aus dem Lawinenanrissgebiet auszufahren (Fluchtwege antizipieren)

Wie wirksam sind die Maßnahmen?

Wichtig ist, sich zu überlegen, was eine geplante Maßnahme effektiv bewirken kann. Wer mit Abstand durch einen großen, homogenen Steilhang aufsteigt, reduziert das Risiko nur unwesentlich. Trotz der Abstände setzen sich alle Gruppenmitglieder zugleich der Gefahr aus – je nach Lawinengröße werden bestenfalls nicht alle erfasst. In großen, homogenen Steilhängen gibt es grundsätzlich

Mit mehr Abstand vom Hang kann das Risiko deutlich reduziert werden.

Wirkungsvolle Maßnahmen einer Gruppe in der Abfahrt. Es werden möglichst flache Hangbereiche befahren und es fahren alle im Bereich der Spuren. Dank geeigneter Sammelpunkte sind die Gefahrenstellen kurz, und wenn jeder einzeln fährt, ist jeweils nur eine Person der potenziellen Gefahr ausgesetzt.

KURZ UND KNAPP

Maßnahmen, die oftmals wirkungsvoll sind:

- flachste Hangbereiche begehen oder befahren
- rückenartiges Gelände bevorzugen
- Hang im bereits verspurten Bereich begehen oder befahren
- große Belastungen meiden (Sturz, Sammelpunkt, Sprünge)
- frischen Triebschnee meiden
- Stellen mit höherer Absturz- bzw. Verschüttungsgefahr meiden
- Sammelpunkte in nicht gefährdeten Bereichen wählen (»sichere Inseln«)
- möglichst nur eine Person im gefährdeten Bereich (einzeln fahren, Abstände)

weniger Spielraum, das Risiko mithilfe bestimmter Maßnahmen zu reduzieren, als in gegliederten Hängen und coupiertem Gelände. Vielleicht bietet ein markanter Geländerücken eine weniger exponierte Abfahrtslinie, der wir einzeln bis zu einem nicht ausgesetzten Sammelpunkt folgen können. Fahren noch dazu alle im Bereich der gleichen Spur ab, werden mehrere Maßnahmen effektiv kombiniert, um das Risiko möglich niedrig zu halten.

Risiko bewerten

Aus der Analyse der Gefahr und der Konsequenzen ergibt sich das Risiko für Personen an der beurteilten Schlüsselstelle. Im RiskCheck-Schema ist ersichtlich, wie die beiden Komponenten zum Risiko beitragen. Das Risiko nimmt von unten links nach oben rechts zu. Die Zunahme ist nicht linear, sondern **exponentiell** – je stärker also der Farbton, desto schneller steigt das Risiko. Das aktuelle Risiko an der Schlüsselstelle liegt am Schnittpunkt der beiden Einschätzungen für Gefahr und Konsequenz. Diese können mittels geeigneter Maßnahmen etwas nach links beziehungsweise unten korrigiert werden. Die folgenden fünf Situationen zeigen Beispiele, wie das Risiko im Schema (siehe Abbildung, S. 215) zu interpretieren ist.

1. Sind die möglichen Konsequenzen groß, muss die Gefahr für ein akzeptables Risiko tief sein. Wir müssen uns also sicher sein, dass die Wahrscheinlichkeit einer Lawinenauslösung klein ist. Bezüglich des Risikos entspricht das einer Situation oben links im RiskCheck-Schema.
2. Ist die Gefahr hingegen hoch, gehen wir das Risiko nur bei kleinen Konsequenzen

ein. Typischerweise riskieren gute Skifahrer vielleicht einen kleinen, sanft auslaufenden Hang mit einer dünnen Triebschneelinse, den sie einzeln befahren und sich in entsprechender Entfernung sammeln. Tragen eine oder mehrere Einschätzungen negativ zu den Konsequenzen bei, wird man jedoch schnell verzichten.

3. Lässt sich die Wahrscheinlichkeit einer Lawinenauslösung nicht zuverlässig einschätzen, aber man weiß, dass sie nicht tief und nicht hoch ist, liegt die Gefahr etwa mittig zwischen tief und hoch. Ist dazu eine Verschüttung zwar möglich, aber eine Tiefverschüttung oder schwere Verletzungen sind nicht zu erwarten, ergibt sich ein erhöhtes Risiko für die Schlüsselstelle. Die Situation befindet sich also irgendwo in der Mitte des RiskCheck-Schemas. In diesem Bereich führt eine etwas ungünstigere Einschätzung aufgrund des exponentiellen Wachstums des Risikos rasch zu einem hohen Risiko. Bei Unsicherheiten sollte daher die ungünstigere Beurteilung gewählt werden. Außerdem sollte das Risiko mit wirksamen Maßnahmen verringert werden.
4. Im günstigsten Fall ist die Lawinenauslösewahrscheinlichkeit tief und der Hang ist klein und auslaufend: Das entspricht einer Situation unten links im RiskCheck-Schema. Das Risiko ist sogar dann noch tief, wenn die Auslösewahrscheinlichkeit etwas zunimmt, z. B. bei wenig frischem Triebschnee, da die Konsequenzen bei geringen Schneemengen noch klein sind.
5. Ist das Risiko hoch, weil beispielsweise die Lawinenauslösewahrscheinlichkeit eher hoch ist und die Konsequenzen groß sind, ist eine alternative Route zu wählen beziehungsweise eine andere Tour zu planen.

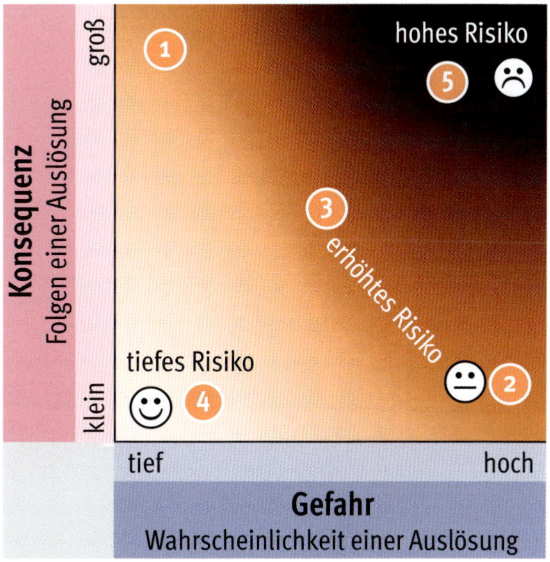

Bei den Situationen 4 und 5 ist die Ausgangslage für eine Entscheidung relativ klar. Ob eine Schlüsselstelle bei den Situationen 1 bis 3 angegangen werden kann, hängt von den etwaigen Maßnahmen und der Risikobereitschaft ab.

Falls das Risiko als erhöht eingestuft wurde, empfiehlt es sich, vor der Begehung der Schlüsselstelle die Gefahr und die Konsequenzen detailliert zu beurteilen. Denn wirkungsvolle Maßnahmen – die bei erhöhtem Risiko angebracht sind – lassen sich erst ableiten, wenn die jeweiligen Schlüsselfragen zu Gefahr und Konsequenzen an der Schlüsselstelle beantwortet werden.

KURZ UND KNAPP

Ergibt die Beurteilung ein erhöhtes Risiko in der Mitte des RiskCheck-Schemas und ist die Einschätzung unsicher, können bereits kleine Änderungen der Beurteilung zu einem hohen Risiko führen. Insbesondere in solchen Situationen sollte entsprechend defensiv eingeschätzt werden.

Bewertungshilfe für die RiskCheck-Einstufung

Exponentieller Anstieg

hohes Risiko	Verzicht empfohlen. Es sollte eine andere Route geplant oder eine Alternative gewählt werden.
erhöhtes Risiko	In der Planung sollten für Schlüsselstellen mit dieser Einstufung Alternativen festgelegt werden. Wenn wir unterwegs die risikomindernden Maßnahmen ausgeschöpft haben und kein erhöhtes Risiko eingehen möchten, ist Verzicht angeraten. Oft ist der Einfluss der Konsequenzen maßgebend für einen Verzicht. Vorsicht! Fehleinschätzungen führen schnell zu hohem Risiko. Wenig Erfahrene sollten auf Touren mit Schlüsselstellen, für die der RiskCheck bereits in der Planung ein erhöhtes Risiko ergibt, verzichten.
tiefes Risiko	Das Restrisiko ist tief, aber nicht gleich null; ein Restrisiko bleibt. Die Schlüsselstelle lässt sich bewältigen, sofern die Maßnahmen eingehalten werden.

Ist die Auslösung einer Lawine sehr unwahrscheinlich – zum Beispiel in einer stabilen Frühlingssituation –, rückt die Absturzgefahr in den Vordergrund und wir fragen uns: »Was könnte passieren? Wie groß ist die Wahrscheinlichkeit eines Ausrutschers?«. Bezüglich der Konsequenzen fragen wir uns: »Was ist unter mir? Was wären die Folgen?«. Auf diese Weise lässt sich mit der **gleichen Denkweise** auch das **Absturzrisiko beurteilen**.

Passt das Risiko zu mir und zur Gruppe?

Diese Frage wird je nach Risikoakzeptanz unterschiedlich beantwortet. Während die bisherigen Schritte vor allem helfen, eine Einschätzung zu treffen, Maßnahmen abzuleiten und das Risiko einzustufen, müssen wir nun bewerten, ob das Risiko annehmbar ist. Das hängt von uns selbst, aber auch von der Gruppe ab. Sind wir für eine Gruppe verantwortlich, werden wir eine gewisse Schwelle nicht überschreiten, denn in einer Gruppe haben nicht alle dieselbe Risikobereitschaft. Gehen wir selbstbestimmt ein Risiko ein, können wir uns an unserer individuellen Risikobereitschaft orientieren.

Wird das Risiko als zu hoch empfunden, kann man nochmals alternative Maßnahmen erwägen, um es zu verringern. Führt auch das nicht zum Ziel, ist es besser, zu verzichten und eine andere Route oder Tour zu wählen.

Die Einstufung des Risikos geht von »tief« bis »hoch« und ist generell wie in der oben abgebildeten Bewertungshilfe zu verstehen.

Ist das Risiko bewertet, lohnt es sich, das Resultat der Risikoanalyse nochmals kritisch zu hinterfragen. Dazu sind die folgenden zwei **Schlüsselfragen** nützlich:

Wie groß sind die Unsicherheiten? Ist die Einschätzung defensiv?

Die Einschätzung der Lawinenauslösewahrscheinlichkeit und der Konsequenzen ist grundsätzlich mit Unsicherheiten behaftet. Bei größeren Unsicherheiten empfiehlt es sich, vorsorglich vom ungünstigeren Szenario auszugehen. Dies führt zu einer defensiveren Einschätzung mit einer höheren Sicherheitsmarge.

Welchen Einfluss hat der Faktor Mensch auf die Einschätzung?

Die Risikobewertung ist sowohl durch unsere Wahrnehmung als auch die Entscheidungssituation beeinflusst. So verzerren Erwartungen, Druck oder Wahrnehmungsfallen die Einschätzung der Gefahr oder der Konsequenzen bisweilen ungewollt. Es ist wichtig, sich dessen bewusst zu sein, und die Situation möglichst überlegt mit den nötigen Fakten und Hintergrundwissen zu beurteilen. Strategien im Umgang mit dem Faktor Mensch können helfen, das Ziehen voreiliger Schlüsse zu verhindern (siehe Kap. Faktor Mensch, S. 251, und Kap. Entscheiden und umsetzen, S. 267).

Wirkungsvolle Maßnahmen: Anhalten an sicherem Ort, steilste Stelle umgehen und einzeln abfahren.

3x3 – Anwendung RiskCheck-Konzept

Die Beurteilung des Lawinenrisikos auf einer Tour oder Freerideabfahrt beginnt zu Hause mit der Planung und endet draußen vor dem Einzelhang. Währenddessen müssen verschiedene Entscheidungen getroffen werden. Dabei ändern sich oft Fakten und Umstände, und es kommen neue Informationen dazu, die laufend zu berücksichtigen sind.

3x3: Beurteilungsschema von der Planung bis zum Einzelhang mit verschiedenen Entscheidungssituationen. Schlüsselstellen werden in der Planung und im Einzelhang mit dem RiskCheck beurteilt. Bei der Beurteilung vor Ort wird die Risikobeurteilung aus der Planung ggf. durch neue Informationen angepasst.

Das System »3x3« gibt dem Vorgehen und den verschiedenen Beurteilungs- und Entscheidungsprozessen einen Rahmen. Der Begriff »3x3« symbolisiert die Einordnung von Informationen und Beobachtungen in die drei Kategorien »Verhältnisse«, »Gelände« und »Mensch« in den drei Phasen »Planung«, »Beurteilung vor Ort« und »Einzelhang«. In jeder dieser Phasen werden Entscheidungen getroffen, oft an Schlüsselstellen, um risikoreiche Situationen zu verhindern. An diesen Schlüsselstellen wird das Lawinenrisiko mit dem RiskCheck beurteilt.

Während der Planung ist der Stellenwert des Lawinenbulletins (regionale Gefahrenstufe, Hinweise zu Gefahrenstellen, Lawinenprobleme und Beschreibung der Lawinengefahr) hoch, unterwegs werden aktuelle lokale Beobachtungen wichtiger. Bei der Beurteilung der Schlüsselstelle vor Ort (am Einzelhang) stehen vor allem die Schnee- und Lawinenverhältnisse im Hang und die spezifischen Geländeeigenschaften im Vordergrund. Bei allen Entscheidungen spielt auch der Faktor Mensch (siehe Kap. Faktor Mensch, S. 251) eine Rolle. Zur ganzheitlichen Beurteilung einer Tour werden demnach verschiedene Faktoren in Bezug auf Verhältnisse, Gelände und Mensch kombiniert.

Verhältnisse

In der Kategorie »Verhältnisse« schätzen wir in erster Linie die Schnee- und Lawinensituation ein, aber auch das Wetter und die Sicht sind wichtige Beurteilungskriterien. Bei schlechter Sicht sind weniger Beobachtungen möglich und die Orientierung wird schwieriger, was auch eine präzise Spuranlage erschwert. Bei Sturm und Kälte können neben der Lawinengefahr auch andere Gefahren wie Erfrierungen auftreten.

Gelände

Das Gelände beeinflusst einerseits die mögliche Auslösung von Lawinen (z. B. Hangneigung), andererseits auch deren Konsequenzen (z. B. Geländefallen). Je ungünstiger das Gelände, desto günstiger müssen die Verhältnisse (Lawinensituation und Sicht) sein. Um eine Route auszuwählen oder eine optimale Spur anzulegen, ist das Gelände unbedingt zu berücksichtigen.

Mensch

Die Auseinandersetzung mit dem Menschen findet auf verschiedenen Ebenen statt. So beeinflusst der Mensch im Wintersport abseits gesicherter Pisten meist beide Risikokomponenten: die Wahrscheinlichkeit einer Lawinenauslösung und deren Folgen. Zudem müssen wir weitere Aspekte wie Ausrüstung, Gruppenzusammensetzung, Organisation, Verfassung und verschiedene soziale Komponenten berücksichtigen. Nicht zuletzt werden unsere Entscheidungen durch innere und äußere Faktoren beeinflusst, zum Beispiel durch Wahrnehmung oder Gruppendruck (siehe Kap. Faktor Mensch, S. 251, und Kap. Entscheiden und umsetzen, S. 267).

Planung – Tourenziel mit Alternativen und Zeitplan

Bei der Tourenplanung sind wir größtenteils auf Fremdinformationen angewiesen (Lawinenbulletin, Wetterbericht, Karte), außer wir waren an den Vortagen schon im Gelände unterwegs. Um zu entscheiden, welche Tour möglich und sinnvoll ist, müssen wir zuerst Informationen zu Verhältnissen, Gelände und Mensch einholen. Danach planen wir die Tour – inklusive möglicher Alternativen – im Detail. Dabei gilt es, potenzielle Schlüsselstel-

KURZ UND KNAPP

- Das Ziel der Tourenplanung ist, potenzielle Probleme frühzeitig zu erkennen und zu vermeiden.
- Eine gute Tourenplanung ist die Basis für ein erfolgreiches Bergerlebnis.

Planung: Tourenziel mit Alternativen und Zeitplan festlegen, inkl. Risikobeurteilung von Schlüsselstellen. Diese wichtigen Punkte zu Verhältnissen, Gelände und Mensch sind zu beachten.

len zu erkennen und einer ersten Risikobeurteilung zu unterziehen. Am Schluss wird der Zeitaufwand berechnet und die nötige Ausrüstung geklärt.

Wichtig ist, dass das Tourenziel zu den Verhältnissen sowie den Bedürfnissen und der Zusammensetzung der Gruppe passt. Bei großen Unsicherheiten in der Planungsphase sollte das Tourenziel möglichst defensiv ausgewählt werden oder es müssen gute Alternativen vorhanden sein.

Information einholen – sinnvolle Tour auswählen

Zu Beginn der Tourenplanung holen wir möglichst viele Informationen über die Wetter- und Lawinenverhältnisse, das Gelände und die Gruppe ein. Je nach Erwartungen, Zielen, Wetter und Risikoüberlegungen wird eine geeignete Region beziehungsweise Tour ausgewählt.

Verhältnisse

Über die Verhältnisse geben die Wettervorhersagen und das Lawinenbulletin (siehe Kap. Lawinengefahrenstufen und Lawinenbulletin, S. 133) und mitunter auch Personen vor Ort Auskunft. Die wichtigsten Informationen, die wir für die Planung aus diesen Quellen sammeln, sind:

- Lawinengefahrenstufe, Gefahrenstellen, Lawinenproblem und Gefahrenbeschreibung
- Entwicklung der Lawinengefahr in den vergangenen Tagen (bisheriger Winterverlauf), Tendenz für die nächsten Tage

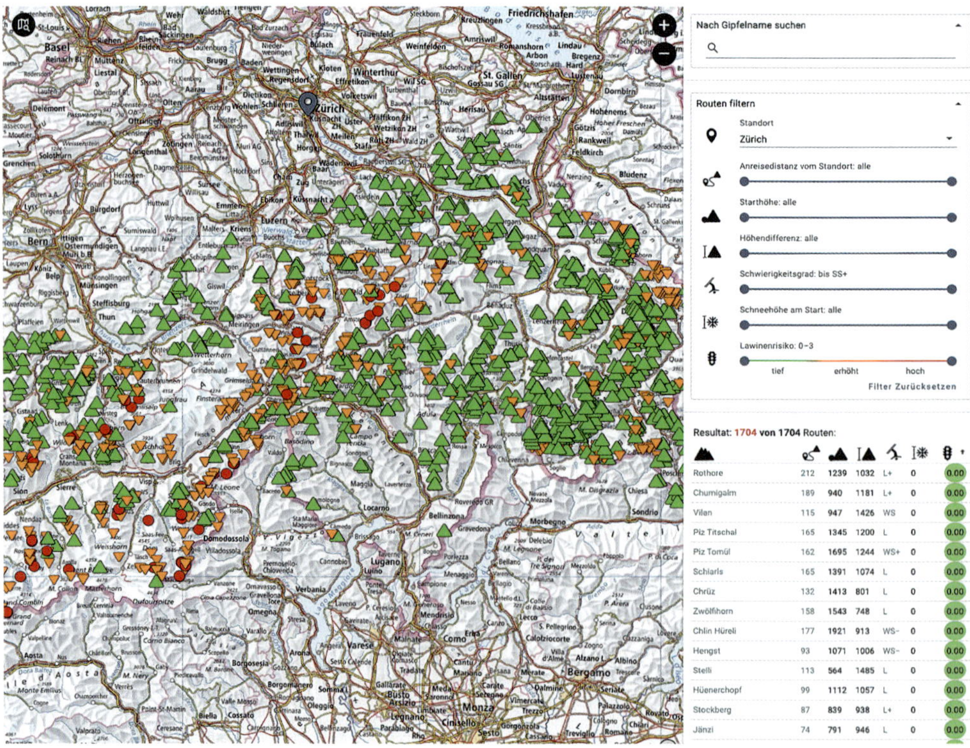

Die Plattform skitourenguru.ch erleichtert, eine der aktuellen Lawinensituation angepasste Tour zu finden.

- aktuelle Schneeprofile aus der Region
- Wetterlage, Wetter im Tourengebiet, Sichtverhältnisse (neblig, diffus, gut), Temperatur- und Windverhältnisse (Bei einem Föhnsturm ist es auch bei bester Sicht sehr ungemütlich!)

EXPERTENTIPP

Neben dem Lawinenbulletin bieten Schneehöhenkarten sowie Daten von automatischen Messstationen und Webcams oftmals wertvolle Zusatzinformationen. Eine weitere nützliche Planungshilfe ist der Wochenbericht des SLF (slf.ch) für die Schweizer Alpen oder der Blog der Lawinenwarndienste der Europaregion Tirol, Südtirol und Trentino (lawinen.report). Diese Berichte bieten eine gute Zusammenfassung des Wetter- und Lawinengeschehens der vergangenen Woche(n).
Einträge auf Community-Plattformen können ebenfalls Hinweise zu den Verhältnissen geben. Besonders bei diesen Einschätzungen ist zu beachten, dass diese recht subjektiv sein können.

Gelände

Die wichtigsten Geländeinformationen entnehmen wir topografischen Karten mit Hangneigungslayern sowie aus Skitourenführern und ergänzen diese durch eigene Geländekenntnisse oder durch Informationen von Dritten. Besonders hilfreich sind zudem spezifische Kartenlayer, die das potenzielle Lawinengelände abbilden – also typische Anrissgebiete und mögliche Lawinenauslaufbereiche sowie etwaige Konsequenzen (siehe Kap. Digitale Lawinengeländekarten, S. 196). Solche Kartenlayer sind beispielsweise auf der Website und App »White Risk« zu finden. Für weitere Plattformen mit digitalen Karten siehe QR-Code im Expertentipp.

Mensch

In der Planungsphase geht es bei der Beurteilung des Faktors Mensch in erster Linie darum, sich mit der Gruppenzusammensetzung, den Erwartungen der Gruppe an die Tour sowie der Ausrüstung auseinanderzusetzen. Dadurch können unangenehme Situationen und schwierige Entscheide auf der Tour verhindert werden. Mit großen Gruppen muss beispielsweise mehr Zeit eingerechnet werden und das Einhalten von Maßnahmen zur Risikoreduktion ist generell schwieriger. Auch die technischen und konditionellen Fähigkeiten jedes Einzelnen müssen berücksichtigt werden. Vielleicht gibt es diesbezüglich große Unterschiede oder es kommen Personen mit, die sich untereinander nicht kennen.
In der Planung sollten folgende Fragen geklärt werden:

- Wie viele Personen kommen mit?
- Welche Wünsche an die Tour und Erwartungen an die Tour bringen die Teilnehmerinnen und Teilnehmer mit?
- Entspricht die geplante Tour dem Können und der Verfassung aller?
- Wer trägt die Verantwortung?
- Welche Ausrüstung ist für diese Tour notwendig?

Tourenwahl

Es gibt verschiedene Möglichkeiten, Informationen zu Ski- oder Schneeschuhtouren zu erhalten. Neben den klassischen Skitourenführern sind besonders Websites hilfreich, auf denen sich Skitouren- und Schneeschuhtouren als Layer über Hangneigungskarten

KURZ UND KNAPP

Wichtige Punkte der Tourenplanung:
1. Informationen über Verhältnisse, Gelände und Mensch einholen
2. sinnvolle Tour auswählen (machbar/realistisch)
3. Tour in detaillierte Topokarte einzeichnen (am besten selbst!)
4. Schlüsselstellen erkennen und mit RiskCheck grob beurteilen
5. Entscheidungspunkte festlegen und Alternativen planen
6. Zeitaufwand berechnen, Fixzeiten bestimmen
7. Route nochmals im Kopf durchgehen

oder andere Kartengrundlagen legen lassen (z. B. *whiterisk.ch*, *map.geo.admin.ch*, *outdooractive.com* oder *skitourenguru.ch*). Auch bieten immer mehr Websites Touren mit GPS-Tracks an. Auf gewissen Seiten können Routen zudem nach Region, Länge, Schwierigkeit etc. gefiltert werden (z. B. *tourenportal.ch* oder *tourentipp.com*). Etwas weiter geht die Website *skitourenguru.ch*. Dort kann eine Tour ausgewählt werden, die der aktuellen Lawinensituation, gemäß Gefahrenprognose im Lawinenbulletin, angepasst ist.
Solche Plattformen sind für die Planung und Auswahl der Touren nützlich. Hat man sich für eine Tourenregion entschieden oder eine Handvoll Touren zur Auswahl, kann die Detailplanung beginnen.

Tour im Detail planen

Route einzeichnen

Der Routenverlauf der Tour sollte am besten gleich selbst auf der Karte eingezeichnet werden. Dafür eignen sich digitale Planungswebsites, die nebst Karten in verschiedenen Zoomstufen auch spezifische Layer wie Hangneigungsklassen, Skitouren- und Schneeschuhrouten oder – zum Freeriden – Skipisten darstellen und darauf ausgerichtete Zeichnungsmöglichkeiten bieten. Für die Planung mit analogen Karten empfiehlt es sich, Karten im Maßstab 1:25 000 zu verwenden. Skitourenkarten (1:50 000) sind als Übersichtskarten sehr gut geeignet, nicht jedoch zur detaillierten Tourenplanung. Vorgegebene Routen (auch auf digitalen Plattformen) sind oft generalisiert und zeigen nur einen groben Routenverlauf an, der nicht ohne zusätzliches Routenstudium direkt übernommen werden sollte.

EXPERTENTIPP

Tipps zum Routenzeichnen:
- bestehende Routen oder Tracks sollten nicht blind nachgezeichnet werden
- steilste Stellen beim Einzeichnen meiden
- Lawinengelände möglichst umgehen
- Route so zeichnen, dass Expositionszeit in Lawinengelände möglichst kurz ist
- Konsequenzen mitberücksichtigen
- Varianten überlegen und einzeichnen

Schlüsselstellen erkennen

Ein besonderes Augenmerk erfordern Stellen, die bezüglich Gelände und Lawinengefahr am kritischsten sind und als **Schlüsselstellen** bezeichnet werden. Dort gilt es, das Lawinenrisiko im Detail zu beurteilen. Entlang einer Route betrifft dies im Allgemeinen folgendes Gelände:
1. **Primär alle Hänge über 30 Grad Neigung** (Steilhänge)
2. Von dieser Regel können Hänge ausgeschlossen werden, die in der aktuellen Lawinensituation eindeutig als günstig einzuschätzen sind, z. B. weil sie im Wald

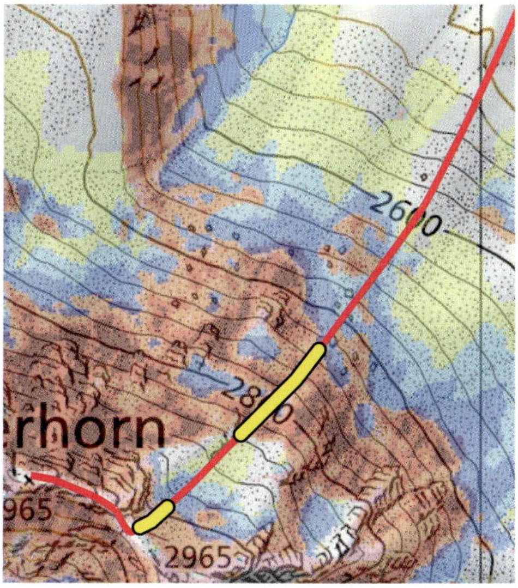

Bereiche einer Route (gelb markiert), die als Schlüsselstellen gelten

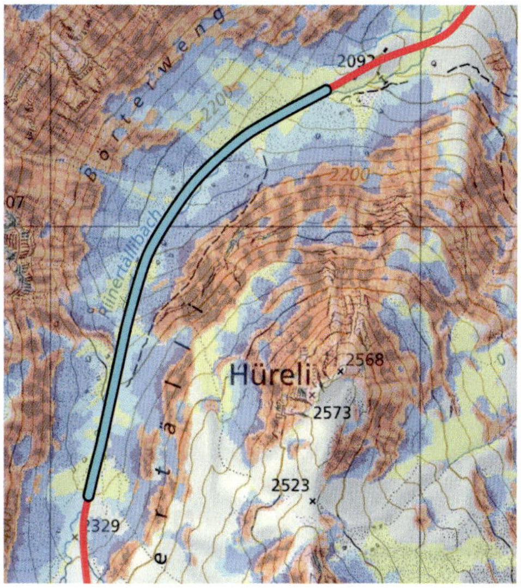

Sind spontane Lawinen oder Fernauslösungen möglich, gelten neben Steilhängen auch flachere Bereiche unterhalb oder sogar der ganze Auslaufbereich als Schlüsselstelle.

liegen oder die Lawinensituation dort gemäß Lawinenbulletin klar günstig ist, das heißt außerhalb der kritischen Expositionen und Höhenlagen.

3. Falls aufgrund der aktuellen Lawinensituation Fernauslösungen oder spontane Lawinen möglich sind, ist das Gelände unterhalb von Steilhängen bzw. der Auslaufbereich von mittleren oder sogar großen Lawinen ebenfalls als Schlüsselstelle in Betracht zu ziehen.

Hinweise zu 1:

- Bei Gefahrenstufe 1 und 2 (gering und mäßig), oft auch bei 3 (erheblich) beschränken sich Schlüsselstellen meist auf Gelände über 30 Grad.
- Als Faustregel gilt, dass der über 30 Grad steile Hangbereich mind. 20 m × 20 m groß sein muss; falls eine Erfassung fatale Konsequenzen hat, sind auch kleinere Hangbereiche zu berücksichtigen.
- Mittels Hangneigungskarten sind solche Stellen einfach zu erkennen.

KURZ UND KNAPP

Folgende Geländeeigenschaften erfordern immer eine besondere Aufmerksamkeit:

- große und gleichförmige oder leicht muldenförmige Steilhänge um 35 Grad oder steiler
- Hänge mit Geländefalle im Sturz- und/oder Auslaufbereich (hohe Verletzungs- bzw. Verschüttungsgefahr)

Hinweise zu 3:

- Fernauslösungen sind bei sehr schlechtem Schneedeckenaufbau in einer Altschneesituation oder kurz nach einem bedeutenden Schneefall zu erwarten.
- Spontane Lawinen sind bei viel Neuschnee (deutlich über der kritischen Neuschneemenge) oder bei einer akuten Nassschneesituation zu erwarten.
- Die Gefahrenstufe liegt dabei meist bei 3 oder 4 (erheblich oder groß), in Nassschneesituationen vereinzelt auch tiefer.

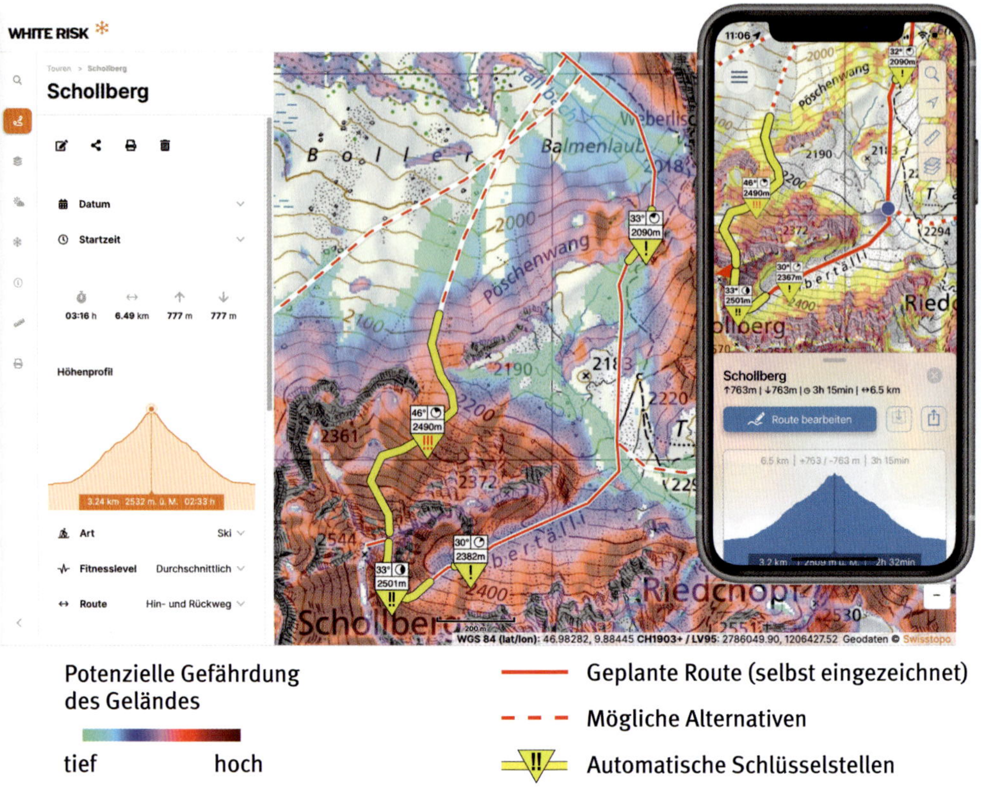

Beispiel einer mit der Plattform »White Risk« geplanten Tour mit Schlüsselstellen (gelb). Besonders einfach ist das Finden von Schlüsselstellen mit der automatischen Erkennungsfunktion. Der Kartenlayer im großen Bild zeigt die allgemeine Gefährdung durch Lawinen (ATH), beim Handy ist eine Hangneigungskarte dargestellt.

Die Route sollte selber auf der Karte eingezeichnet werden. Beispiel des Tourenplanungstools »White Risk« mit Austria-Karten.

EXPERTENTIPP

Zur Tourenplanung eignet sich das Modul »TOUR« der Lawinenpräventionsplattform »White Risk« (whiterisk.ch und App) ausgezeichnet. Die Routen lassen sich am Computer oder auf dem Smartphone mit genauen Basiskarten und diversen Layern zeichnen und können mit der automatischen Zeitberechnung in einer persönlichen Tourenbibliothek gespeichert werden.
Beim Einzeichnen der Route werden potenzielle Schlüsselstellen automatisch erkannt und hinsichtlich Auslösung und Konsequenzen eingestuft.
Neben den Routen können alle weiteren Planungsinformationen wie Teilnehmer, Verhältnisse, Wetter, Routenbeschreibung etc. zur Tour hinzugefügt werden.
Alle Informationen werden laufend synchronisiert und sind offline in der App verfügbar. Somit lassen sich Routen auch in abgelegenen Hütten ohne Internetverbindungen anpassen oder neu zeichnen.

› Mittels der Lawinengeländekarten CAT und ATH (siehe Kap. Digitale Lawinengeländekarten, S. 196) ist das Gelände, wo wir zusätzlich gefährdet sind, also Hangfußbereiche sowie Auslaufbereiche, auf der Karte einfach zu erkennen.

Sind die relevanten Schlüsselstellen definiert, können sie mit dem RiskCheck beurteilt werden (siehe S. 203). Dazu gehört auch das Festlegen von **Entscheidungspunkten** und **Alternativen**, falls sich die Schlüsselstelle vor Ort als zu riskant erweist oder zeitliche Engpässe entstehen. Bisweilen können Entscheidungspunkte auch bereits beim Start der Tour vorkommen, falls die Bedingungen da schon anders sind als erwartet. Dann muss vom Ausgangspunkt aus gegebenenfalls eine andere Tour in Betracht gezogen werden.

Aufstieg (Ski oder Schneeschuhe):
Pro Kilometer Distanz sowie für 100 Höhenmeter benötigen wir je ca. 1/4 Stunde.
Berechnung: Zeit (in Stunden) = (Höhendifferenz m / 100 + Horizontaldistanz km) / 4 Beispiel: Aufstieg 900 Höhenmeter, Distanz 5 km: (9 + 5) / 4 = 14 / 4 = 3 Std. 30 Min.
Abfahrt/Abstieg: Ski /Snowboard: ca. 1/3 der Aufstiegszeit Schneeschuhe: ca. 2/3 der Aufstiegszeit

Zeitberechnung

Zeitplan

Ist der Routenverlauf klar, gilt es, den für die geplante Tour nötigen Zeitbedarf abzuschätzen. Es müssen auch Pausen und genügend Zeitreserven mit Gruppen einkalkuliert werden. Zudem lohnt es sich zu überlegen, was zu tun ist, wenn die Zeit »davonrennt«. Die Zeitberechnung variiert je nach Schneeverhältnissen, Gruppenzusammensetzung und Kondition. Folgende Richtwerte geben jedoch einen Anhaltspunkt für die Zeitplanung.

Beurteilung von Schlüsselstellen in der Planung

Die Schlüsselstellen beurteilen wir bereits in der Planung mit dem RiskCheck, indem wir die Gefahr (Wahrscheinlichkeit einer Lawinenauslösung) und die Konsequenzen (Folgen einer Lawinenauslösung) anhand einfacher Kriterien abschätzen. Anhaltspunkte zur Beurteilung geben die Tabellen S. 209 für die Gefahr und S. 211 für die Konsequenzen. Eine erste grobe Beurteilung der Lawinenauslösewahrscheinlichkeit erfolgt anhand der Informationen aus dem Lawinenbulletin und der Hangneigung. Hierfür kann auch die grafische Reduktionsmethode (siehe Kap. Grafische Reduktionsmethode, S. 19) herangezogen werden. Die Konsequenzen schätzen wir in der Planungsphase aufgrund der Geländeeigenschaften aus der Karte ab, und zwar anhand von Hanggröße und -form in der Sturzbahn und im Auslauf.

Ist das Risiko bereits in der Planung zu hoch, sollte eine alternative Route oder eine andere Tour gewählt werden. Ist das Risiko weder hoch noch tief, lässt sich die Tour gegebenenfalls durchführen, wenn die Schlüsselstellen mit risikomindernden Maßnahmen begangen oder befahren werden können. Es sollte jedoch eine Alternative geplant werden, falls sich das Risiko vor Ort nicht genügend verringern lässt. Für eine sorgenfreie Tour ist es daher vorteilhaft, wenn die Risikoanalyse bereits in der Planung ein tiefes Risiko ergibt. Wenig Erfahrene sollten generell in diesem Bereich bleiben.

Eine detaillierte Beurteilung der Lawinenauslösewahrscheinlichkeit und der Konsequenzen ist erst vor Ort möglich, wenn die Schlüsselstelle einsehbar ist.

Beispiele

Im Folgenden wird der Gedankengang des RiskCheck-Konzepts zur groben Beurteilung von Schlüsselstellen in der Planung anhand einiger Beispiele erläutert. Dazu dienen Informationen aus je zwei Lawinenbulletins bei mäßiger und erheblicher Lawinengefahr (Bsp. 2a und 2b resp. 3a und 3b) sowie Kartenausschnitte mit Hangneigungen an Schlüsselstellen entlang verschieden eingefärbter Routen. Die Schlüsselstellen sind fett hervorgehoben.

Anhand der vier verschiedenen Lawinenbulletins können hinsichtlich der Lawinenauslösewahrscheinlichkeit und der Konsequenzen folgende grobe Annahmen getroffen werden (Abbildung S. 229):

Situation 2a: Die Auslösewahrscheinlichkeit für Lawinen ist im Allgemeinen als **tief bis eher tief** einzustufen. An höher gelegenen Nordhängen über 35 Grad kann die Auslösewahrscheinlichkeit etwas höher sein. Falls

KURZ UND KNAPP

Checkliste Tourenplanung

Gehe die ganze Route nochmals im Kopf durch und überlege dir, was alles schief gehen könnte.

- Der Routenverlauf ist mir klar und das Lawinenrisiko an den Schlüsselstellen ist akzeptabel.
- Ich habe Alternativen, falls meine Vorstellung nicht der Realität entspricht.
- Ich weiß, wo Entscheidungen zu fällen und welche Kriterien zu beachten sind.
- Mein Tourenplan ist realistisch (den Verhältnissen angepasst, Zeitplan mit Reserven, Können, Ausrüstung etc.)
- Ich habe die Tour auf Schwachstellen überprüft und ein gutes Gefühl.
- Die Erwartungen und Wünsche der Gruppe sind klar. Die Rollen sind geklärt. Die Gruppenmitglieder sind informiert und einverstanden.
- Alle sind entsprechend ausgerüstet.

Situation 2a: Mäßige Lawinengefahr, Altschnee, Nassschnee im Tagesverlauf

Mäßig, Stufe 2

Altschnee

Gefahrenstellen

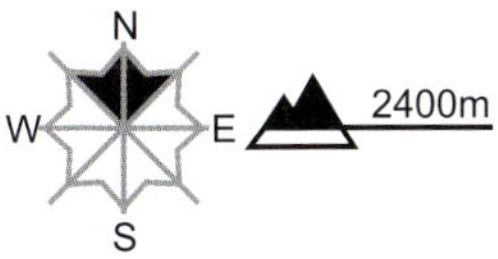

Gefahrenbeschreibung

Schwachschichten im oberen Teil der Schneedecke können besonders an sehr steilen Nordhängen noch vereinzelt ausgelöst werden. Lawinen können recht groß werden. Die Gefahrenstellen sind selten aber auch für Geübte kaum zu erkennen. Sehr steile, wenig befahrene Nordhänge sollten vorsichtig beurteilt werden.

Anstieg der Gefahr vor Nassschneelawinen im Tagesverlauf in den Expositionen Ost über Süd bis West unterhalb von rund 2800 m.

Situation 2b: Mäßige Lawinengefahr, Triebschnee

Mäßig, Stufe 2

Triebschnee

Gefahrenstellen

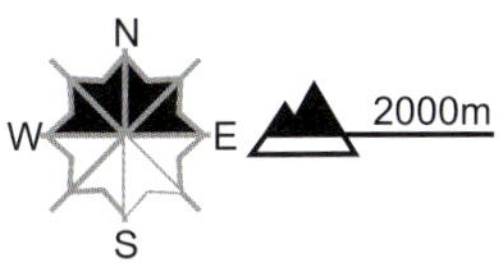

Gefahrenbeschreibung

Mit mäßigem bis starkem Südföhn entstehen Triebschneeansammlungen. Diese können vor allem an steilen Nordhängen stellenweise leicht ausgelöst werden. Lawinen können eine mittlere Größe erreichen. Touren erfordern eine vorsichtige Routenwahl. Die Triebschneeansammlungen sollten vor allem im sehr steilen Gelände umgangen werden.

Situation 3a: Erhebliche Lawinengefahr, Altschnee

Erheblich, Stufe 3

Altschnee

Gefahrenstellen

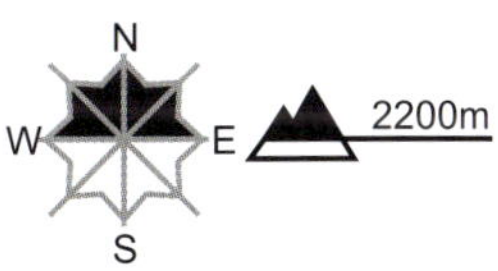

Gefahrenbeschreibung

Tiefer in der Schneedecke sind vor allem an Schattenhängen ausgeprägte Schwachschichten vorhanden. Lawinen können teilweise von einzelnen Wintersportlern ausgelöst werden und gefährlich groß werden. Die Gefahrenstellen sind schwer zu erkennen. Wummgeräusche können auf die Gefahr hinweisen.

Touren und Variantenabfahrten erfordern Erfahrung in der Beurteilung der Lawinengefahr.

Situation 3b: Erhebliche Lawinengefahr, Neuschnee

Erheblich, Stufe 3

Neuschnee

Gefahrenstellen

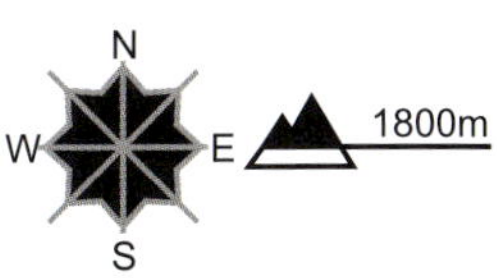

Gefahrenbeschreibung

Neu- und Triebschnee liegen auf einer ungünstigen Altschneeoberfläche. Einzelne spontane Lawinen sind weiterhin möglich. Einzelne Wintersportler können sehr leicht Lawinen auslösen. Lawinen können vereinzelt groß werden.

Touren und Variantenabfahrten erfordern Erfahrung in der Beurteilung der Lawinengefahr und Zurückhaltung.

Bulletin-Beispiele

ausgelöst, können Lawinen beachtliche Größen erreichen.

Situation 2b: Die Gefahr geht von frischem Triebschnee aus, der auslösefreudig sein kann. Dort, wo Triebschnee liegt, ist daher die Auslösewahrscheinlichkeit eher hoch, ansonsten tief. Triebschnee kann auch in den nicht explizit erwähnten Expositionen beziehungsweise Höhenlagen vorkommen. Es sind allgemein kleinere Triebschneeansammlungen zu erwarten. Da unklar ist, wo genau diese liegen, ist die Einschätzung der Lawinenauslösewahrscheinlichkeit in der Planungsphase **unsicher**.

Situation 3a: Der Schichtaufbau der Schneedecke ist insbesondere an den erwähnten Gefahrenstellen **ungünstig**. Da die Schwachschicht tiefer in der Schneedecke liegt, können Wintersportler kaum Brüche initiieren, am ehesten an Stellen mit wenig Schnee. Falls trotzdem eine Auslösung erfolgt, können jedoch große Lawinen entstehen, das heißt flächig im ganzen Steilhang mit beachtlicher Anrissmächtigkeit. Dies ist bei der Beurteilung der Konsequenzen bei Beispiel 3 zu berücksichtigen.

Situation 3b: Aufgrund der Gefahrenbeschreibung ist verbreitet mit einer ungünstigen Schneedecke und einem akuten Neuschneeproblem zu rechnen. Die Wahrscheinlichkeit für eine Lawinenauslösung ist allgemein als **hoch** einzustufen. Es können auch große Lawinen entstehen.
Für eine schnelle und einfache Beurteilung der Lawinenauslösewahrscheinlichkeit kann auch die grafische Reduktionsmethode GRM (siehe Kap. Grafische Reduktionsmethode, S. 19) herangezogen werden. Bei »orange« liegt die Einschätzung irgendwo dazwischen. Sie kann basierend auf der Gefahrenstufe und der Beschreibung noch angepasst werden: »orange« und Gefahrenstufe 2 -> »eher tief« respektive »orange« und Gefahrenstufe 3 -> »eher hoch«. Bei Gefahrenstufe 1 kann tiefe und bei Stufe 4 hohe Auslösewahrscheinlichkeit angenommen werden.

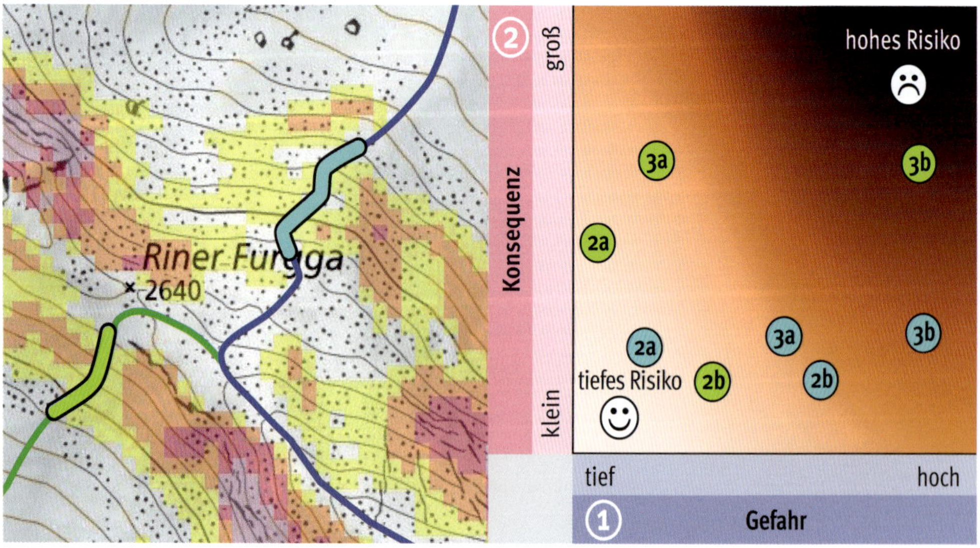

Beispiel 1: blaue und grüne Route. Links: Kartenausschnitt mit Schlüsselstellen. Rechts: Risiko an den Schlüsselstellen je nach Lawinenbulletin

Gefahr: tief **(2a)** - Gefahrenstufe: 2 - kurze Stellen > 30°, aber < 35°, leicht rückenförmig -> Tendenz hin zu tief - GRM: grün **Konsequenzen:** klein - steile Abschnitte entlang der Route sind klein und rückenförmig	**Gefahr:** eher hoch (unsicher, hängt vom Triebschnee ab) **(2b)** - Gefahrenstufe: 2 - Geeignete Stelle für Triebschneeablagerungen -> Tendenz hin zu hoch - Kurze Stellen > 30° aber < 35°, leicht rückenförmig -> Tendenz hin zu tief - GRM: grün-orange **Konsequenzen:** klein - Kleine Hänge und rückenförmig entlang der Route - Kleine Lawinen zu erwarten
Gefahr: mittel **(3a)** - Gefahrenstufe: 3 - ungünstige Schichtung -> Tendenz hin zu hoch - Schwachschicht tief -> Tendenz hin zu tief - kurze Stellen > 30°, aber < 35°, leicht rückenförmig -> Tendenz hin zu tief - GRM: orange **Konsequenzen:** klein - kleine Hänge und rückenförmig entlang der Route	**Gefahr:** hoch **(3b)** - Gefahrenstufe: 3 - akutes Lawinenproblem -> hoch - ungünstige Schneedecke -> Tendenz hin zu hoch - kurze Stellen > 30°, aber < 35°, leicht rückenförmig -> Tendenz hin zu tief - GRM: orange-rot **Konsequenzen:** klein - kleine Hänge und rückenförmig entlang der Route - größere Hänge sind links und rechts der Route
Gefahr: tief **(2a)** - Gefahrenstufe: 1 (außerhalb der Im Bulletin erwähnten Expositionen) - günstige Schneedecke -> Tendenz hin zu tief - GRM: grün **Konsequenzen:** mittel - beachtliche Hanggröße, jedoch auslaufend	**Gefahr:** eher tief **(2b)** - Gefahrenstufe: 1 (außerhalb der im Bulletin erwähnten Expositionen) - wenn Triebschnee vorhanden ->Tendenz hin zu hoch - GRM: grün-orange **Konsequenzen:** klein - es sind höchstens kleinere Triebschneeansammlungen zu erwarten
Gefahr: tief **(3a)** - Gefahrenstufe: 2 (außerhalb der im Bulletin erwähnten Expositionen) - Schneedecke eher günstig -> Tendenz hin zu tief - Schwachschicht tief -> Tendenz hin zu tief - GRM: grün-orange **Konsequenzen:** mittel-groß - beachtliche Hanggröße, jedoch auslaufend	**Gefahr:** hoch **(3b)** - Gefahrenstufe: 3 - akutes Lawinenproblem -> Tendenz hin zu hoch - ungünstige Schneedecke -> Tendenz hin zu hoch - GRM: orange bis rot **Konsequenzen:** mittel-groß - beachtliche Hanggröße, jedoch auslaufend

Anhaltspunkte zur Beurteilung von Beispiel 1 (blaue und grüne Route)

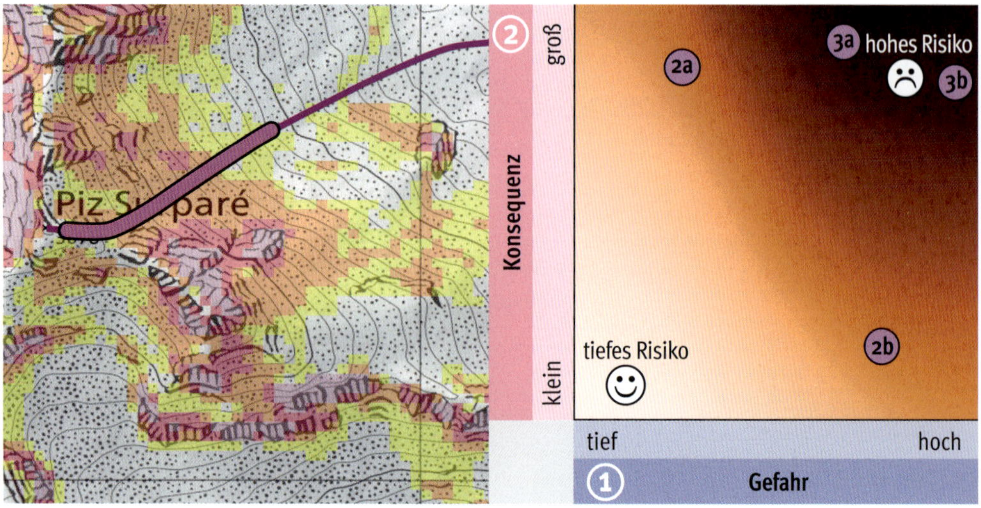

Beispiel 2: violette Route

Gefahr: eher tief (gewisse Unsicherheit betreffend wenig verbreiteten Schwachstellen) **2a**
- Gefahrenstufe: 2
- Hang entspricht den noch vereinzelt zu erwartenden Gefahrenstellen. Aus Gefahrenbeschreibung -> Tendenz hin zu tief
- GRM: orange

Konsequenzen: groß
- Hang ist groß und hat Potenzial für tiefe Verschüttung

Gefahr: eher hoch (unsicher, hängt vom Triebschnee ab) **2b**
- Gefahrenstufe: 2
- lokale leicht auslösbare Triebschneeansammlungen im Hang möglich -> Tendenz hin zu hoch
- GRM: orange

Konsequenzen: klein
- kleine Triebschneeansammlungen die nur kleinräumig und wenig mächtig zu erwarten sind und zu kleinen Lawinen führen
- keine Geländefallen

Gefahr: eher hoch **3a**
- Gefahrenstufe: 3
- ungünstige Schichtung -> Tendenz hin zu hoch
- Schwachschicht tief -> Tendenz hin zu tief
- GRM: rot

Konsequenzen: groß
- große Lawine und tiefe Verschüttung zu erwarten

Gefahr: hoch **3b**
- Gefahrenstufe: 3
- Akutes Lawinenproblem -> hoch
- Ungünstige Schneedecke -> Tendenz hin zu hoch
- GRM: rot

Konsequenzen: groß
- große Lawine und tiefe Verschüttung zu erwarten

Anhaltspunkte zur Beurteilung von Beispiel 2 (violette Route)

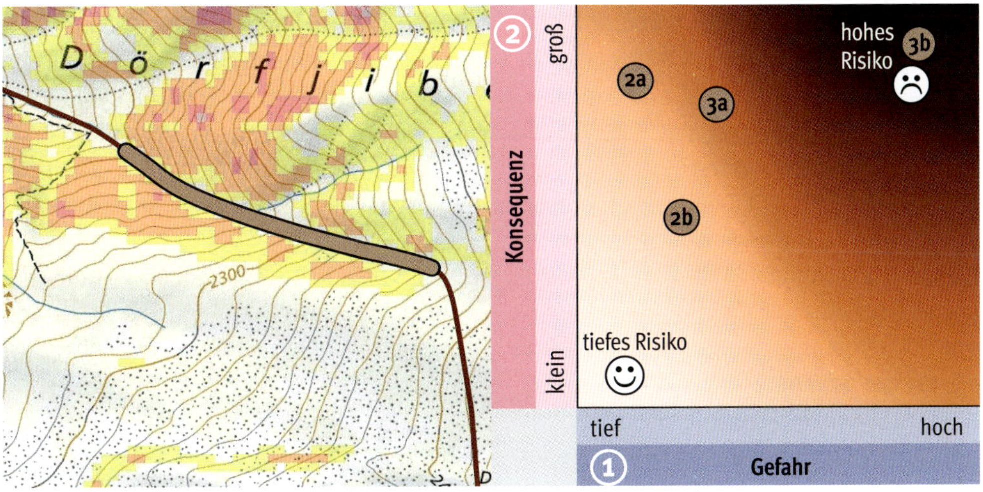

Beispiel 3: braune Route

2a

Gefahr: tief
- Gefahrenstufe: 1-2
  (leicht unterhalb der im Lawinenbulletin angegebenen Höhenlage)
- Fernauslösung am Hangfuß ist nicht zu erwarten
- Spur ‹ 30° -› Tendenz hin zu tief
- GRM: grün

Konsequenzen: groß
- Geländefalle mit großen Hängen oberhalb

2b

Gefahr: eher tief
- Gefahrenstufe: 2
- Fernauslösung am Hangfuß ist nicht zu erwarten
- Spur ‹ 30° -› Tendenz hin zu tief
- GRM: grün

Konsequenzen: mittel
- eher kleine bis mittlere Lawinen zu erwarten
- allenfalls möglich, Triebschneeansammlungen zu umgehen
- Geländefalle

3a

Gefahr: tief
- Gefahrenstufe: 3
- Fernauslösung am Hangfuß ist nicht zu erwarten
- Schwachschicht tief, insbesondere in der Mulde -› Tendenz hin zu tief
- Spur ‹ 30° -› Tendenz hin zu tief
- GRM: grün-orange

Konsequenzen: eher groß
- Relativ großer Hang
- Geländefalle mit Potenzial für tiefe Verschüttung
- Allenfalls möglich, in günstigere Exposition auszuweichen

3b

Gefahr: hoch
- Gefahrenstufe: 3
- akutes Lawinenproblem -› hoch
- ungünstige Schneedecke -› Tendenz hin zu hoch
- Fernauslösungen sind möglich
- GRM: rot

Konsequenzen: groß
- große Lawinen möglich
- tiefe Verschüttung ist anzunehmen
- keine Ausweichmöglichkeiten

Anhaltspunkte zur Beurteilung von Beispiel 3 (braune Route)

Beurteilung vor Ort – Beobachten während des ganzen Tages

Im Gelände angelangt, erfolgt als Erstes die Kontrolle des Lawinenverschüttetensuchgeräts (LVS) (siehe Kap. Funktionskontrolle des LVS, S. 302). Unterwegs gilt es, laufend anhand von eigenen Beobachtungen die Vorstellung der Lawinensituation zu verfeinern, die Tourenplanung zu überprüfen und die Route oder das Tourenziel, falls nötig, anzupassen. Neben der Neubeurteilung der Lawinen- und Wetterverhältnisse sind die Verfassung und Erwartungen der Teilnehmer erneut zu klären. So können zum Beispiel veränderte Sichtverhältnisse oder geringere Leistungsfähigkeit der Gruppenmitglieder veranlassen, die Planung zu revidieren.

Folgende Fragen sind bei der Beurteilung vor Ort von Bedeutung:

› Stimmen die Lawinen- und Wetterverhältnisse, das Gelände, das Können und die Verfassung der Teilnehmer mit den Annahmen aus der Tourenplanung überein, oder sind sie anders als erwartet?
› Was ist das Hauptproblem heute (Lawinenproblem, Wetter, Teilnehmer etc.)? Wie gravierend ist es? Wo ist es vorhanden?
› Welche Beobachtungen könnten für die Schlüsselstelle(n) relevant sein? Sind Schlüsselstellen bereits einsehbar?
› Sind Anpassungen bei der Risikobeurteilung der Schlüsselstellen gegenüber der Planung nötig?
› Ist die geplante Tour bei diesen Verhältnissen sinnvoll und mit dieser Gruppe machbar, oder gibt es bessere Alternativen?

KURZ UND KNAPP

Bei der Beurteilung vor Ort müssen wir laufend beobachten und mit den neuen Informationen die Planung anpassen.

Das Beobachten und Sammeln von Informationen geschieht kontinuierlich während des ganzen Tages. Unsere Fühler sind ständig aktiv. Eine Zusammenstellung zu wesentlichen Beobachtungen befindet sich in Kapitel Unterwegs beobachten, S. 153. Oft kommen lawinenrelevante Anzeichen erst ab einer gewissen Höhenlage vor.

Elemente zu Verhältnissen, Gelände und Mensch, die bei der Beurteilung vor Ort relevant sind

EXPERTENTIPP

Wichtige Verhaltensregeln zum Wildschutz

1. Beachte Wildruhezonen und Wildtierschutzgebiete: Wildtiere ziehen sich dorthin zurück. Wildruhezonen dürfen im Winter nicht oder nur auf ausgewiesenen Routen betreten werden.
2. Bleibe im Wald auf den markierten Routen und Wegen: So können sich die Wildtiere an den Wintersport gewöhnen.
3. Meide Waldränder und schneefreie Flächen: Sie sind die Lieblingsplätze der Wildtiere.
4. Führe Hunde an der Leine, insbesondere im Wald: Wildtiere flüchten vor frei laufenden Hunden.

Einzelhang – Risiko abschließend beurteilen

Erst am Einzelhang sehen wir, wie die in der Planung beurteilte Schlüsselstelle in der Realität aussieht. Zwar kennen wir die lokalen Verhältnisse unterdessen in etwa, aber im Einzelhang sieht es dennoch gelegentlich anders aus als erwartet. Manchmal bietet das Gelände mehr Möglichkeiten für eine optimale Spuranlage, als in der Planung ersichtlich war, oder die Schneeverhältnisse sind anders als angenommen. Vielleicht gibt es wider Erwarten bereits Spuren oder die kleine Mulde am Hangfuß war auf der Karte nicht erkennbar.

Auch wenn bei der Planung und der Beurteilung vor Ort eine Route als machbar eingeschätzt wurde, kann es an der Schlüsselstelle im Einzelhang immer wieder vorkommen, dass wir auf ein Weitergehen verzichten müssen. Wenn wir Alternativen geplant haben, fallen solche Entscheidungen weniger schwer.

KURZ UND KNAPP

Beim Einzelhang gilt es, an der Schlüsselstelle Gefahren und Konsequenzen nochmals zu beurteilen, risikomindernde Maßnahmen zu prüfen und das Risiko entsprechend neu zu bewerten – und schließlich überlegt zu entscheiden.

Hat man sich in der Tourenplanung bereits auf die möglichen Schlüsselstellen fokussiert und Alternativen bereitgelegt, lassen sich unangenehme Entscheidungssituationen vermeiden.

Vor einer Schlüsselstelle muss entschieden werden, ob der Hang begangen wird, oder ob eine Alternative mit tieferem Lawinenrisiko infrage kommt. Bevor der Hang betreten wird, muss zudem überlegt werden, ob und wenn ja, welche risikomindernden Maßnahmen zu ergreifen sind.

Verhältnisse	Gelände	Mensch
• Lawinenprobleme im Hang und wie akut sind sie? Oder ist die Lawinensituation günstig? • Sicht • häufig befahren • andere Gefahren (Gletscher, Wechte etc.)	• Steilheit • Exposition und Höhenlage (günstig / ungünstig) • Geländeform • Hanggröße • mögliche Konsequenzen / Geländefalle • Spuranlage	• Befindlichkeit (Gruppe, persönlich) • Fakten ↔ Gefühle • Taktik (Abstände, einzeln fahren, anhalten auf »sicheren Inseln«) • Kommunikation • Führung / Disziplin

Elemente zu Verhältnissen, Gelände und Mensch, die im Einzelhang zu beurteilen sind.

Beurteilung beim Einzelhang mit RiskCheck

Mit dem RiskCheck wird nun das Risiko an der Schlüsselstelle eingeschätzt. Wie bereits in der Planung werden die Gefahr (die Wahrscheinlichkeit einer Lawinenauslösung) und die Konsequenzen (die Folgen einer Lawinenauslösung) eingeschätzt und – unter Berücksichtigung möglicher risikomindernder Maßnahmen – das Risiko bewertet. Die Risikoanalyse aus der Planung dient als Basis und wird mit hangspezifischen Informationen zur Schneedecke und zum Gelände verfeinert. Auch die risikomindernden Maßnahmen können nun konkret berücksichtigt werden.

Gefahr: Wahrscheinlichkeit einer Lawinenauslösung

Da im Einzelhang die hangspezifischen Eigenschaften von Schneedecke und Gelände sowie die lokalen Beobachtungen in den Vordergrund rücken, liegt der Fokus dort auf den Prozessen der Lawinenbildung.
Anhand der vor Ort gemachten Beobachtungen und den Überlegungen zur Lawinensituation sowie der Schneeverteilung im Hang können wir abschätzen, wie die Schneedecke im Hang aufgebaut ist und ob sie zur Bruchinitiierung und Bruchausbreitung neigt. Detaillierte Beobachtungen zum Schneedeckenaufbau (siehe Kap. Beurteilung Schneedeckenstabilität, S. 175) können hilfreich sein.

Konsequenzen: Folgen einer Lawinenauslösung

Liegt der Hang vor uns, können wir die möglichen Konsequenzen einer Lawinenauslösung besser abschätzen als in der Planung. Insbesondere lassen sich Lawinengröße und Verletzungs- beziehungsweise Verschüttungsgefahr differenzierter beurteilen. Auch Feinheiten im Gelände werden besser erkannt, was eine bessere Routenwahl ermöglicht (z. B. Geländerücken, »sichere Inseln« zum Anhalten oder mögliche Fluchtwege).

Maßnahmen berücksichtigen und Risiko bewerten

Wir können nun im Detail beurteilen, wie wirksam risikomindernde Maßnahmen wären. Manchmal lässt sich die Spur im Gelände so anlegen, dass die Lawinenauslösewahrscheinlichkeit etwas reduziert wird und/

oder die Konsequenzen bei einer Erfassung kleiner sind (siehe Kap. Gelände und Spuranlage, S. 199). Mithilfe einfacher Verhaltensmaßnahmen wie Abstände oder einzeln Fahren ist es oft möglich, nur eine Person der Gefahr auszusetzen und somit die Konsequenzen nicht unnötig zu erhöhen. Besonders wirksam ist die Wahl von rückenartigem Gelände. Bisweilen lässt es das Gelände auch zu, die Spur – vor allem in der Abfahrt – so zu legen, dass wir an geschützten Orten anhalten und die Schlüsselstelle von »sicherer Insel« zu »sicherer Insel« passieren können. Eine Auflistung mit risikomindernden Maßnahmen ist in Kapitel Maßnahmen, S. 211, zu finden.

Erscheint uns das Risiko unter Berücksichtigung der Maßnahmen als akzeptabel, sollten wir noch kurz überlegen, wo Unsicherheiten bestehen, ob die Einschätzung ausreichend defensiv ist und ob das Risiko passt. Können wir diese Fragen mit »ja« beantworten, kommunizieren wir die Entscheidungen und die etwaigen Maßnahmen, bevor wir die Schlüsselstelle begehen (siehe Kap. Entscheiden und umsetzen, S. 267).

Die folgenden Beispiele illustrieren die Anwendung des RiskCheck:

Beispiel 1:

Einschätzung Gefahr: in der Mitte zwischen tief und hoch

- Neuschneeproblem zwei Tage alt, nicht akut, keine Alarmzeichen
- keine ausgeprägten Schwachschichten im Altschnee zu erwarten

Beispiel 1: Gefahr und Konsequenzen kombiniert ergeben unter Berücksichtigung der Maßnahmen (genügend Abstände) ein akzeptables Risiko. Weil oberhalb der Gruppe der Hang sehr variabel ist, können sich etwaige Brüche in dieser Lawinensituation kaum ausbreiten. Die Konsequenzen bleiben dadurch eher klein. Deshalb kann diese Schlüsselstelle begangen werden.

› unregelmäßige Schneedecke, Bruchausbreitung nach oben wenig wahrscheinlich

Einschätzung Konsequenzen: eher klein

› Der Hang unterhalb der Spur ist relativ klein.
› Die Spur ist oben am relevanten Hangbereich angelegt.
› Der Hang ist nach unten auslaufend.

Maßnahmen: mehrheitlich Verminderung der Konsequenzen

› Mit gebührendem Abstand zueinander sollte im Notfall möglichst nur eine Person erfasst werden, damit die restlichen Personen schnell zur Hilfe eilen könnten.

Risiko: zwischen tief und erhöht und je nach Gruppe akzeptabel

KURZ UND KNAPP

Zur Risikobeurteilung im Einzelhang müssen wir die Lawinenauslösewahrscheinlichkeit und die Konsequenzen anhand der lokalen Beobachtungen einschätzen. Oft können wir mit einer idealen Spuranlage und geschicktem Verhalten das Risiko verringern.

Merke:

› Bei größeren Unsicherheiten sollte man möglichst defensiv einschätzen.
› Hohe Motivation und Wünsche können die Einschätzung verzerren.
› Letztlich müssen wir entscheiden, ob das Risiko zu uns passt.

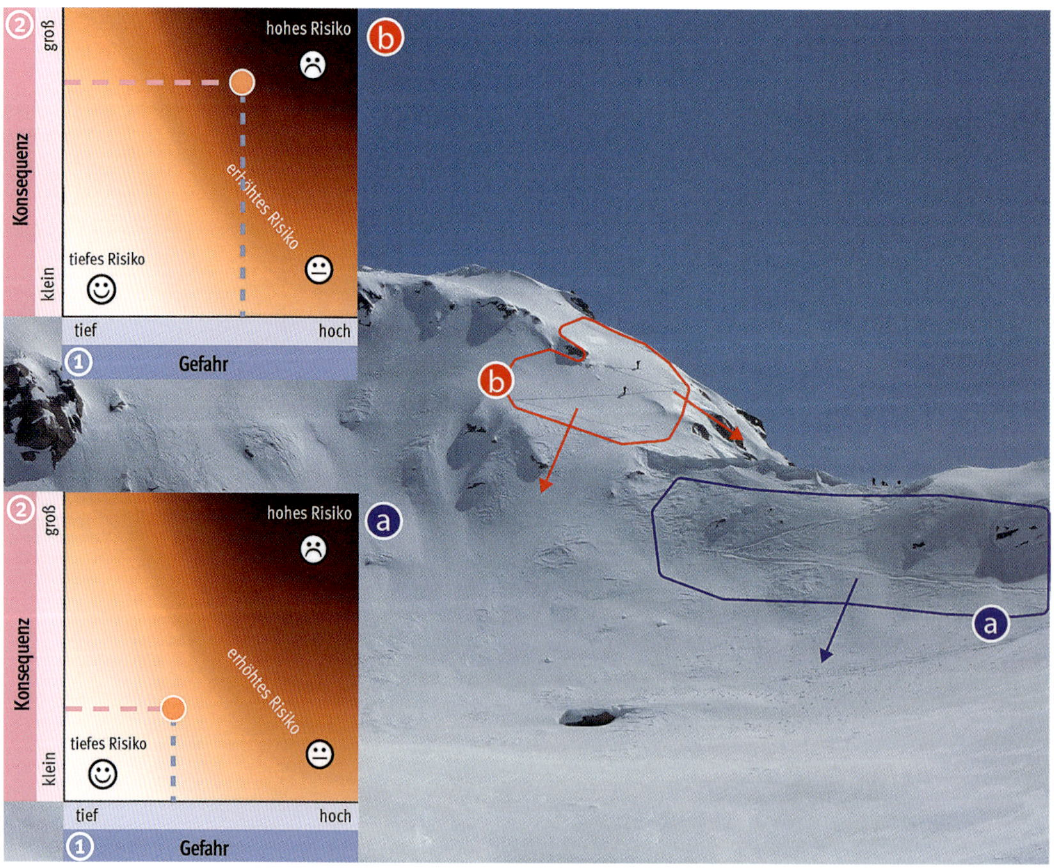

Beispiel 2: Zwei Schlüsselstellen a) und b), nahe beieinander, ähnlich steil und ähnlich groß, aber unterschiedliches Risiko

Beispiel 2: zwei Schlüsselstellen a) und b)
Allgemeine Situation: Altschneeproblem mit potenzieller Schwachschicht im oberen Meter der Schneedecke

Schlüsselstelle a)
Einschätzung Gefahr: eher tief
› Eine Bruchausbreitung über den ganzen Hang ist wenig wahrscheinlich, da die Schneeoberfläche sehr unregelmäßig, teilweise abgeblasen ist und alte Aufstiegsspuren vorhanden sind.

Konsequenzen: eher tief
› kleiner Hang
› kleine Lawine, wenn überhaupt
› Hang unten auslaufend

Risiko: eher tief und akzeptabel

EXPERTENTIPP

Strategien für eine gute Gruppenorganisation in der Abfahrt:
› Die verantwortliche Person der Gruppe wird in der Abfahrt nie überholt, und alle halten oberhalb von ihr an.
› Bei Schlüsselstellen wird möglichst an »sicheren Inseln« angehalten, um sich zu versammeln. Es wird jeweils der Korridor bestimmt, der im folgenden Abschnitt befahren werden darf. Die Abstände und die Anzahl der Personen, die sich gleichzeitig im Hang befinden dürfen, werden festgelegt und kommuniziert.
› Das Sammeln nach der Schlüsselstelle erfolgt außerhalb des potenziellen Lawinenauslaufbereiches.
› Eine Schlussperson wird bestimmt, die Gestürzten auf die Beine hilft und ggf. das Material wieder in Ordnung bringt. Sobald diese Person zur Gruppe kommt, wissen alle, dass die Gruppe vollzählig ist.

Schlüsselstelle b)
Einschätzung Gefahr: eher hoch
› homogene Schneedecke
› gleichförmiger Hang, steiler als 35 Grad

Konsequenzen: eher hoch
› Hang ist zwar klein, aber orografisch links besteht Absturzgefahr.

Maßnahmen: Das Risiko lässt sich mit Maßnahmen nicht wesentlich verringern.
Risiko: eher hoch, Verzicht und Alternativen berücksichtigen

Fallbeispiel zur Anwendung des RiskCheck

Wie das Risikomanagement mit dem RiskCheck-Konzept von der Planung bis zum Einzelhang abläuft, wird im Folgenden am Beispiel einer Skitour in den Glarner Alpen illustriert.

Planung

Eine Gruppe von sieben Personen (alle erfahrene Tourengeher) beabsichtigte, Ende Februar vom Fisetenpass auf den Gemsfairenstock zu steigen und danach auf der Südseite ostwärts ins Tal abzufahren (siehe Kartenausschnitt S. 240). Die Ausgangslage der Verhältnisse präsentierte sich wie folgt:
Lawinenbulletin (SLF):
› mäßige Lawinengefahr an Steilhängen aller Expositionen oberhalb von 1800 m, kein spezifisches Lawinenproblem erwähnt
› Beschreibung zur Lawinengefahr: »Zunehmend günstiger Schneedeckenaufbau. Lawinen können ganz vereinzelt noch durch Einzelpersonen ausgelöst werden. Lawinenauslösungen sind v. a. in den oberen Schichten der Schneedecke noch möglich.«

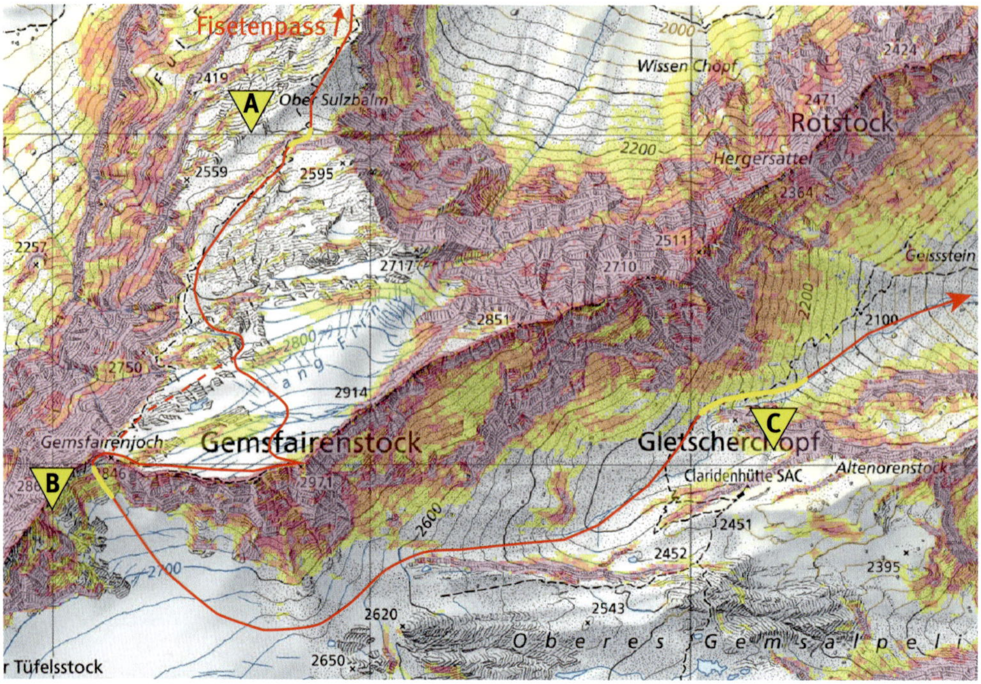

Hangneigungskarte der geplanten Tour mit den drei Schlüsselstellen A, B und C

Der geplante Gipfel in der Mitte des Bildes

› Letzter Schneefall vor vier Tagen mit 20–30 cm. Der Schnee ist aufgrund kalter Temperaturen (-13 °C auf 2000 m ü. M.) noch sehr locker und pulvrig.

Wetterbericht (Meteo Schweiz):
recht sonnig, Lufttemperatur auf 2000 m ü. M. -13 °C, Wind auf 2000 m ü. M. aus Süd, 10–15 km/h, und auf 3000 m ü. M. aus Süd, 20–30 km/h
Für die Risikobeurteilung waren insbesondere drei Schlüsselstellen relevant, die bezogen auf das Gelände sehr unterschiedlich sind.

Schlüsselstelle A:
Diese Schlüsselstelle besteht aus einer kurzen Steilstufe zwischen zwei Felsbändern. Der Steilhang läuft nach unten aus und auf dem Kartenbild sind keine Geländefallen auszumachen. Die Einfärbung der Hangneigungskarte entspricht verschiedenen Hangneigungsklassen, wobei die Abgrenzung zum Felsband nicht ersichtlich ist. Auf der Lawinengeländekarte CAT sind die Unterschiede zum Felsband klar erkennbar.

Gefahr: Wahrscheinlichkeit einer Auslösung
Grobe Beurteilung:
Aufgrund der Aussagen des Lawinenbulletins mit Gefahrenstufe 2 (mäßig) und ohne spezifische Hinweise auf Instabilitäten in der Schneedecke ist die Lawinensituation eher günstig. Der letzte Schneefall ist schon einige Tage her, das ehemalige Neuschneeproblem ist nicht mehr relevant und Hinweise für ein Altschneeproblem gibt es keine. Anhand des Wetterberichtes muss nicht mit einer markanten Änderung der Lawinensituation gerechnet werden. Die Gefahr wird daher als »eher tief« eingeschätzt.
Für die Anwendung der grafischen Reduktionsmethode wird der steilste Hangbereich von 20 Meter mal 20 Meter berücksichtigt. An dieser Stelle kann von rund 40 Grad Neigung ausgegangen werden, was einer Einschätzung im orangen Bereich der GRM entspricht und weder hohe noch tiefe Auslösewahrscheinlichkeit bedeutet.
In der Planung gibt es keine weiteren Hinweise, wie etwa zu Spuren oder Alarmzeichen. Insgesamt liegt die Einschätzung der Lawinenauslösewahrscheinlichkeit im unteren Bereich der Bandbreite, jedoch nicht ganz links bei »tief«.

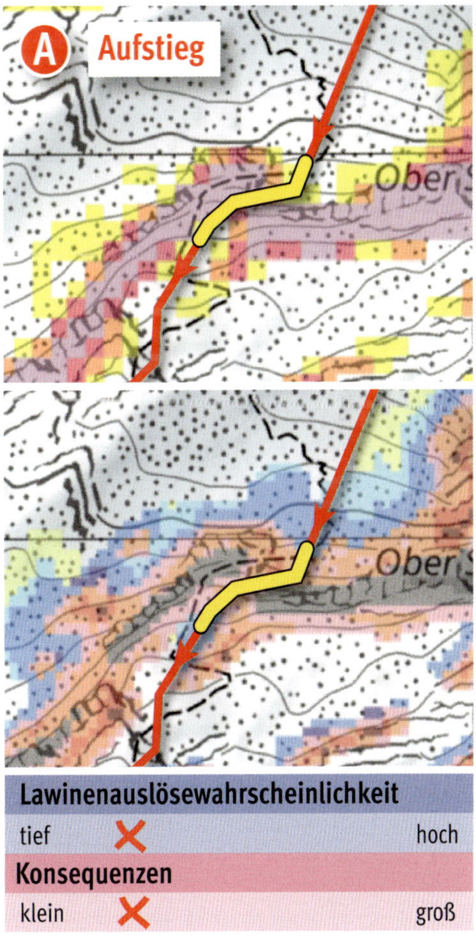

Einschätzung der Lawinenauslösewahrscheinlichkeit und der Konsequenzen an der Schlüsselstelle A in der Planung. Oben: Hangneigungskarte, unten: Lawinengeländekarte CAT

Konsequenzen: Folgen einer Lawinenauslösung

Der Hang ist eher klein und läuft nach unten aus. Es ist nicht mit großen Anrissmächtigkeiten zu rechnen und es würden sich höchstens kleinere Schneemassen in Bewegung setzen. Mit Maßnahmen – wie große Abstände und anhalten an sicheren Orten – kann verhindert werden, dass mehrere Personen erfasst würden. Fazit ist, dass die Konsequenzen »eher klein« sind.

Schlüsselstelle B:

Diese Schlüsselstelle hat typische Geländeeigenschaften eines Lawinenanrissgebiets (rund 35 Grad steil und gleichförmig).

Gefahr: Wahrscheinlichkeit einer Auslösung

Grobe Beurteilung:

Die Informationen aus dem Lawinenbulletin und die Überlegungen zum Schneedeckenaufbau sind dieselben wie bei Schlüsselstelle A. Auch die GRM liegt im orangenen Bereich. Die Gefahr wird also als »eher tief« eingeschätzt.

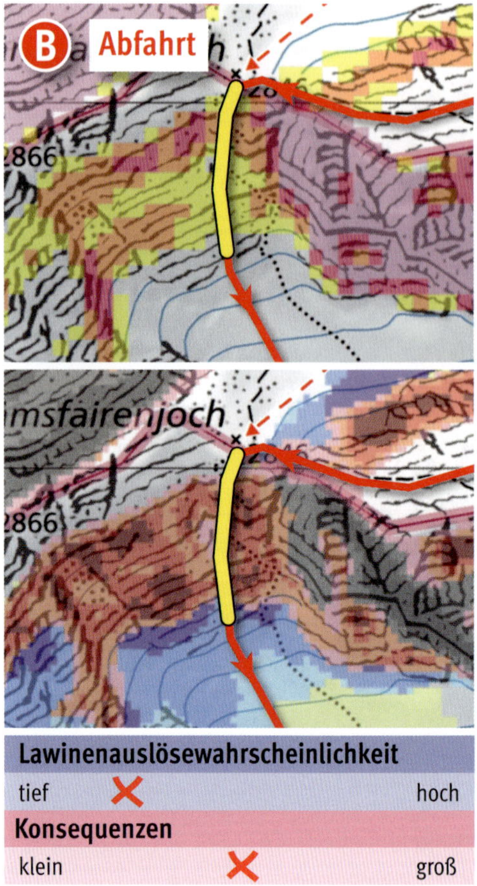

Einschätzung der Lawinenauslösewahrscheinlichkeit und der Konsequenzen an der Schlüsselstelle B in der Planung. Oben: Hangneigungskarte, unten: Lawinengeländekarte CAT

Hinweise im Lawinenbulletin und im Wetterbericht zum aktuellen Lawinenproblem sind ebenso wichtig wie die Gefahrenstufe.

Konsequenzen: Folgen einer Lawinenauslösung

Aufgrund der Hanggröße und der eher geringen möglichen Anrissmächtigkeit könnten Lawinen mittlere Größe erreichen. Der Hang ist unten auslaufend, sodass sich eine Ablagerung gleichmäßig verteilen würde. Eine Lawine würde kaum zu einer größeren Verschüttung führen. Die Konsequenzen sind etwa »mittel«.

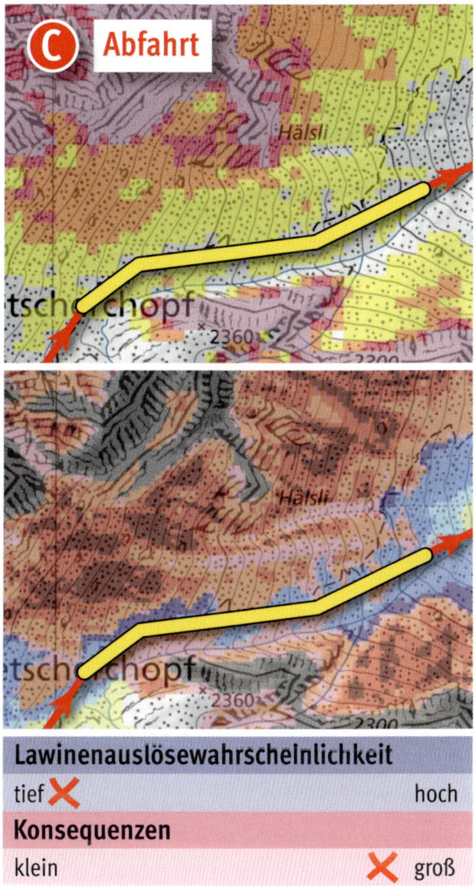

Einschätzung der Lawinenauslösewahrscheinlichkeit und der Konsequenzen an der Schlüsselstelle C in der Planung. Oben: Hangneigungskarte, unten: Lawinengeländekarte CAT.

Schlüsselstelle C:
Die optimale Route durch diese Schlüsselstelle ist kaum über 30 Grad steil. Sie führt jedoch entlang des Hangfußes eines großen und sehr steilen Hangs.

Gefahr: Wahrscheinlichkeit einer Auslösung
Grobe Beurteilung:
Auch an dieser Stelle gelten dieselben Informationen aus dem Lawinenbulletin und die Überlegungen zum Schneedeckenaufbau. Bei den zu erwartenden Verhältnissen ist eine Lawinenauslösung entlang der Ideallinie eher unwahrscheinlich, da das Gelände am potenziellen Auslöseort relativ flach ist und sich ein Bruch bis ins steilere Gelände ausbreiten müsste. Das Resultat aus der grafischen Reduktionsmethode ergibt »grün«. Die Lawinenauslösewahrscheinlichkeit (Gefahr) kann als »tief« eingestuft werden.

Konsequenzen: Folgen einer Lawinenauslösung
Der Hang, in dem sich eine Lawine lösen könnte, ist groß, der mögliche Anriss jedoch nicht allzu mächtig. Das Gelände unterhalb des Hanges ist stellenweise muldenförmig und ungünstig. Es könnte dort zu größeren Schneeablagerungen kommen, und eine Lawinenauslösung hätte ernsthafte Konsequenzen. Fazit ist, dass die Konsequenzen »groß« sind.

Lawinenrisiko für die Schlüsselstellen A, B und C in der Planung
Die Übertragung der eingeschätzten Gefahr und Konsequenzen in das RiskCheck-Schema ergibt bei allen Schlüsselstellen ein tiefes

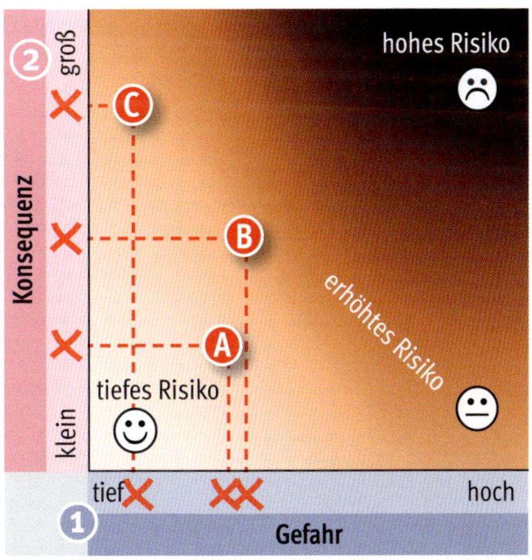

Risikoeinschätzung für die Schlüsselstellen A, B und C in der Planung

8.40 Uhr: Standort auf rund 2000 m ü. M. im Aufstieg. Schönes Wetter und lockere Schneeoberfläche mit Oberflächenreif versprechen einen wunderbaren Tourentag. Die in der Planung als eher günstig eingestufte Lawinensituation wird durch den ersten Eindruck bestätigt.

9:45 Uhr, ca. 2400 m ü. M.: In der Höhe wird der lockere Schnee verfrachtet. Es scheint sich frischer Triebschnee zu bilden.

oder leicht erhöhtes Risiko. Unter diesen Vorzeichen sollten die Schlüsselstellen machbar sein.

Beobachtungen unterwegs und Einzelhangbeurteilung

Erste Etappe bis zur Schlüsselstelle A
Beurteilung Schlüsselstelle A (9:50 Uhr):
Gefahr – Wahrscheinlichkeit einer Auslösung: eher hoch

Unmittelbar bei der ersten Schlüsselstelle (A) wird eine sehr kleine Schneebrettlawine (Triebschnee) von max. zehn Zentimeter Anrissmächtigkeit ausgelöst. Diese Lawine im frischen Triebschnee deutet unmissverständlich darauf hin, dass sich die Lawinensituation verschärft hat und die Auslösewahrscheinlichkeit zunimmt. Die Gefahr geht vom Triebschnee aus und lässt sich wie folgt detaillierter einschätzen:

Schlüsselstelle A um 9:50 Uhr

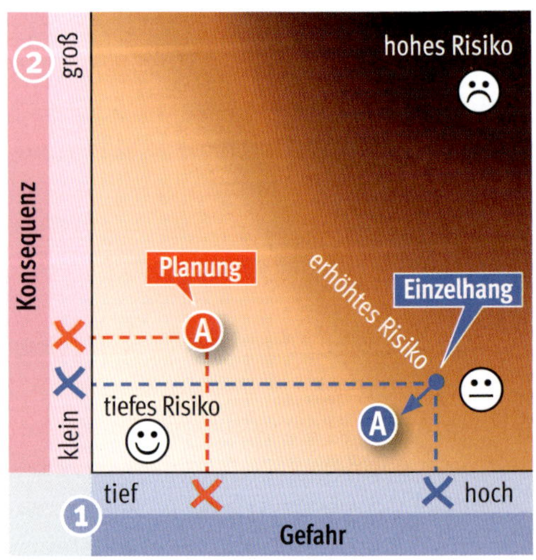

Neubeurteilung mit RiskCheck

11.15 Uhr, ca. 2850 m ü. M.: Der Wind nimmt zu. Die Schneeoberfläche ist nicht mehr locker, sondern besteht nun aus gebundenem Triebschnee, was sich an der geringeren Einsinktiefe zeigt.

11.30 Uhr, Gipfel Gemsfairenstock, 2970 m ü. M.: Über den hohen Gipfeln liegt eine Föhnwalze. Es herrscht starker Südwind.

Lässt sich ein Bruch initiieren (Schwachschicht)? Die zu Beginn der Tour beobachtete lockere Schneeoberfläche bildet eine ideale Schwachschicht. Ein kurzer Blick in die Schneedecke lässt unmittelbar unter dem frischen Triebschnee weichen und lockeren Schnee erkennen. Ein Bruch lässt sich leicht initiieren. Die Hangneigung von über 35 Grad begünstigt eine Auslösung.
Gibt es ein Schneebrett und unterstützt es die Bruchausbreitung? Der Triebschnee ist ein ideales Schneebrett. Je mehr Triebschnee vorhanden ist, umso besser unterstützt er die Bruchausbreitung. Bei nur zehn Zentimeter Triebschnee ist eine eher kleinflächige Bruchausbreitung zu erwarten. Stellen mit mehr Triebschnee sind zu meiden.

Konsequenzen – Folgen einer Lawinenauslösung: klein

Der Hang läuft unten aus, ist jedoch kleiner als erwartet, da er durch Felsen begrenzt ist. Der Triebschnee ist sehr geringmächtig und kommt nicht im ganzen Hang vor. Im Falle einer Auslösung wird nur wenig Schnee abgleiten. Die Konsequenzen sind etwas kleiner als in der Planung angenommen.

Maßnahmen:

Mit geschickter Routenwahl versucht die Gruppe, dem kleinräumig frischen Triebschnee auszuweichen. Durch die großen Abstände verhindern die Tourengeher zudem, dass mehrere Personen im kleinen Hang erfasst würden.

Risiko:

Das Risiko ist etwas höher einzuschätzen als in der Planung, aber für diese Gruppe noch akzeptabel.

Zweite Etappe bis zum Gipfel

Entscheidung am Gipfel:

Der günstige Eindruck der Lawinensituation vom Morgen muss während des Aufstiegs aufgrund folgender Beobachtungen revidiert werden:

- sichtbare Triebschneebildung in höheren Lagen
- Alarmzeichen: Auslösung einer kleinen Schneebrettlawine im frischen Triebschnee
- Veränderung des Schnees beim Spuren von locker zu brettartig
- in der Höhe deutlich mehr Wind als vom Wetterbericht angesagt

Schlüsselstelle B (Blick von unten)

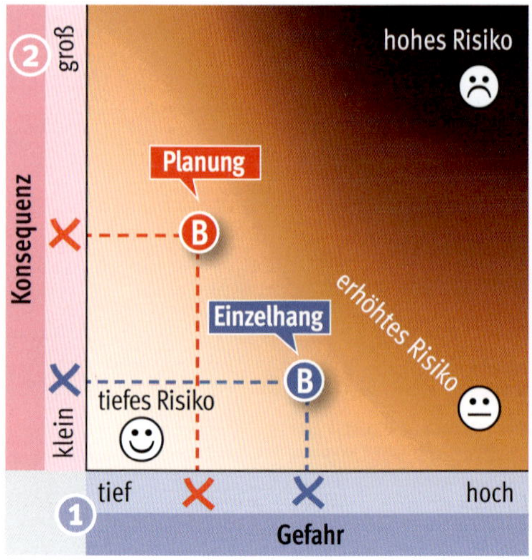

Neubeurteilung mit RiskCheck

Der lockere Schnee an der Oberfläche ist sehr leicht verfrachtbar und dort, wo die Oberfläche von frischem Triebschnee überlagert wird, entsteht eine auslösefreudige, ungünstige Schichtung der Schneedecke.

Die Gruppe muss entscheiden, ob die Abfahrt in Richtung Süden unter den neuen Umständen sinnvoll ist. Es stehen folgende Optionen offen:

1. Auf Überschreitung verzichten und entlang der Aufstiegsroute abfahren (bekannt und sicherste Variante)
2. Bis zur Schlüsselstelle B hinunterfahren und dort neu beurteilen. Es gibt dort eine gute Alternative, um ohne Gegenaufstieg zurück zur Aufstiegsroute zu queren.
3. Falls die Schlüsselstelle B passiert werden kann, folgt weiter unten noch Schlüsselstelle C. Wenn die Einzelhangbeurteilung von Schlüsselstelle C als zu riskant erscheint, besteht die einzig sinnvolle Alternative aus einem Wiederaufstieg entlang der Abfahrtsroute bis oberhalb von Schlüsselstelle B.

Die Gruppe entscheidet sich für Option 3 im Bewusstsein, dass der Druck für die Entscheidung an Schlüsselstelle C steigt und die Wahrnehmung mangels guter Alternativen verzerrt werden könnte (s. Kap. Entscheiden und umsetzen, S. 267). Es sind sich alle bewusst, dass eine Umkehr mit Wiederaufstieg unausweichlich wird, wenn an Schlüsselstelle C großflächig frischer Triebschnee vorhanden ist.

Dritte Etappe bis zur Schlüsselstelle B

Beurteilung Schlüsselstelle B:

Gefahr – Wahrscheinlichkeit einer Auslösung: Mittig zwischen tief und hoch

An Schlüsselstelle B ist auch kleinräumig wenig frischer Triebschnee vorhanden. Ein Großteil des lockeren Schnees wurde weggeweht. Die Schneeoberfläche ist durch typische Erosionsspuren geprägt. Dort, wo etwas Triebschnee vorhanden ist, können gegebenenfalls kleine Lawinen ausgelöst werden.

Lässt sich ein Bruch initiieren (Schwachschicht)? Auch hier gibt es eine lockere Schneeoberfläche, die vom Wind geprägt

wird. Es lassen sich wie bei Schlüsselstelle A Brüche leicht initiieren. Die Hangneigung von über 35 Grad begünstigt eine Auslösung. *Gibt es ein Schneebrett und unterstützt es die Bruchausbreitung?* Es gibt kaum größere zusammenhängende Flächen mit frischem Triebschnee. Zudem ist er nur geringmächtig. Eine großflächige Bruchausbreitung ist kaum möglich.
Die Auslösewahrscheinlichkeit ist etwas höher einzustufen als in der Planung.

Konsequenzen – Folgen einer Lawinenauslösung: klein
Eine Umgehung kleinerer Triebschneeansammlungen ist gut möglich. Die Konsequenzen sind deutlich kleiner als in der Planung gedacht, da eine Auslösung des ganzen Hanges sehr unwahrscheinlich ist.

Maßnahmen:
› bei der Spuranlage die kleinen Triebschneeansammlungen umgehen
› größere Abstände in der Abfahrt einnehmen

Risiko:
Das Risiko ist ähnlich wie in der Planung.

Vierte Etappe bis zur Schlüsselstelle C
Beurteilung Schlüsselstelle C:
Gefahr – Wahrscheinlichkeit einer Auslösung: eher hoch
Vor der Schlüsselstelle C entsteht durch die Belastung der Skifahrer ein Riss im frischen und gut gebundenen Triebschnee. Der Triebschnee ist mächtiger als bei den anderen Schlüsselstellen und flächig vorhanden.
Lässt sich ein Bruch initiieren (Schwachschicht)? Es ist von einer ähnlichen Schwachschicht wie bei den anderen Schlüsselstellen auszugehen. Die Rissbildung verdeutlicht, dass sich auch an dieser Stelle Brüche leicht initiieren lassen.
Gibt es ein Schneebrett und unterstützt es die Bruchausbreitung? Der genügend mächtige und flächige Triebschnee unterstützt die Bruchausbreitung optimal. Da der Triebschnee im ganzen Hang vorkommt, könnte

Rissbildung kurz vor Schlüsselstelle C

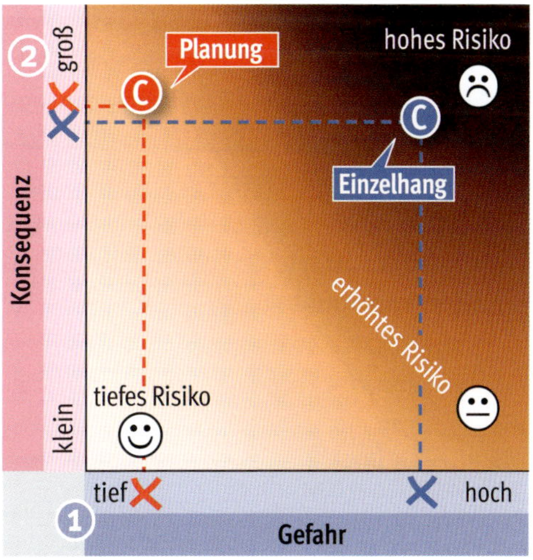

Neubeurteilung mit RiskCheck

15:00 Uhr: Auslösung einer Schneebrettlawine, die aufgrund des kleinen Hanges nicht richtig abgleitet. Die Anrissmächtigkeit beträgt ca. 50 cm.

sich ein Bruch auch großflächig ausbreiten. Obwohl das Gelände an der Schlüsselstelle C bei optimaler Spuranlage knapp 30 Grad steil und daher nicht ungünstig ist, muss mit einer relativ hohen Auslösewahrscheinlichkeit des frischen Triebschnees gerechnet werden. Bei dieser instabilen Schneedecke können sich Brüche in den ganzen Hang oberhalb der Route ausbreiten.

Konsequenzen – Folgen einer Lawinenauslösung: groß

Die Konsequenzen bleiben mehr oder weniger gleich, wie in der Planung erkannt. Es kann eine flächige Lawine entstehen und das Gelände unterhalb der Route ist ungünstig.

Risiko:

Das Risiko ist hoch und lässt sich mit Maßnahmen nicht ausreichend minimieren.
Es bleibt der Gruppe nichts anderes übrig, als die Alternative des Wiederaufstiegs zu wählen und danach zurück zum Ausgangspunkt der Tour abzufahren. Während der Abfahrt entlang der Aufstiegsroute löst sie nochmals eine Schneebrettlawine im frischen Triebschnee aus, diesmal von beachtlicher Größe. Zurück auf 2000 Meter über Meer liegt der Oberflächenreif nach wie vor unzerstört locker auf der Schneeoberfläche. Im Gegensatz zu den höheren Lagen hat sich die günstige Lawinensituation in dieser Höhenlage nicht verändert.

Tourenauswertung (Reflexion)

Ebenso wie eine gute Planung vor der Tour gehört auch eine Auswertung nach der Tour dazu. Nach jedem Touren- oder Freeride-Tag sollte das Erlebte rückblickend betrachtet werden mit der Frage: **»Was würde ich nächstes Mal anders machen?«** Auf diese Weise werden die Erlebnisse verarbeitet und in Erfahrung umgewandelt, die für die nächste Tour oder Variantenabfahrt nützlich ist.
Die Reflexion schließt den Bogen des 3x3-Beurteilungsrahmens. Sie kann ebenfalls in die drei Faktoren »Verhältnisse«, »Gelände« und »Mensch« aufgeteilt werden.

Verhältnisse

Die angetroffenen Verhältnisse mit den Vorhersagen zu Wetter und Lawinen vergleichen. Die Lawinensituation in den unterschiedlichen Höhenlagen und Expositionen im Nachhinein beschreiben. Welche Beobachtungen waren hilfreich? Wo gab es Unsicherheiten?

Gelände

Die Tour im Kopf nochmals durchgehen oder sogar auf der Karte einzeichnen. Wurde die Tour mit einem GPS aufgezeichnet, kann sie im Nachhinein mit der digitalen Planung verglichen werden. Gab es Abweichungen zur geplanten Route? Welche? Aus welchen Gründen wurde die Route geändert?

Mensch

Entsprach die Tour unseren Wünschen und Bedürfnissen? Fühlten wir uns wohl auf der Tour? Gab es hinsichtlich der Kommunikation Unklarheiten oder unangenehme Situationen?

Welche wichtigen Entscheidungen wurden getroffen? Waren sie im Nachhinein betrachtet richtig und erfolgten sie zum richtigen Zeitpunkt? Worauf basierten die Entscheidungen? Was würde ich nächstes Mal anders machen? Gab es Wahrnehmungsfallen?

KURZ UND KNAPP

Checkliste für die Tourenauswertung

1. Gab es Überraschungen? War etwas anders als erwartet bezüglich der Verhältnisse, Gelände und Mensch (Ich/Gruppe)?
2. Gab es gefährliche Situationen? Wären diese vorhersehbar gewesen oder hätte man sie vermeiden können?
3. Waren die getroffenen Entscheidungen im Nachhinein betrachtet richtig und erfolgten sie zur richtigen Zeit?
4. Was würde ich nächstes Mal anders machen?

Reflexion des Fallbeispiels

Die oben beschriebene Tour kann wie folgt reflektiert werden:

› Der unerwartete stürmische Wind war überraschend.
› Es entstanden gefährliche frische Triebschneeansammlungen, die frühzeitig erkannt und gemieden wurden.
› Die getroffenen Entscheide waren im Nachhinein betrachtet richtig und sie erfolgten zur richtigen Zeit.
› Für ein nächstes Mal könnte man sich überlegen, bereits beim Gipfel, also frühzeitiger, umzukehren, bevor sich gegebenenfalls noch mehr Triebschnee bildet.

Faktor Mensch

Das Lawinenrisiko lässt sich nicht messen, sondern nur indirekt – oftmals durch Interpretation – einschätzen (siehe Kap. Risikomanagement, S. 201). Dabei müssen Informationen gewonnen, verarbeitet, eingeschätzt, gewichtet und vernetzt werden, um darauf basierend entscheiden zu können. Diverse innere und äußere Faktoren (z.B. Bedürfnisse, Motive, Wohlbefinden, Motivation und Werte in der Gruppe, Wetter) beeinflussen uns mental bei all diesen Handlungen. Wenn wir eine Situation beurteilen, konstruieren wir uns ein Bild, das oft von unseren eigenen Wünschen und Vorstellungen beeinflusst ist. Das Bild hat zuweilen wenig mit der Realität zu tun, was zu Fehlern im Entscheidungsprozess führen kann. Fehlinterpretationen passieren mitunter auch sehr erfahrenen und mit der Örtlichkeit bestens vertrauten Berggängern. Die bekannte Aussage des Schweizer Alpinisten und Lawinenforschers André Roch bringt das treffend auf den Punkt: »Experte, pass auf! Die Lawine weiß nicht, dass du Experte bist.« Entsprechend wichtig ist es, dass wir uns der psychologischen Einflüsse auf unsere Wahrnehmung und unser Entscheidungsvermögen bewusst sind. Nur so können wir eigene Strategien entwickeln, um resistenter gegenüber diesen Einflüssen zu werden und möglichst objektiv entscheiden zu können.

Im Folgenden werden solche typischen »weichen« Faktoren vorgestellt. Das Kapitel Entscheiden und umsetzen, S. 267, beschreibt dann im Anschluss den gesamten Entscheidungsprozess.

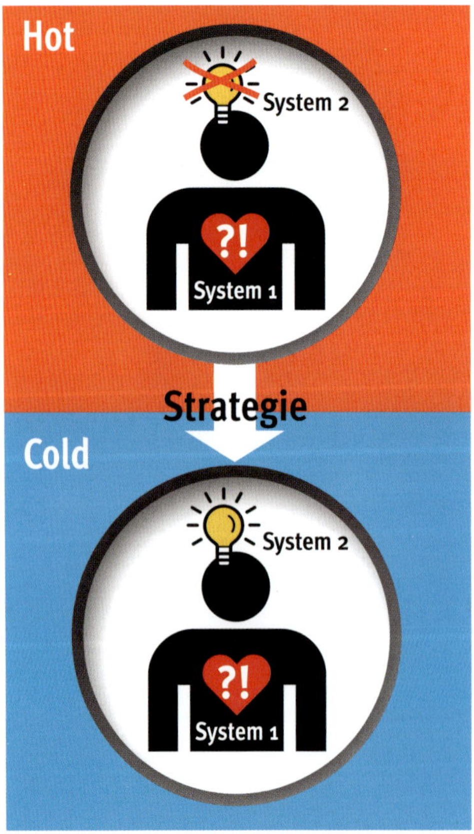

Die zwei Denksysteme 1 (schnell) und 2 (langsam) funktionieren je nach Gemütszustand nicht immer gleich. Ihr Zusammenspiel ist nur in »abgekühltem« Gemütszustand (»cold«) möglich.

Denkweisen

Psychologische Studien zeigen, dass wir uns oft intuitiv, mühelos und blitzschnell richtig entscheiden. Wenn die Situation jedoch komplex ist, wird dieses Entscheidungssystem fehleranfällig. Dann müssen wir Fakten heranziehen und Situationen möglichst überlegt einschätzen.

Zwei Denksysteme

Um die Komplexität der menschlichen Entscheidungsfindung zu verstehen, hilft die bekannte Theorie vom schnellen und langsamen Denken von Daniel Kahneman und Amos Tversky, auch bekannt als System 1 und System 2. System 1 arbeitet schnell und automatisch. Es beruht auf Intuition und Wiedererkennung von gemachten Erfahrungen und verfestigtem Wissen. Es nimmt Informationen wahr und verarbeitet sie unbewusst. Das Denken in **System 1** erfordert keine große Mühe. Beispielsweise erkennen wir sofort, wenn es viel Neuschnee hat, und schließen intuitiv daraus, dass die Lawinengefahr erhöht ist. Auch können erfahrene Personen während der Abfahrt in komplexem Lawinengelände die Route laufend optimieren, um das Lawinenrisiko zu minimieren.

System 2 dagegen arbeitet beschwerlicher und erfordert viel Konzentration. Es geht systematisch vor und verarbeitet Informationen mithilfe des logischen Denkens. Aus diesem Grund geschieht die Gefahrenanalyse inklusive der Überlegungen zu lawinenbildenden Prozessen vergleichsweise langsam und erfordert einen »kühlen« Kopf.

Beide Denksysteme ergänzen sich gegenseitig und arbeiten zusammen, um komplexe Probleme, wie Entscheidungen im Lawinengelände, effizient zu lösen. In einer Neuschneesituation beispielsweise interpretieren wir die Schneeeigenschaften beim Spuren intuitiv (System 1). Diese Information verknüpfen wir mit der messbaren Neuschneemenge und Überlegungen zur Altschneeoberfläche (System 2), um die Lawinenauslösewahrscheinlichkeit zu beurteilen.

Das Erlernen von wichtigen Zusammenhängen und logischen Denkweisen führt zu Automatismen, die sich mit der Zeit intuitiv abrufen lassen (System 2 kalibriert System 1).

Allerdings können in beiden Systemen Fehler auftreten. Bei System 1 verzerren bisweilen psychologische Einflüsse die Informationen, und System 2 kann unter Umständen wichtige Information nicht ausreichend verarbeiten, weil die Logik oder das Konzept fehlt.

In Risikosituationen beeinflussen Emotionen (z. B. Angst, Motivation, Vertrauen etc.) unsere Entscheidungsfindung – manchmal mehr, manchmal weniger, je nachdem, ob wir uns im Zustand »hot« oder »cold« befinden.

- Im Zustand »hot« basieren Entscheidungen stark auf Emotionen und Motivation. Wir entscheiden spontan und schnell; die Handlung erfolgt sozusagen im Affekt. Unser Denken reduziert sich im System 1. Im »heißen« Zustand ist die aktuelle Situation wichtig; der schnelle Gewinn steht im Vordergrund. Dominiert »heiß«, sind wir weniger fähig, verschiedene Faktoren miteinander zu kombinieren und analytisch zu denken. Wahrnehmungen werden zunehmend verzerrt und wir neigen zu einem Tunnelblick. In diesem Zustand treffen wir eher risikoreiche Entscheidungen.
- Im Zustand »cold« nehmen wir Informationen objektiv auf und können faktenbasiert überlegen; System 2 kommt zum Zug und wird aktiv. Wir berücksichtigen nun auch spätere Konsequenzen unserer Entscheidung. Erst im »kalten« Zustand können beide Denksysteme zusammenarbeiten, um rationale Entscheide zu fällen.

Faktoren wie Motivation oder Druck führen zu einem »heißen« Zustand und bergen die Gefahr eines vorschnellen Entschlusses durch System 1. Bei der Risikobeurteilung müssen wir daher lernen, unseren »heißen« Zustand zu erkennen und individuelle Strategien zu entwickeln, um in den »kalten« Zustand zu gelangen. Nur dann kommen beide Denksysteme (1 und 2) zum Zug – wir können Fakten objektiv miteinbeziehen und schließlich eine ausgewogene Entscheidung fällen. Mögliche Strategien werden im Kapitel Entscheidungshilfen, S. 277, erläutert.

Intuition (Bauchgefühl)

Eine enorme Stärke unseres Gehirns liegt in der **Wiedererkennung** von bekannten Merkmalen und dem Zusammenfügen von Informationen in ein Gesamtbild. In der Psychologie spricht man auch vom emotionalen Erfahrungsgedächtnis. Dieses unmittelbare Erfassen eines Sachverhalts – die Intuition – beruht auf Erfahrungen aus vergangenen Situationen, die vielleicht ähnlich ausgesehen, gerochen, getönt oder geschmeckt haben. Die Intuition, auch Bauchgefühl genannt, macht also anhand der persönlichen Geschichte einen Bezug zur aktuellen Situation. Der Zusammenhang kann blitzschnell abgerufen werden und bestimmt das Denksystem 1. Alle, die schon einmal mit einer Lawine konfrontiert waren, wissen, wie stark die Intuition von solchen Erlebnissen geprägt wird. Wer bei kritischen Lawinensituationen ausschließlich positive Erfahrungen im steilen Gelände gesammelt hat, wird wahrscheinlich andere Bilder abspeichern. Damit sind auch Stärken und Schwächen des Bauchgefühls offensichtlich. Man sollte sich deshalb nicht nur auf die eigene Erfahrung verlassen, sondern diese mit Fakten und Wissen kombinieren (Denksystem 2).

Je ausgeglichener und vielseitiger (negativ und positiv) die Erfahrungen in der Vergangenheit waren, desto differenzierter und passender ist das Bauchgefühl zur alpinen Realität. Intuition muss nicht ausschließlich durch eigene Erfahrung reifen, sie kann und soll auch anhand von Erfahrungen anderer und einfachen Zusammenhängen oder Faustregeln geschult werden. In diesem Sinne helfen beispielsweise die Lawinenprobleme, die typische Lawinensituationen beschreiben, den Fokus sogleich auf das Wesentliche zu lenken (siehe Kap. Lawinenprobleme, S. 91). Gut aufgearbeitete Lawinenunfallberichte sind ebenfalls wertvoll, um unseren Erfahrungsschatz mit ungünstigen Situationen anzureichern.

KURZ UND KNAPP

»Nur das Vertrauen auf unsere geschulte Intuition versetzt uns in die Lage, Entscheidungen in komplexen Situationen schnell und mit großer Genauigkeit zu treffen – ohne viele Daten kennen zu müssen.« (Gigerenzer)

Mit Reflexion trainieren wir unsere Intuition

Um vergangene Situationen besser wiederzuerkennen und das Erlebte auch als Erfahrung abspeichern zu können, hilft es, die durchgeführten Touren zu reflektieren. So genau und ausführlich wie die Tourenplanung sollten auch die Rückschau und die Reflexion sein (siehe Kap. Tourenauswertung, S. 248).

Die Erfahrung wächst mit der Verarbeitung des Erlebten. Wenn Erfahrung automatisiert und gefestigt ist, entwickelt sich die Intuition. Unerfahrene können kaum auf ihre Intuition zählen. Was im Alltag gut geht, kann im Gebirge gefährlich sein. Mit zunehmender Erfahrung steigt jedoch der Stellenwert der Intuition bei der Entscheidungsfindung.

KURZ UND KNAPP

Die Erfahrung wächst mit der Verarbeitung des Erlebten. Durch die bewusste Reflexion werden Erlebnisse verfestigt, damit ähnliche Situationen in Zukunft wiedererkannt werden. Die Intuition wird somit weiterentwickelt.

Selbst auferlegter Druck oder Druck der Gruppenmitglieder schränkt eine möglichst objektive Beurteilung ein.

Einflüsse von innen und außen

Verschiedene psychologische Einflüsse können dazu führen, dass wir Informationen falsch oder einseitig interpretieren und unser Denkvermögen eingeschränkt ist. Druck zum Beispiel – als einer dieser Einflüsse – kann entweder von einer Organisation oder einer Gruppe ausgeübt werden (von außen), oder wir bauen ihn selbst auf (von innen) – und beeinflussen so das Risikoverhalten. Genauso legen wir auch Werte und Standards entweder individuell oder in der Gruppe beziehungsweise in der Organisation fest.

Organisation

Jede Organisation, zum Beispiel Alpenverein, Bergsteiger- oder Skischule, beeinflusst – wenn auch oft unbewusst – das individuelle Risikoverhalten ihrer Mitglieder. Standards, Werte (z. B. »Unsere Organisation macht die besten Touren.«) und Ressourcen (z. B. »Wir machen die Touren bei jedem Wetter.«) können auf die Entscheidungsträger im Gelände, etwa den Tourenleiter, Druck erzeugen. Auch ambitiöse Tourenprogramme tragen dazu bei, risikoreicher unterwegs zu sein. Man möchte ja die Tourenziele in der vorgesehenen Zeit erreichen. Hotel und Hütte sind für die Gruppe reserviert und Anzahlungen verpflichten zusätzlich. Dies kann zum Beispiel dazu führen, dass man als Gruppe auf der bekannten Haute Route (Walliser Alpen) an einer sicheren Unterkunft vorbei ins Tal fährt, obwohl Lawinengefahr und Sicht bereits kritisch sind. Die ursprünglich geplante Etappe wird also ungeachtet der Verhältnisse durchgezogen, da das Hotel im Tal reserviert und vorausbezahlt wurde und man das Endziel Zermatt sonst nicht wie geplant Ende der Woche erreichen kann.

Verschiedene innere und äußere Faktoren beeinflussen unser Risikoverhalten.

Mit einigen organisatorischen Maßnahmen lassen sich der Druck und damit das Risiko reduzieren, zum Beispiel durch:

› Regeln und Checklisten
› Sicherheitsstandards in der Organisation: z. B. eine gute Planung vor der Tour und eine detaillierte Reflexion nach der Tour sind Standard,
› frühzeitige Information über evtl. Änderungen im Programm und mögliche Alternativen
› Kommunikation und Sensibilisierung für Werte und Standards der Organisation. Das darf durchaus auch humorvoll sein: »Wir sind zwar jung und unverwundbar, aber für diesen Powder im Götterhimmel zu landen, scheint mir doch nicht so attraktiv.«

KURZ UND KNAPP

Offene Kommunikation über Standards und Werte in der Organisation reduzieren den Druck und das Risiko.

Gruppe

In jeder Gruppe entstehen Dynamiken, die sich auf das Risikoverhalten auswirken. Dies muss nicht von vornherein negativ sein. Dominante Personen beeinflussen, unabhängig von ihrer fachlichen Kompetenz, die Gruppe stärker als zurückhaltende Personen. Wenn die Rollen der Gruppenmitglieder klar definiert sind, entstehen weniger Missverständnisse: Wer trägt die Verantwortung?
Die Ziele, Wünsche und Bedürfnisse aller Gruppenmitglieder müssen abgesprochen

und bekannt sein. Transparente Kommunikation trägt viel zu einem guten Gruppenklima bei und reduziert oft den Druck auf den Verantwortlichen. Vielleicht will die Gruppe gar nicht in erster Linie auf den Gipfel oder die steilen Hänge fahren. Vielleicht wollen sie in der Natur sein, die Sonne und den schönen Pulverschnee genießen und vor allem gesund nach Hause kommen. Vielleicht sind die Teilnehmer zufriedener, wenn sie zweimal durch den Pulverschnee im Wald abfahren, anstatt sich durch den Triebschnee in der Gipfelregion kämpfen zu müssen.

Es lohnt sich, Gruppenstandards und Werte vor jeder Tour festzulegen, sich zum Beispiel zu fragen: »Was ist uns heute wichtig, der Gipfel oder das Skifahren?« Auf diese Weise können Druck abgebaut und das Risikoverhalten positiv beeinflusst werden.

Für die Verantwortlichen ist auch immer wichtig zu wissen: »Akzeptieren die Gruppenmitglieder meine Entscheidungen oder tragen sie Mitverantwortung und äußern sich bei ungutem Gefühl?« Die Tour oder Variantenabfahrt muss so gewählt werden, dass auch unvorhergesehene Zwischenfälle zu keinem großen Risiko führen. Kennt sich die Gruppe noch nicht, ist dies besonders zu beachten. Eine andere Dynamik kann beispielsweise entstehen, wenn sich zwischen ambitionierten Gruppen von Freeridern ein Wettbewerb entwickelt und sie sich gegenseitig zu übertrumpfen versuchen. Ist zudem die eigene Motivation ebenso hoch, gilt es vorsichtig zu sein.

KURZ UND KNAPP

Der Dialog über Gruppenstandards und Werte beeinflusst das Risikoverhalten der Gruppe meistens positiv.

EXPERTENTIPP

Als Gruppencheck-Tool dient die von Benjamin Zweifel erarbeitete Gedankenstütze »SOCIAL« zum Erkennen von möglichen gruppenbezogenen Risikofaktoren.

Skills	Passt die Schwierigkeit der Tour zum Können und der Größe der Gruppe?
Organisation	Gruppenzusammensetzung und Rollen klären.
Communication	Offen und klar kommunizieren, bei Unklarheiten nachfragen.
Identification	Erwartungen klären und Alternativen diskutieren.
Anomalies	Würde man allein genauso entscheiden?
Leadership	Druck präventiv abbauen, mögliche Probleme ansprechen.

Individuum

Neben den äußeren Einflüssen von Organisationen oder Gruppen spielen die individuellen Werte, Bedürfnisse und Voraussetzungen eine entscheidende Rolle für das Risikoverhalten. Was ist mir im Moment wichtig, was ist mir langfristig wichtig? Warum mache ich diese Skitour? Suche ich die physische Aktivität in einem möglichst entspannten Rahmen oder liebe ich die Herausforderung, die Spannung und ab und zu ein bisschen Adrenalin?

Äußere Einflüsse wie Sonnenschein, Pulverschnee oder eine gute Gruppenzusammensetzung motivieren uns und können unser Risikoverhalten beeinflussen. Glücksgefühle, der Wunsch, den Gipfel unbedingt zu erreichen, die einmalige Gelegenheit, einen unverspurten Hang zu fahren oder die Meinung:

»Was andere können, kann oder möchte ich auch«, verleiten schnell dazu, ein erhöhtes Risiko einzugehen.

Oft ist der Druck, den man sich selbst aufbaut, größer als der Druck, der (direkt) von außen (der Organisation oder der Gruppe) kommt. »Ich möchte etwas bieten oder eine tolle Abfahrt erleben. Es wird schon klappen.« Oft glaubt man zu wissen, dass die anderen Gruppenmitglieder unbedingt auf den Gipfel oder sehr steile Hänge fahren wollen. Die Gruppenmitglieder zollen der Bergführerin oder dem Tourenleiter ihre Anerkennung, zum Beispiel mit Aussagen wie: »Du bist super. Du findest immer eine großartige Abfahrt.« Diesem Bild möchten die Verantwortlichen immer wieder (auch unbewusst) gerecht werden. Solche inneren Einflüsse können unser Risikoverhalten verändern und uns daran hindern, objektiv zu entscheiden. Zu viel Lockerheit, geringe Aufmerksamkeit oder zu großes Vertrauen in bereits gefällte Entschlüsse bewirken einen niedrigen Leistungszustand, ebenso Stress, Panik oder Euphorie. Wenn wir unsere Motivation und den aktuellen Leistungszustand kennen, entscheiden wir besser. Um sich seines Leistungszustandes zu vergewissern, eignet sich die »Bändel 1+«-Methode. Dabei symbolisiert ein Textilband den aktuellen mentalen und physischen Zustand des Anwenders anhand von Knoten auf einer Skala von eins bis zehn. Danach folgt die Frage: Was kann ich machen, um den Knoten einen Punkt in der Skala nach oben zu bringen (»1+«)?

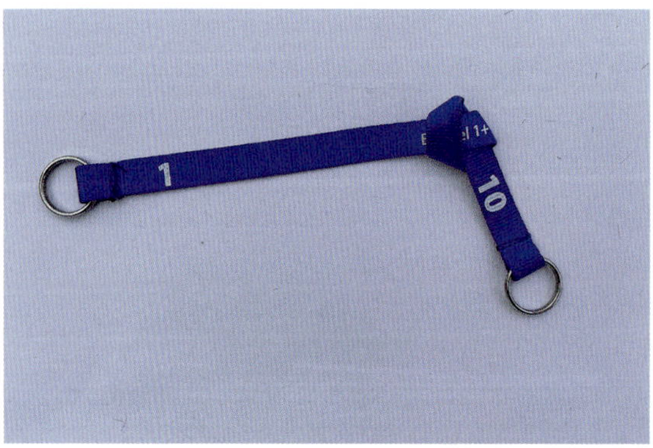

Der Knoten im Band symbolisiert unseren Leistungszustand. Wir versuchen, den Knoten (Leistungszustand) um einen Punkt Richtung zehn zu verschieben, deshalb die Bezeichnung »Bändel 1+«.

Die Ziele der Methode sind Folgende:

- Der Anwender lernt, seine verschiedenen Leistungszustände, insbesondere aber seinen optimalen Zustand einzuschätzen.
- Der Anwender entwickelt Strategien, um in seinen optimalen Leistungszustand zu kommen.
- Der Anwender wird vor jeder Entscheidungssituation durch den Knoten im Bändel daran erinnert, zunächst seinen Zustand (kognitiv, emotional, physisch) einzuschätzen und zu optimieren.

KURZ UND KNAPP

- Die Wahrnehmung wird durch Motivation, Wünsche, bereits getroffene Entscheidungen und ähnlichem stark beeinflusst.
- Sich der eigenen Motivation und des aktuellen Leistungszustandes bewusst zu sein, hilft bei schwierigen Entscheidungen.

Typische Sinnestäuschungen

Unsere Sinne können bei der Interpretation von Information getäuscht werden. Im Lawinengelände sind folgende Fehlinterpretationen typisch:

- Die Steilheit eines Hanges wird aus der Sicht von oben, vom Hangfuß aus und generell an Sonnenhängen eher unterschätzt. Aus der frontalen Ansicht erscheint ein Hang steiler, als er in Wirklichkeit ist.

Große Gruppen and andere Menschen im Gelände beeinflussen unsere Wahrnehmung.

- Je tiefer wir mit den Skiern einsinken, desto mehr unterschätzen wir die Steilheit.
- Die Steilheit kleiner Hänge wird unterschätzt, jene großer Hänge überschätzt.
- Bei stürmischen Winden überhören wir Wumm-Geräusche.
- Harter Schnee wirkt sicherer als weicher Schnee.
- Bei schlechter Sicht ist es schwierig, das Gelände einzuschätzen und eine optimale Spur zu legen.

Wahrnehmungsfallen

Der Entscheidungsprozess beginnt mit der Wahrnehmung: Wir müssen die relevanten Faktoren erkennen und richtig interpretieren. Dabei können Wahrnehmungsfallen zu falschen Deutungen führen. Ian McCammon hat verschiedene solcher Fallen definiert und eine große Zahl von Lawinenunfällen im Hinblick darauf analysiert. Seine Untersuchung zeigt, dass vor den meisten Lawinenunfällen die Bedingungen für eine oder mehrere Wahrnehmungsfallen gegeben waren.

Viele Menschen/große Gruppen

Wenn im Gelände viele Leute unterwegs sind, gibt uns dies ein Gefühl der Sicherheit. Wir bringen dabei die Personenanzahl automatisch mit vermeintlich guten Verhältnissen in Verbindung, ohne dass wir uns im Detail mit der Lawinensituation auseinandersetzen.

Eine große Gruppe vermittelt ein Gefühl der Geborgenheit. Weil sich die einzelnen Personen dadurch weniger exponiert fühlen, neigen große Gruppen dazu, ein größeres Risiko einzugehen (»Risky-Shift«-Effekt).

Gleichzeitig steigt bei großen Gruppen das Risiko noch zusätzlich:

› In der Schneedecke werden mehr Stellen belastet und damit nimmt die Chance für eine Lawinenauslösung zu.
› Die Wahrscheinlichkeit wird größer, dass jemand stürzt und die Schneedecke stark belastet.
› Mehr Leute setzen sich der Gefahr aus.
› Eine große Gruppe ist träge und kann so weniger gut auf Unvorhergesehenes reagieren.

KURZ UND KNAPP

Große Gruppen und besonders auch andere Gruppen, die ebenfalls unterwegs sind, können ein falsches Sicherheitsgefühl vermitteln. Hier hilft die Frage: »Wie würde ich handeln, wenn ich allein hier wäre?«.

Festlegung/Wunschdenken/ Zielorientiertheit

Abmachungen und bestimmte Vorstellungen – zum Beispiel der Wunsch, ein Ziel unbedingt zu erreichen (z. B. mehrtägige Touren von Hütte zu Hütte) oder das Programm konsequent durchzuziehen (Pflichterfüllung) – führen zu Festlegung und Wunschdenken.

Solche Spuren nach krönender Abfahrt zu hinterlassen, wünscht sich jeder. Dieser exklusive Wunsch beeinflusst die Entscheidfindung.

Ein Pulverschneehang lädt ein, befahren zu werden. Während der Aufstieg defensiv gewählt wird, lockt in der Abfahrt oft die offensive Alternative.

Wir nehmen nur das wahr, was wir erwarten und wahrnehmen wollen. Wir tendieren dazu, Informationen zugunsten einer vorgefassten Meinung zu filtern. Kritische Veränderungen versuchen wir herunterzuspielen, negative Faktoren blenden wir aus.

KURZ UND KNAPP

»When the facts change, it's time to change your mind.« (John Maynard Keynes)

Vertrautheit

Falls wir eine Tour gut kennen, gibt uns dies Sicherheit und verleitet uns dazu, ein höheres Risiko einzugehen: »Hier habe ich noch nie eine Lawine gesehen« oder »Das letzte Mal ist es auch gut gegangen«.

KURZ UND KNAPP

»Es ist schwieriger, eine vorgefasste Meinung zu zertrümmern als ein Atom.« (Albert Einstein)

Bei Entscheidungen in vertrautem Gelände neigen wir dazu, uns von vergangenem Verhalten in bekannter Umgebung verleiten zu lassen. Wir werden für unerwartete Veränderungen unaufmerksam. Wir vergessen, dass sich in jedem schneebedeckten Hang über 30 Grad Steilheit eine Lawine lösen kann.

KURZ UND KNAPP

Sich »Zuhause« zu fühlen, schaltet womöglich eine wichtige Alarmglocke aus.

Was ist mir/uns heute wichtig?

Viele Wiederholungen führen zu Routinefehlern. Den Hausberg kennen wir wie unsere eigene Hosentasche und kehren nicht gerne um. Kritische Verhältnisse übersehen wir leicht.

Negativer Lerneffekt

Jede Tour und jede Abfahrt ohne Lawinenauslösung sind grundsätzlich positiv. Leider wissen wir nie, wie nahe wir an einer Lawinenauslösung vorbeigeschrammt sind. Wenn wir ein erhöhtes Risiko eingehen, schnappt die Falle längst nicht immer zu. Lawinen sind selten. Nur weil nichts passiert ist, können wir daraus nicht schließen, dass kein erhöhtes Risiko bestand. Auf jeden Fall speichern wir die Erlebnisse als positiv ab und neigen dazu, das nächste Mal gleich oder gar noch etwas risikoreicher zu handeln: »Es ist das letzte Mal auch gut gegangen« oder »Wir machen diese Abfahrt, die war letztes Jahr super.«. Sehr anschaulich lässt sich dies erleben, wenn man oft im pistennahen Gelände unterwegs ist und dann wieder ins freie Gelände wechselt. Plötzlich fehlt das warnende Gefühl in steilen Hängen mit viel Neuschnee.

KURZ UND KNAPP

Was letztes Mal gut gegangen ist, muss nicht jedes Mal gut gehen!

Exklusivität

Ein Pulverschneehang ohne Spuren reizt zum Befahren. Wer will nicht der Erste sein? Als Tourenleiter oder Bergführer möchte man den Teilnehmern ein exklusives Erlebnis bieten. Die Gelegenheit ist kurz und selten. Wenn ich nicht fahre, fährt bald jemand anders. Die Euphorie, etwas Exklusives zu unternehmen, hindert uns, die Situation sauber zu beurteilen.

Soziale Anerkennung

Wir Menschen sind soziale Wesen und handeln gerne so, dass wir Anerkennung dafür erhalten. Die Bewunderung von Freunden oder Teilnehmern über das Geleistete (z. B. das »Wow« am Montag beim Arbeitsplatz in der Kaffeepause oder das Leuchten in den Augen der Gäste) befriedigt uns. Die Anerkennung spornt uns an, es beim nächsten Mal gleichzutun oder noch ein bisschen mehr Risiko einzugehen. Gleichzeitig kann unser Handeln auch Ansporn sein für Nachahmer: »Was der kann, kann ich auch!«.

In einer Gruppe kann die Angst vor Anerkennungsverlust zu falschen Entscheidungen führen. Dieses Phänomen tritt besonders häufig in gemischt-geschlechtlichen Gruppen auf.

Blindes Vertrauen

Die Einschätzung anderer Personen oder die Gefahrenbeschreibung im Lawinenbulletin geben uns wertvolle Hinweise für die Tourenplanung. Solche Hinweise sollten jedoch kritisch überprüft werden. Blind auf Fremdinformationen zu vertrauen heißt, eine Gefahrensituation unvollständig zu beurteilen. Vor allem auch Toureneinträge auf Community-Plattformen von Personen, die man nicht kennt, sollten kritisch hinterfragt werden.

Ein Beispiel: Am 13. April 2010 wurde auf einer einschlägigen Website die Tour auf den Hausstock (Glarner Alpen) durch die Nordostwand beschrieben und mit folgenden Aussagen bewertet: ». . . Abfahrt: NE-Wand

Hausstock-Nordostwand bei unterdurchschnittlicher Schneelage. Die roten Kreise markieren Personen oder Personengruppen, insgesamt sind es 17 Personen.

Könnte ich einer Wahrnehmungsfalle ausgesetzt sein?

gesetzter Pulver, keine Steine, super zum Fahren . . . Tendenz: Die Verhältnisse gestern waren sehr gut.«
Am 17. April war eine rekordverdächtige Anzahl von 17 Personen in der Hausstock-Nordostwand unterwegs. Die Schneeverhältnisse für diese schwierige Tour waren gemäß Einschätzung der Einheimischen für den Aufstieg durchschnittlich, für die Abfahrt aufgrund des relativ wenigen Schnees sogar unterdurchschnittlich. Es lässt vermuten, dass sich viele Leute durch die Angaben im Internet dazu verleiten ließen, diese Tour zu unternehmen.

Kommunikation

Kommunikation ist ein wichtiges Werkzeug für Tourengeher. Damit lassen sich sowohl die inneren und äußeren Einflüsse besser steuern als auch Entscheidungen begründen und umsetzen.
Kommunikation findet auch statt, wenn niemand spricht, zum Beispiel durch Gestik und Mimik. Wie vorher beschrieben, kann Druck von außen oder innen entstehen. Oft ist dies auf mangelnde oder falsch interpretierte, nonverbale Kommunikation zurückzuführen. Fehlende oder schlechte Kommunikation ist eine Fehlerquelle und kann zu Druck, Fehlinterpretationen und letztlich Fehlverhalten führen.
Kommunikation in der Gruppe ist das Mittel, Wünsche und Bedürfnisse kennenzulernen und Ziele und Maßnahmen zu besprechen. Vor der Tour braucht es Informationen für die Vorbereitung, zum Programm, den Anforderungen und zur Ausrüstung. Länge und Schwierigkeiten der Tour, das erwartete Wetter und die voraussichtlichen Verhältnisse,

der Zeitplan, Umkehrpunkte und mögliche Varianten sollten kommuniziert und besprochen werden. Wer frühzeitig über mögliche Änderungen oder Alternativen zum geplanten Programm informiert, reduziert den Druck seitens der Teilnehmer und schürt weniger falsche Erwartungen. Dadurch sind spätere Entscheidungen leichter zu fällen.

Am Morgen vor dem Tourstart ist Kommunikation ebenfalls wichtig. Mit den Fragen »Was ist das Tagesziel heute? Was ist heute für euch das Wichtigste?« können wir die Wünsche und Erwartungen besser einschätzen und dabei die Werte der Gruppe ansprechen. Offene, transparente Kommunikation ist die Basis für ein gutes Gruppenklima und reduziert den Druck auf die verantwortlichen Personen. Auch kritische Bemerkungen müssen erlaubt sein. Unterwegs sollte man ein gutes Kommunikationsmaß ausloten. Zu viel Kommunikation kann auch zu Missverständnissen führen. Entschlüsse und Maßnahmen müssen wir klar und unmissverständlich mitteilen. Wenn wir zum Beispiel einen Hang einzeln befahren wollen, muss dies jedem Gruppenmitglied klar sein. Es können auch Regeln abgemacht werden, wie »Wenn ich mit dem Stock winke, kann der nächste kommen.«

KURZ UND KNAPP

Strategien, um die Kommunikation zu verbessern:

- frühzeitig offen und ehrlich kommunizieren
- Feedback einholen: Haben alle die Anweisungen verstanden, werden sie auch eingehalten?
- allenfalls Kommunikationsregeln einführen

Kommunikation in der Gruppe zum weiteren Vorgehen

Entscheiden und umsetzen

In Zusammenarbeit mit Markus Müller und Roman Cortesi

Die Gruppe entdeckt Triebschneebildung in Kammlagen, ebenso eine frische Schneebrettlawine. Es steht nur noch ein kurzer, steiler Hangbereich bis zum Gipfelaufstieg bevor. Das geht schon! Oder doch lieber nicht? Ein Vorgehen mit System und einfachen Konzepten, die neben Fakten auch menschliche Faktoren berücksichtigen, führt zu guten ausgewogenen Entscheidungen.

Stellen wir uns vor, es gibt 30 Zentimeter Neuschnee und das Lawinenbulletin prognostiziert eine erhebliche Lawinengefahr. Eine Person – nennen wir sie Fred – steht mit drei Kollegen oberhalb eines relativ großen, gleichmäßigen Hangs mit rund 35 Grad Neigung; der Hang ist unverspurt. Einerseits weckt diese Situation die Freude nach exklusivem, frischem Powder, andererseits ist schnell zu erkennen, dass die Lawinengefahr aufgrund des Neuschnees angestiegen ist. Sollen die vier nun die Abfahrt wagen? Als Fred das letzte Mal hier stand, gab es gleich viel Neuschnee und er fuhr hinunter – ohne Probleme. Dieses Mal sieht es ähnlich aus, dazu gibt es noch keine Spuren. Fred und seine Kollegen zögern nicht lange, sie fahren.

Dieser Entscheid ist wesentlich stärker durch Emotionen und Bauchgefühl als durch die Fakten geprägt. Um die Gefahr genauer einzuschätzen, hätten Fred und seine Kollegen nicht nur die Menge des Neuschnees, sondern auch die Altschneeoberfläche und die Eigenschaft des Neuschnees einbeziehen sollen. Außerdem hätten sie ihre Emotionen und Wünsche zurückhalten sollen, um die Situation objektiver einzuschätzen und schließlich risikobasiert zu entscheiden.

Für gute Entscheidungen braucht es ein robustes System, das in der Lage ist, mit Unsicherheiten umzugehen und dabei objektive Fakten, inklusive den Faktor Mensch, berücksichtigt. Ein solches System ist das »Entscheidungs-Cockpit«. Es bringt das

Bauchgefühl und objektive Kriterien in eine Balance, um Entscheidungen auf Grundlage beider Faktoren zu fällen. Es hilft, systematisch vorzugehen und die richtigen Werkzeuge für die entsprechenden Bedürfnisse anzuwenden.

Cockpit zum Entscheiden in Lawinensituationen

Jedem Piloten stehen für einen möglichst sicheren Flug verschiedene Sensoren mit Messanzeige zur Verfügung. Und wie beim Piloten hilft auch in Lawinensituationen eine Art Cockpit, um die wichtigen Elemente und Einflussfaktoren im Entscheidungsprozess zu überblicken. Die verschiedenen Anzeigen – »harte« (Fakten) und »weiche« (Faktor Mensch) Faktoren mitsamt ihren Verknüpfungen und Abhängigkeiten – lassen sich so auf einen Blick überwachen und richtig einordnen. Dies ermöglicht, kompetent und rational zu entscheiden und entsprechend zu handeln.

Übersicht und Vorgehen

Der Faktor Mensch spielt im winterlichen Gelände in vielen Bereichen (siehe Kap. Faktor Mensch, S. 251) mit und nimmt daher im Cockpit eine zentrale Rolle ein. Diese »weichen« Faktoren werden mit dem eigenen Wissen und Können für die Beurteilung des Lawinenrisikos verbunden. Das Cockpit bildet primär ab, was wir bereits über uns und über Lawinen erfahren haben. Auch unsere Intuition hat darin ihren Platz. Entsprechend richtet sich das Cockpit an Personen mit Erfah-

Eine Abfahrt ins Unbekannte muss wohl überlegt sein.

rung in der Beurteilung des Lawinenrisikos und der Motivation, sich kritisch mit sich selbst auseinanderzusetzen.
Im Cockpit gibt es vier Anzeigen – »Feel«, »Think«, »Check & Decide« und »Act«. Die Bedeutung der Anzeigen und wie sie individuell – je nach eigener Erfahrung – ausgestaltet werden können, wird im Folgenden ausgeführt.

KURZ UND KNAPP

Das Cockpit hilft zu erkennen, wo der Faktor Mensch im Prozess der Entscheidungsfindung eine Rolle spielt. Es unterstützt uns dabei, eigene Strategien zu entwickeln, um die »weichen« Faktoren vorteilhaft einzusetzen.

Feel (Faktor Mensch)

Bei »Feel« geht es darum, den aktuellen persönlichen, emotionalen Zustand abzurufen und sich bewusst zu werden, wie stark er den Entscheidungsprozess beeinflusst. Das Bauchgefühl ist hier eine wichtige Grundlage. Es stellen sich zudem Fragen wie: Was sind meine Motive und Werte, meine Erwartungen und Hoffnungen am heutigen Tag? Wie hoch ist meine Risikobereitschaft und wie gut ist der Energielevel? Welche psychologischen Phänomene könnten die Einschätzung des Lawinenrisikos und das Verhalten beeinflussen, zum Beispiel Wahrnehmungsfallen, Sinnestäuschungen, gruppendynamische Prozesse? In welchen dieser Bereiche bin ich besonders anfällig?

Das Cockpit und seine Anzeigen für den Überblick im Entscheidungsprozess.

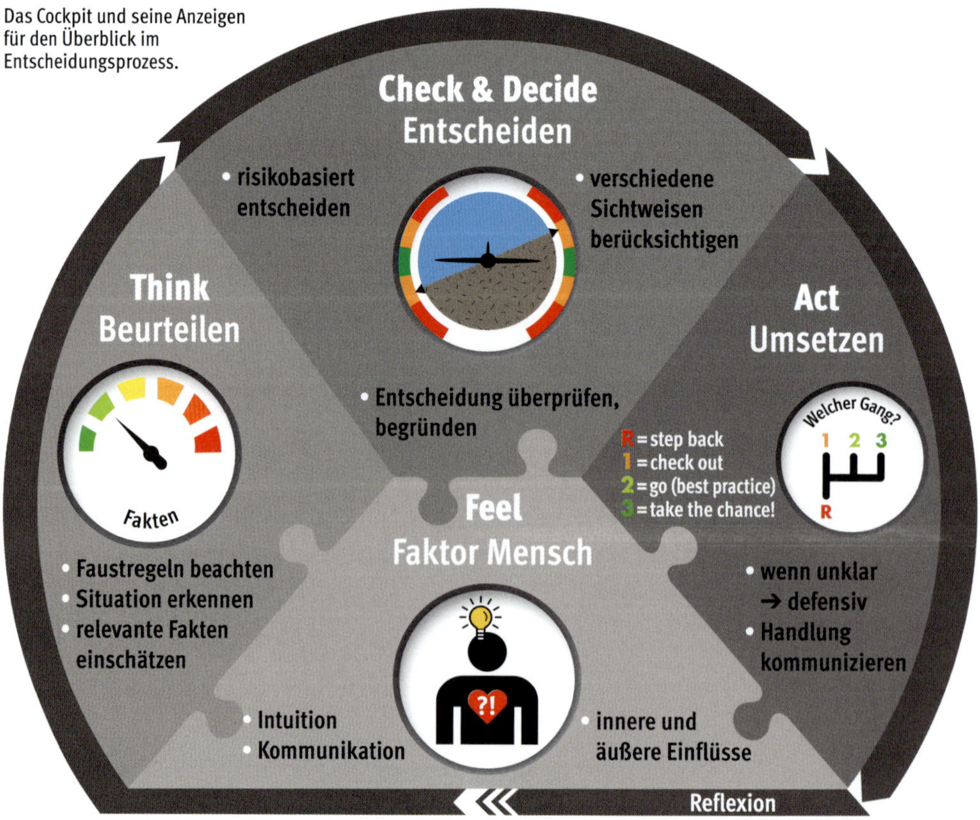

In welche Richtung entscheiden wir? Das Cockpit unterstützt uns in der Entscheidfindung.

Im Kapitel Faktor Mensch, S. 251, werden diese Einflüsse detailliert beschrieben. Sie sind bei jedem Menschen anders und hängen auch von der Tagesform ab. Wir sollten uns bewusst machen, was uns persönlich besonders beeinflusst. Das gehört womöglich als Anzeige ins Cockpit. Hinweise können körperliche Merkmale sein, bestimmte Emotionen, ein Bauchgefühl, das man immer wieder erlebt hat. Auch typische Ausdrücke wie »... *eigentlich sollte ich...«* können andeuten, andere Sichtweisen einzunehmen.
Folgende Aspekte helfen herauszufinden, was uns im Moment besonders beeinflusst:

Erwartungen und Motivation:

- Was möchte ich? Was möchten die Gruppenmitglieder? Gibt es unterschiedliche Vorstellungen?
- Was motiviert mich/uns heute?
- Was ist heute machbar?
- Woran glaube ich heute?

Energie, Physis:

- Bin ich fit? Ist der Rest der Gruppe fit? Gibt es physische Unterschiede?
- Haben wir Hunger/Durst? Ist uns heiß/kalt? etc.

Gruppendynamik:

- Werde ich von der Gruppe beeinflusst?
- Wie wichtig ist mir, was die anderen denken?
- Welche Rollen haben die Gruppenmitglieder?
- Gibt es unterschiedliche Vorstellungen in der Gruppe?
- Findet ein offener Austausch in der Gruppe statt?

Mögliche Fragen für die Anzeigen im Cockpit

Innere und äußere Einflüsse:
› Was ist mir/uns wichtig?
› Fühle ich mich unter Druck? Oder baue ich selbst Druck in mir auf?
› Wie ist meine Verfassung?
› Könnte ich einer Wahrnehmungsfalle ausgesetzt sein?

Intuition:
› Was sagt mein Bauchgefühl? Lässt sich das Gefühl erklären?
› Habe ich eine ähnliche Situation schon mal erlebt?

Kommunikationskultur:
› Teilen wir unsere Erwartungen, Ängste und Gefühle in der Gruppe?
› Wie können wir offen kommunizieren (Entscheidungen, Argumente, Unsicherheiten)?

KURZ UND KNAPP

Ein ungutes Gefühl müssen wir immer ernst nehmen. Ein gutes Gefühl sollten wir mit Fakten konfrontieren und uns nicht verleiten lassen.

Think (Beurteilen)

Die Anzeige »Think« signalisiert die Beurteilung, die auf Fakten basiert. Solche Fakten können Messungen sein oder objektive Schätzungen. Um das Lawinenrisiko zu beurteilen, müssen diese Fakten kombiniert werden und grundlegende Zusammenhänge bekannt sein. Es braucht ein Grundverständnis der Bildungsprozesse von Lawinen und der Risikoelemente. Alle vorangegangenen Kapitel helfen, dieses Grundverständnis zu erlangen. Es gibt diverse Faustregeln, Konzepte, Werkzeuge, Analogien, um Situationen möglichst objektiv einzuschätzen, wichtige Zusammenhänge zu verstehen oder riskante Szenarien zu erkennen.

Einige elementare Zusammenhänge und daraus abgeleitete Tools und Faustregeln sind:

Hangneigung – Lawinengefahr:
› Grafische Reduktionsmethode
› keine Hänge steiler als 35 Grad am ersten Tag, nachdem die kritische Neuschneemenge erreicht wurde, begehen
› bei der Spuranlage flach vor steil
› auf große Hänge, die steiler als 35 Grad sind, bei Altschneeproblem verzichten
› bei hoher Auslösebereitschaft unter 30 Grad bleiben und Hangfuß meiden

Risiko = Gefahr × Konsequenzen:
› mit dem RiskCheck das Risiko bewerten
› mit großen Gruppen defensiv bleiben
› Geländerücken gegenüber Mulden bevorzugen
› kleine Hänge statt große Hänge wählen
› bei großen Konsequenzen muss die Lawinensituation günstig sein

Bildungsprozess Schneebrettlawine:
› Kombination Schneebrett–Schwachschicht? Bedeutung für die Bruchinitiierung (z. B. Tiefe der Schwachschicht)? Bedeutung für die Bruchausbreitung (z. B. Schneebrett oben dichter als unten)?
› Lange, kalte Trockenperiode → ungünstige Altschneeoberfläche bei nächstem Schneefall

Besonders defensiv bei:
› Neuschnee (und steigenden Temperaturen)
› Wind nach Neuschnee
› Alarmzeichen

Mögliche Fragen für die Anzeigen im Cockpit

Relevante Fakten einschätzen:
- Welches sind heute die relevanten Fakten? Gefahr? Konsequenzen?

Situation erkennen:
- Was ist heute das Hauptproblem? Lawinenproblem? Gruppenzusammensetzung?
- Kann die Situation ausreichend objektiv beurteilt werden?

Faustregeln/Konzepte:
- Werden elementare Zusammenhänge und Faustregeln berücksichtigt?
- Bin ich mir des Risikos an den Schlüsselstellen bewusst (RiskCheck)?

Check & Decide (Entscheiden)

Im »Check & Decide«-Bereich des Cockpits befindet sich der künstliche Horizont. Er überprüft gewissermaßen die Anzeigen aus »Feel» und »Think«. Der künstliche Horizont zeigt symbolisch, ob wir – selbst nachdem wir verschiedene Sichtweisen berücksichtigt haben – in Schieflage sind. Neben möglichen Risiken sind auch Chancen zu erwägen, zum Beispiel: Möglichkeit für klärende Zusatzinformation offenhalten, einmalige Bedingungen, interessante Lernsituation, nach kurzer Schlüsselstelle problemlose oder vorteilhafte Abfahrt. Danach entscheiden wir, welche Handlung zweckmäßig ist, und ob es dazu auch Alternativen gäbe. Eine Entscheidungssituation aus einem anderen Blickwinkel zu betrachten, öffnet manchmal die Augen. Hierbei unterstützen uns verschiedene Entscheidungshilfen, auf die weiter hinten S. 277, eingegangen wird. Schließlich ist der Entscheid auch von unserer Risikobereitschaft abhängig.

Risikobereitschaft

Die Risikobereitschaft hängt davon ab, welchen Nutzen ein Mensch aus einer riskanten Situation zieht. Es gibt verschiedene Risikotypen. Eine vorsichtige Person verzichtet beispielsweise auf Touren ab Gefahrenstufe »erheblich« und versucht, Steilhänge generell zu meiden. Eine risikobereite Person vertraut womöglich auf ihre gute Notfallausrüstung und nimmt eine Lawinenauslösung bis zu einem gewissen Grad in Kauf, weil sie davon ausgeht, dass mit der guten Ausrüstung eine Erfassung relative kleine Konsequenzen hat. Allerdings beeinflussen auch viele andere Faktoren wie Energielevel, physischer Zustand, andere Menschen, Stimmung oder Erfolge sowie Misserfolge im Vorfeld die Risikobereitschaft.

Mögliche Fragen für die Anzeigen im Cockpit

Risikobasiert entscheiden:
- Wie sehen Chancen und Risiken aus?
- Welches Risiko bin ich/sind wir heute gewillt einzugehen?

Verschiedene Sichtweisen berücksichtigen:
- Was spricht dafür, was dagegen?
- Wie sehen Alternativen aus?

Entscheidung überprüfen, begründen:
- Habe ich Unsicherheiten ausreichend berücksichtigt und entscheide ich entsprechend defensiv?
- Passen Zusammenhänge aus objektiven Fakten zum Bauchgefühl?

Act (Umsetzen)

Der Entscheidung folgt eine Handlung (»Act«), die den verschiedenen Sichtweisen Rechnung trägt. Die Umsetzung beginnt immer damit, die Einschätzung und die daraus abgeleitete Handlung zu kommunizieren. Wie wir handeln, wird in Form einer Gangschaltung symbolisiert. Diese zeigt auf, dass die Umsetzung der Entscheidung variieren kann

ORTOVOX

und nicht nur aus »go« oder »no go« besteht. Das Vorgehen bei den verschiedenen Gängen ist wie folgt:

Rückwärtsgang R: Step back

Dieser Gang heißt klar – Stopp! Es ist eine Alternative nötig. Die eigene Einschätzung der Situation, die Rückschlüsse daraus und das weitere Vorgehen müssen kommuniziert werden.

Dieser Gang ist nötig, wenn zum Beispiel:

› alles auf »ungünstig« deutet und das Risiko zu hoch ist,
› die Fakten nicht mit den Gefühlen und Werten etc. zusammenpassen oder
› der »künstliche Horizont« arg in Schieflage ist.

Gang 1: Check out

Dieser Gang kommt zum Zug, wenn das Risiko eigentlich zu hoch ist, wir uns aber einmal zur Schlüsselstelle vortasten wollen – in der Hoffnung, zusätzliche Fakten zu finden, die es ermöglichen, das Risiko exakter einzuschätzen. Der Entscheid ist also eigentlich »no go«, mit der Option, sich ein letztes Türchen offen zu halten. Dies bedeutet jedoch, sehr vorsichtig vorzugehen und jederzeit bereit zu sein, umzukehren.

Als bewegliche, kleine Gruppe gelingt es bestenfalls, noch neue Informationen zu erhalten. Oder wir möchten möglichst viel aus dieser schwierigen Entscheidungssituation lernen. In diesem Gang sind wir in Bremsbereitschaft, wir tasten uns noch etwas heran, zum Beispiel zur letzten »sicheren Insel«, um einen womöglich besseren Einblick in die Schlüsselstelle zu bekommen, und um die Schneeverhältnisse ein letztes Mal zu prüfen. Wichtig ist, zuvor zu definieren, was sich noch ändern muss, damit der »no go«-Entscheid umgestoßen wird.

In diesem Gang nehmen wir in Kauf, dass der Entschluss zur Umkehr nicht einfacher wird und besonders fehleranfällig ist. Wir müssen uns der menschlichen Einflüsse (z. B. Druck oder Wahrnehmung) bewusst sein und dürfen uns nicht verleiten lassen.

Dieser Gang kommt zum Zug, wenn zum Beispiel:

› die Risikoeinschätzung eher hoch, aber unsicher ist, und die Hoffnung besteht, dass zusätzliche Infos die Situation klären können,
› der Wunsch und die Bereitschaft groß sind, erst im allerletzten Moment definitiv zu entscheiden, obwohl ein Abbruch umständlich sein kann oder
› eine interessante Lernsituation entstehen könnte.

Gang 2: Go »best practice«

Dieser Gang bedeutet: Wir können unter Berücksichtigung geeigneter risikomindernder Maßnahmen gehen oder fahren – wir befinden uns sozusagen im »Normalzustand«. Die Fakten und die intuitive Vorstellung passen zusammen und ergeben ein akzeptables Risiko. Der künstliche Horizont ist stabil und alles ist im »grünen Bereich«. Zurzeit ist alles OK, es sind bis zum nächsten Entscheidungspunkt keine großen Überraschungen zu erwarten.

Dieser Gang kommt zum Zug, wenn zum Beispiel:

› die Anzeigen der faktenbasierten Risikoeinschätzung sowie der intuitiven Beurteilung beide auf »grün« sind oder
› keine unangenehmen Überraschungen zu erwarten sind.

Gang 3: Take the chance!

Die Situation ist besser als erwartet und es passt alles perfekt zusammen. Das Risiko ist

wider Erwarten tief. Zum Beispiel wird eine Abfahrt möglich, die zu Beginn der Tour für nicht machbar gehalten wurde.
Dieser Gang kommt zum Zug, wenn zum Beispiel:

› alles unerwartet gut zusammenpasst,
› die Situation besser ist als erwartet ,
› die günstige Einschätzung und die geeignete Gruppenzusammensetzung eine seltene Gelegenheit eröffnen oder
› der persönliche Leistungszustand und der kritische Austausch in der Gruppe besonders gut sind (meistens in ganz kleinen Gruppen der Fall).

Mögliche Fragen für Anzeigen im Cockpit

› Mit welchem »Gang« wird die Entscheidung umgesetzt?
› Bin ich mir der Eigenheit des gewählten Ganges bewusst?
› Welche Maßnahmen sind wirksam?
› Wie kommuniziere ich die Entscheidung und die Umsetzung verständlich in der Gruppe?

Entscheidungshilfen

Selbst bei einer systematischen Risikoanalyse und besten Lawinenkenntnissen können zu viele Emotionen oder Wünsche zu Fehlern führen. Um Fehleinschätzungen zu verhindern, helfen folgende Strategien:

Sechs-Farben-Denken

Bei Entscheidungssituationen befassen wir uns oft gleichzeitig mit verschiedenen Fakten, Einschätzungen, Gefühlen und unserer Intuition. Das Sechs-Farben-Denken von Edward DeBono hilft, Ordnung ins Sammelsurium der vielen Informationen zu bringen, indem man sich jeweils auf nur eine einzige Sichtweise fokussiert. Als Vorgehen dafür dient die Farbreihenfolge: Weiß, Rot, Gelb, Schwarz, Grün und Blau. Ausgangslage ist jeweils eine Entscheidungssituation welche mit »ja« oder »nein« beantwortet werden muss.

Weiss (neutral)
Mit dieser Farbe werden Fakten objektiv und neutral betrachtet. Wichtig ist, dass diese Fakten weder für gut noch für schlecht befunden werden. Beispiele: »Der Hang ist 35 Grad steil« oder »Es liegen 30 Zentimeter Neuschnee.«

Rot (emotional)
Mit der roten Farbe werden Gefühle und Intuition zum Ausdruck gebracht. Die Gefühle müssen jedoch nicht begründet sein. Beispiel: »Mir ist nicht ganz wohl, da hochzusteigen.«

Gelb (positiv)
Gelb strahlt Optimismus aus und beleuchtet positive Aspekte und Argumente beim Entscheiden. Beispiele: »Die steilen Stellen sind relativ kurz und mit guter Spuranlage erreichen wir immer wieder sichere Inseln.« oder »In der Mulde gibt es viel Schnee und der Schneedeckenaufbau ist dort womöglich besser. Außerdem gibt es keinen frischen Triebschnee.«

Schwarz (negativ)
Die schwarze Farbe hebt kritische und pessimistische Argumente hervor und steht für Vorsicht. Dabei wird überlegt, was schief gehen könnte. Beispiele: »Wenn sich in diesem Hang eine Schneebrettlawine löst, wird sie gefährlich groß.« oder »Es ist verbreitet eine oberflächennahe Schwachschicht vorhanden.«

Grün (kreativ)

Grün konzentriert sich auf kreatives Denken. Es werden Alternativen gesucht und eingefahrene Vorstellungen durchbrochen. Die Kernfrage lautet: »Müssen wir überhaupt hier hoch beziehungsweise runter oder gibt es andere Möglichkeiten?« Beispiele: »Weiter rechts können wir über einen abgeblasenen Rücken hochsteigen, wir müssen einfach ein kurzes Stück die Skier tragen.« oder »Wenn wir umkehren, haben wir genügend Zeit für die Abfahrt und können im Tal sogar noch einen Kaffee trinken.«

Blau (zusammenfassend)

Mit der blauen Farbe werden die verschiedenen Aspekte der einzelnen Farben aus Distanz betrachtet. Aus dieser übergeordneten Meta-Ebene werden wichtige Argumente abgewogen und zusammengefasst. Allenfalls gibt es noch offene Fragen zu klären, bevor schließlich entschieden wird. Beispiel: »Wir wählen die Alternative über den Geländerücken. Das Risiko ist dort vertretbar und es braucht nicht viel mehr Zeit.«

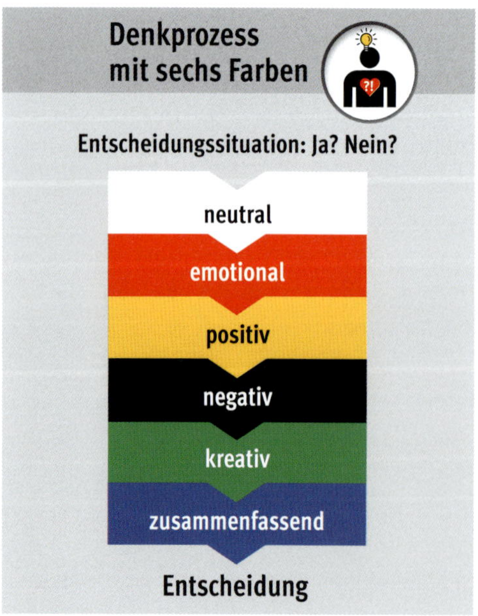

Die Methode »Sechs-Farben-Denken« gibt dem Entscheidungsprozess einen Ablauf und berücksichtigt verschiedene Sichtweisen (nach E. DeBono).

Mit dem Sechs-Farben-Denken können wir Informationen einfacher ordnen und erhöhen zudem die Chance, nichts zu vergessen. Auch wenn der Ablauf dieser Farben immer gleich erfolgt, bleibt die Gewichtung sehr individuell und in verschiedenen Situationen unterschiedlich. Die Methode kann aufzeigen, zu welcher Farbe eine individuelle Person neigt. Tendieren wir eher zu Bauchentscheidungen (rot), sind wir oft zu optimistisch unterwegs (gelb) oder hilft uns manchmal die Kreativität (grün)? Die Sensibilisierung für die eigene Präferenz beim Entscheiden ist der erste Schritt, um gegebenenfalls Korrekturen anzubringen. Ziel ist eine ausgewogene Sichtweise, d. h. wir wollen allen Farben ein angemessenes Gewicht geben.

Ob als Einzelperson oder mit einer Gruppe entschieden wird – die Methode ist für beides geeignet. In Gruppen führt sie zu wesentlich schnelleren Entscheidungen.

Die Methode hilft:

› den Denkprozess zu vereinfachen, weil die verschiedenen Arten von Informationen (Fakten, Gefühl, Positives, Negatives und Kreatives) getrennt betrachtet werden, und
› um unterschiedliche, individuelle Sichtweisen und Argumentationen in der Gruppe zu erfahren.

KURZ UND KNAPP

Das Sechs-Farben-Denken sensibilisiert für verschiedene Sichtweisen und schützt davor, voreilig zu entscheiden.

Mögliche Fragen für die Anzeigen im Cockpit

- Gebe ich all meinen inneren Entscheidungsressourcen genügend Gewicht, dem Positiven und dem Negativen, den Fakten und dem Bauchgefühl?
- Gibt es möglicherweise eine andere, kreative Lösung?

Sicht von außen

Bei schwierigen Entscheidungen hilft es oft, unser Tun und unsere Entscheidungen von außen zu betrachten. Dazu dienen Fragen wie: Wie erkläre ich diese Entscheidung meinen Kollegen? Wie würde ich meine Entscheidung einer außenstehenden Person erklären und wie würde ich sie begründen, wenn es zu einem Unfall käme? Eine hilfreiche Vorstellung ist auch die eines »Paten« – ein Bekannter, den wir als erfahrenen Experten und für sein überlegtes Verhalten schätzen. In der Entscheidungssituation überlegen wir uns, wie wohl unser Pate in dieser Situation handeln würde. Die Faktenlage durch eine andere Brille (verbunden mit einem anderen Wertesystem als dem eigenen) zu betrachten, führt oft auch zu anderen Schlussfolgerungen. Meist folgt daraus defensiveres Verhalten.

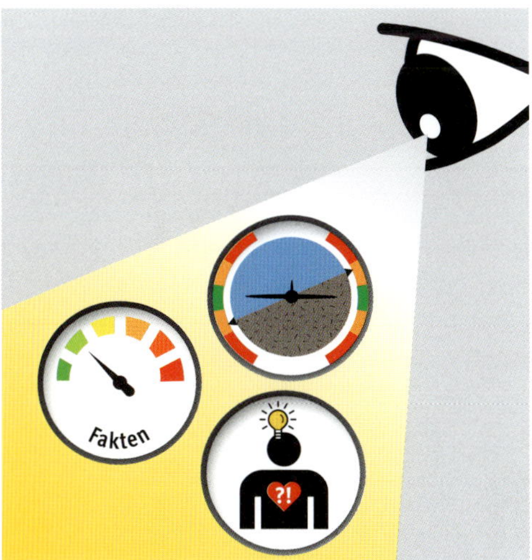

Durch die Sicht von außen wird die Entscheidungssituation aus einem anderen Blickwinkel betrachtet.

KURZ UND KNAPP

Die Sicht von außen liefert meist neue Fakten und führt zu defensiveren Entscheidungen.
Die Sicht von außen ermöglicht, Entscheidungsgrundlagen aus einem anderen Blickwinkel zu betrachten und bringt häufig die wesentlichen Kriterien hervor.

Mögliche Fragen für die Anzeigen im Cockpit

- Wie erkläre ich meine Entscheidung meinem Kollegen, meinem »Paten« oder vielleicht dem Staatsanwalt?

10-10-10-Methode

Anstelle der Sicht von außen überlegen wir uns, wie sich ein bestimmtes Verhalten in zehn Minuten, in zehn Stunden und in zehn Tagen auswirken würde. Was passiert in diesen drei Zeitabschnitten, wenn ich die Schlüsselstelle nun befahre? Was ist, wenn ich sie nicht befahre und umkehre? Die 10-10-10-Perspektive relativiert kurzfristige Vorteile und favorisiert defensivere Entscheidungen.

Mögliche Fragen für die Anzeigen im Cockpit

- Wenn ich diesen Entschluss nun umsetze, welche Auswirkungen erwarte ich in zehn Minuten, in zehn Stunden und in zehn Tagen?

Weitere Strategien

Die vorgestellten Strategien sind nur einige Beispiele, wie sich die menschliche Fehleranfälligkeit im Lawinengelände reduzieren lässt. Daneben existieren noch weitere

Methoden. Wer im Lawinengelände Entscheidungen fällen muss, sollte individuelle Taktiken entwickeln, um Schlüsselstellen möglichst objektiv zu beurteilen. Eine wertvolle Hilfe ist es, sich an Entscheidungspunkten einige Minuten Zeit zu nehmen (Time-out), um sich rasch allein mit der Schlüsselstelle auseinanderzusetzen.

Eigenes Cockpit zusammenstellen

Jede Person muss das Cockpit für den Entscheidungsprozess auf ihre individuellen Bedürfnisse anpassen. In einem ersten Schritt gilt es herauszufinden, welche der vorhandenen Anzeigen für das persönliche Cockpit am dienlichsten sind.

Beispiel Fred

Schauen wir nochmals auf die eingangs beschriebene Entscheidungssituation von Fred und seinen drei Kollegen. Fred weiß mittlerweile von sich selbst, dass er auf exklusive, kaum befahrene Abfahrten nur schlecht verzichten kann. Er hat gelernt, dass seine Entscheidungskompetenz in solchen Situationen leidet (Verzerrung, Wunschdenken). Deshalb baut er sich eine »Exklusivitätsanzeige« in sein Cockpit ein. Am Tag X tritt wieder eine ähnliche Kombination einer sehr exklusiven Abfahrt und einer unklaren Neuschneesituation auf. Fred ist nun wachsam für solche Situationen und weiß, dass er zuerst mit objektiven Fakten das Risiko beurteilen muss. Seine Strategie ist: »Time-out«. Zur Beurteilung der Gefahr fokussiert er sich

Cockpit von Fred. Gelb sind die Signale, auf die Fred ein besonderes Augenmerk legt. Blau sind seine Strategien oder Methoden.

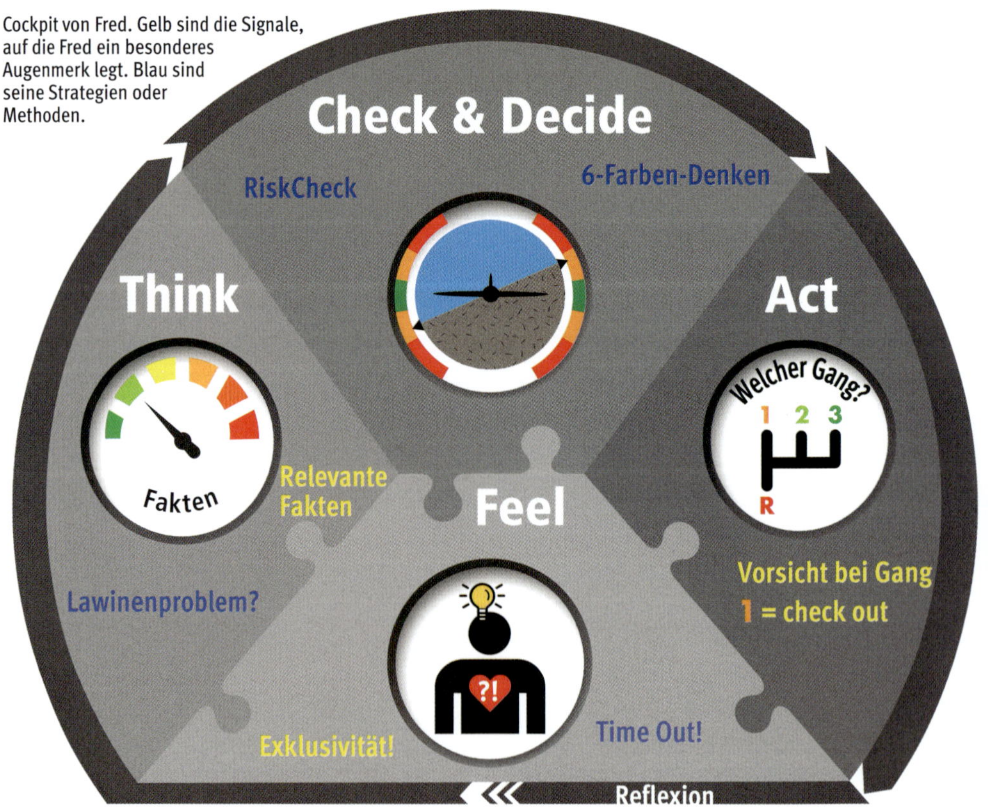

Nicht kopflos ins Unbekannte stechen, sondern mit dem Cockpit möglichst rational und ganzheitlich entscheiden.

auf das Neuschneeproblem und die relevanten Faktoren Menge, Eigenschaft und Altschneeoberfläche. Er berücksichtigt das Gelände hinsichtlich der Konsequenzen und beurteilt das Risiko möglichst rational. Als Entscheidungshilfe wendet er das Sechs-Farben-Denken an, um verschiedene Sichtweisen zu berücksichtigen.

Beispiel Petra

Petra, 32, begann vor 15 Jahren in einem Jugendlager mit Skitouren. Seither ist sie oft im freien Gelände unterwegs und hat vor fünf Jahren eine Tourenleiterausbildung absolviert. Nun leitet sie gelegentlich Touren für den Alpenverein. Petra fühlt sich meist etwas unwohl, wenn sie vorangeht und ihre Kolleginnen und Kollegen ihr folgen. Sie hat das Gefühl, dass es die anderen eh besser wissen, und sie braucht Überwindung, bestehende Spuren zu verlassen, auch wenn sie Optimierungsbedarf bei der Spuranlage sieht. Sie lässt sich von Aussagen wie »... geht schon!« beeindrucken und verunsichern.

Sie kennt ihre Schwäche und regt sich darüber in gewissen Situationen auf. Petra hat deshalb ihr Cockpit so angepasst, dass sie

Cockpit von Petra. Gelb sind die Signale, auf die Petra ein besonderes Augenmerk legt. Blau sind ihre Strategien oder Methoden.

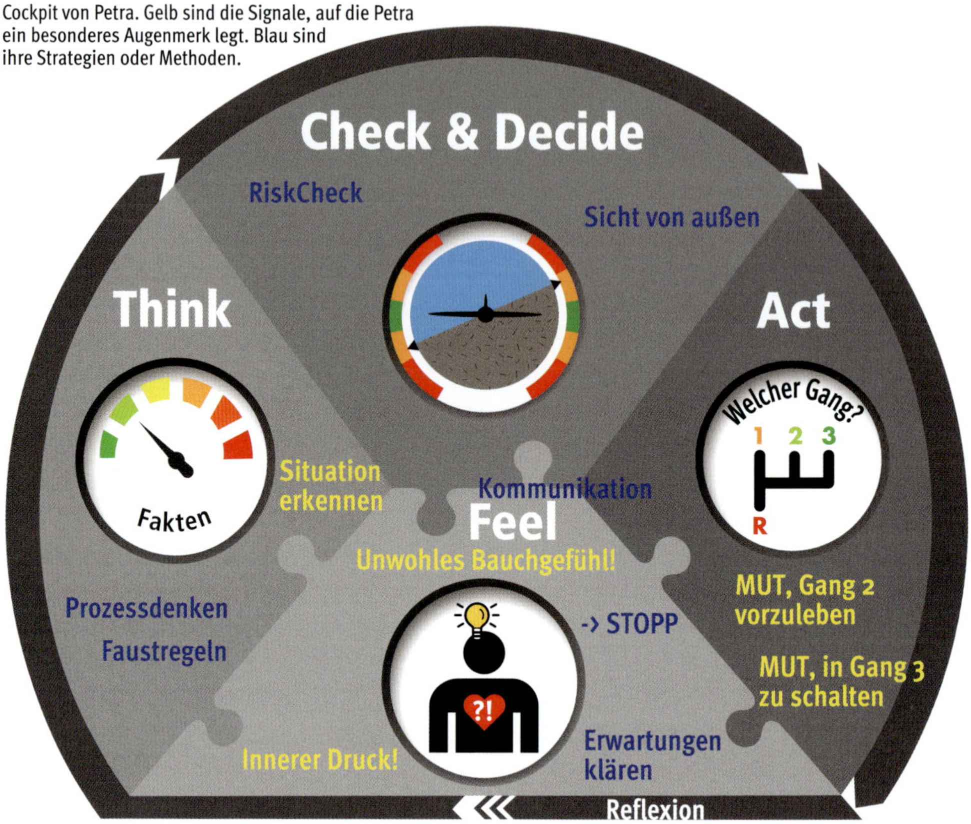

inneren Druck, den sie beim Vorangehen spürt, als Warnsignal aufnimmt und mit Kommunikation entgegenwirkt. Sie versucht, die Erwartungen der Gruppenmitglieder zu klären, und kommuniziert ihre Gedanken unterwegs frühzeitig und regelmäßig. Aufgrund ihrer Erfahrung kann sie Lawinensituationen schnell einordnen. Um sich nicht verunsichern zu lassen, untermauert sie ihre Einschätzungen mit Überlegungen zu den lawinenbildenden Prozessen und vorhandenen Fakten. Sie hat auch einige Faustregeln und die grafische Reduktionsmethode im Kopf, die sie zum Vergleich herbeizieht. Das RiskCheck-Konzept hilft ihr, sich bei der Risikobeurteilung nicht im Detail zu verlieren, sondern anhand der zentralen Fragen das große Bild vor Augen zu haben. Petra überlegt sich bewusst, mit welchen Argumenten sie ihre Entscheidung einem Außenstehenden erklären würde (Sicht von außen). Sie kommuniziert ihre Überlegungen transparent und nimmt sich vor, zu intervenieren, wenn jemand eine Entscheidung fällt, die sie nicht nachvollziehen kann. Wenn Petra den Gang 2 einlegt, lebt sie »best practice« vor. Sie beabsichtigt, bei Gelegenheit den Gang 3 einzulegen und selbstbewusst mit der unerwartet günstigen Situation umzugehen.

Beispiel Hugo

Hugo ist 45 Jahre alt, lebt in einer Partnerschaft ohne Kinder. Vom ersten Schnee im Herbst bis spät in den Frühling hinein macht er möglichst viele Skitouren, teilweise allein oder mit wechselnden Kollegen. Er hat schon

verschiedene Lawinenkurse besucht und bezeichnet sich selbst als erfahrenen Tourengeher. Er liebt es, eine eigene Spur in den Schnee zu ziehen, oft auch, wenn schon eine Spur vorhanden ist. Menschenansammlungen auf Skitouren und viel befahrenes Gelände hasst er. Darum sucht er Touren, die nicht viel begangen werden, wo er und seine Kollegen möglichst alleine sind. Manchmal sind seine Arbeitskollegen beeindruckt, wenn er von seinen Touren erzählt. Hugo genießt das und ist sich dessen bewusst.
Wichtige Anzeigen in seinem Cockpit sind deshalb seine Erwartungen an die Tour in Kombination mit sozialer Anerkennung. Beide Einflüsse versucht er bewusst wahrzunehmen und sich die Frage zu stellen: »Was ist mir wichtig?«. Eine weitere Anzeige ist die Exklusivität. Die Lawinengefahr beurteilt er auf Grundlage der Lawinenprobleme und ergänzt diese mit seinem Wissen zu lawinenbildenden Prozessen. Er vergleicht seine Einschätzung mit der grafischen Reduktionsmethode. Alle wichtigen Elemente zur Risikobeurteilung kombiniert er schließlich mit dem RiskCheck-Konzept. Ein erhöhtes Risiko nimmt Hugo in Kauf und überprüft seine Werte und sein Streben nach sozialer Anerkennung mit der 10-10-10-Methode. Bevor er den Gang einlegt, sagt er zu sich, oder, wenn er mit Kollegen unterwegs ist, zu allen, wie er fahren möchte. Dank seinem Cockpit hat er auch schon Touren abgebrochen oder ist auf einfaches Gelände ausgewichen – auch das hat seine Arbeitskollegen mitunter beeindruckt.

Cockpit von Hugo. Gelb sind die Signale, auf die Hugo ein besonderes Augenmerk legt. Blau sind seine Strategien oder Methoden.

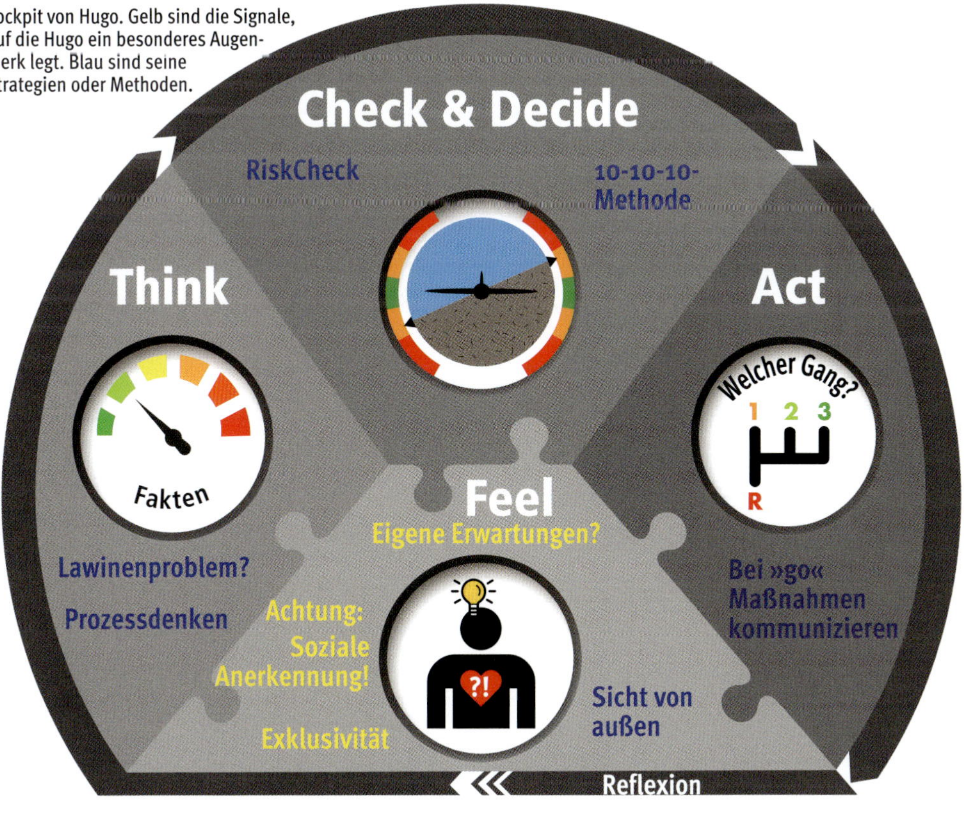

Freeride

Freeriden oder Variantenfahren bedeutet, im Bereich eines Skigebiets abseits der gesicherten Pisten zu fahren. Dazu gehören auch Abschnitte zwischen markierten Pisten. Im Gegensatz zum Skitourengehen transportieren Lifte oder Bahnen die Freerider auf die Berggipfel. Ab und zu sind kurze Aufstiege zu bewältigen. Im Variantengelände werden vor allem bei erheblicher Lawinengefahr (Gefahrenstufe 3) oft steilere Hänge gefahren, als dies auf Touren üblich ist. Dies ist möglich, weil die Lawinensituation aufgrund des ständigen Befahrens der Hänge oft günstiger ist als im weniger frequentierten Tourengelände. Die Möglichkeiten für die Beurteilung der Lawinengefahr unterscheiden sich ebenfalls.

Besonderheiten des Variantenfahrens

Unterschiedliche Schneedecke

Die Verhältnisse im Lawinengelände hängen sehr stark davon ab, wie häufig die Hänge durch Freerider befahren werden. Durch ständiges Befahren wird die Schneeoberfläche sehr unregelmäßig, was eine günstige Voraussetzung für die Situation nach dem nächsten Schneefall ist (siehe Kap. Häufiges Befahren, S. 88): An der Altschneeoberfläche bilden sich kaum zusammenhängende Schwachschichten; Lawinen brechen folglich meist innerhalb des Neuschnees an.

Es werden jedoch nicht alle Hänge gleich häufig befahren. Der Schneedeckenaufbau

Dieses Schild weist darauf hin, dass man das gesicherte Skigelände verlässt und sich um die Beurteilung der Lawinensituation selbst kümmern muss.

Lawinenauslösung in einem Hang, der nur unterhalb der Einfahrtstraverse häufig befahren ist. Je weiter man nach links in den Hang fährt (im Bild nach rechts), umso weniger häufig dürfte der Hang im steilen Bereich befahren sein. Zudem wird der Hang oberhalb der Spurtraverse immer größer.

kann im Variantengelände sehr stark variieren und auch saisonal unterschiedlich sein. Folgendes ist zu beachten:

KURZ UND KNAPP

Hänge, die regelmäßig und häufig befahren werden, sind oftmals günstiger.
Ausgenommen davon sind folgende Situationen:

- durchnässte Schneedecke
- mehr als 50 cm Neuschnee
- kohäsionsloser, stark aufgebauter Schnee
- Traversen, wo alle in der gleichen Spur fahren
- Winteranfang, wenn Variantenhänge noch nicht viel befahren wurden

Saisonale Unterschiede

Die Hänge werden nur befahren, wenn auch die Zubringerlifte oder -bahnen in Betrieb sind. Zu Saisonbeginn sind Variantenhänge deshalb nicht günstiger aufgebaut als das freie Gelände. Stellen während der Saison Lifte und Bahnen als Folge einer stürmischen Schneefallperiode oder aus anderen Gründen einige Tage den Betrieb ein, wird der Schneedeckenaufbau wieder gleichmäßiger. Variantenhänge sind dann auch mitten im Winter kritischer zu beurteilen.

Traversen und Einfahrtsspuren

Hänge oberhalb von Einfahrtsspuren und Traversen werden kaum befahren. Die Schnee-

Lawinenauslösung in typischem Variantengelände. Der Hangbereich, wo die Lawine ausgelöst wurde, ist steiler und befindet sich neben dem Bereich, der am meisten befahren wird.

deckenverhältnisse sind in diesen Hangbereichen ungünstiger als im häufig befahrenen Bereich unterhalb.

Spurbänder

Spurbänder sind Bereiche, in denen häufiger gefahren wird als nebenan. Entsprechend ist besonders dort der Schneedeckenaufbau ausreichend mechanisch verändert, um eine günstige Altschneeoberfläche für den nächsten Schneefall zu bilden. In Hangbereichen daneben, die oft steiler und mühsamer zu erreichen sind und deshalb weniger befahren werden, kann der Schneedeckenaufbau wesentlich ungünstiger sein. Eine Neubeurteilung ist unabdingbar.

Schnelle Entscheidungen

Entscheidungen müssen auf Variantenabfahrten meistens schnell gefällt werden. Entsprechend steht nur wenig Zeit zur Verfügung, um die nötigen Informationen zu sammeln. Man kann sich nicht wie beim Aufstieg einer Tour langsam jeder neuen Geländekammer nähern. Deshalb ist es lohnenswert, sich zu Beginn eines Variantentags Zeit für Beobachtungen zu nehmen. Die erste Abfahrt sollte möglichst defensiv gewählt werden, um sich an die gegebenen Schnee- und Lawinenverhältnisse heranzutasten. Man sollte also dem Verlangen widerstehen, einer der Allerersten sein zu wollen (siehe Kap. Wahrnehmungsfallen, S. 259).

Gebietskenntnisse von Vorteil

Nur wer oft im Skigebiet unterwegs ist und beobachtet, welche Hänge wie oft befahren werden, kann beurteilen, in welchem Maß sich bei Neuschnee die alten Spuren eher günstig auswirken. Zentral sind dabei folgende Fragen:

› Welche Hänge bzw. Hangbereiche werden regelmäßig befahren? In welchen Bereichen ist dies nicht der Fall?
› Wie sah der konkrete Hang vor dem Schneefall aus?

Andere Freerider

Oft sind mehrere Gruppen in denselben Hängen am Variantenfahren. Dabei können einerseits Konkurrenzsituationen unter den Gruppen entstehen (»Wer ist der Erste, der herunterfahren kann?«) oder man fühlt sich sicherer, weil andere Gleiches beabsichtigen (siehe Kap. Wahrnehmungsfallen, S. 259). Wenn sich andere Leute gleichzeitig im steileren Hangbereich oberhalb von uns befinden, besteht zudem die Gefahr, dass diese eine Lawine auslösen, die uns erfassen könnte. Unfallbeispiele zu solchen Situationen gibt es einige – und immer mehr.

Bereiche im Variantengelände

Im Variantengelände gibt es unterschiedliche Bereiche, die differenziert zu beurteilen sind. Die folgenden Variantenabfahrten zeigen typische Beispiele mit verschiedenen Eigenschaften auf (siehe Abbildung, S. 291).

Die Abfahrten anderer Freerider können zum Nachahmen verleiten.

Oben: Hangbereich mit zwei Spuren (grün). Unten: Ein Wintersportler fährt weiter oben rechts in den Steilhang (rot) und löst eine weitere Schneebrettlawine aus. Inwiefern die bereits vorhandene Schneebrettlawine vom Vortag in die Beurteilung einfloss, ist nicht bekannt.

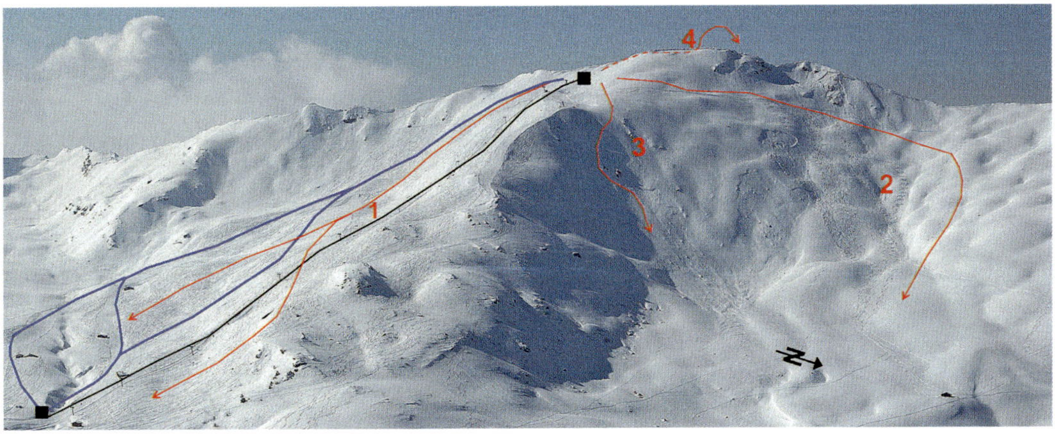

Verschiedene Möglichkeiten, von einer Bergstation aus Variantenabfahrten zu unternehmen. Varianten 1–4 rot, Skipisten blau

Variante 1: Hänge unmittelbar neben der Piste oder zwischen Pistenabschnitten werden, sofern sie sich dafür anbieten, häufig und regelmäßig befahren. Oft werden Steilhänge dort auch vom Pistensicherungsdienst durch Sprengmaßnahmen gesichert.

Variante 2: Hänge werden oft traversiert, um in günstigeres Variantengelände zu gelangen. Traversen unterhalb von Steilhängen können problematisch sein, da solche Hänge nicht als häufig befahren gelten und an deren Fuß die Gefahr von Fernauslösungen bestehen kann.

Variante 3: Große, sehr steile und schattige Hänge mit großen Konsequenzen werden nach einem Schneefall in der Regel nicht als Erstes befahren. Bei kurz aufeinanderfolgenden Schneefällen ist es daher möglich, dass solche Hänge mehrere Tage unberührt bleiben. Dies gilt umso mehr, wenn genügend flachere Variantenabfahrten vorhanden sind.

Variante 4: Oft können von Bergstationen aus schöne Freeridehänge durch einen kurzen Aufstieg zu Fuß erreicht werden. Die Abfahrten erfolgen häufig in ein anderes Tal ohne Pisten und Bahnen. Je nach Gelände und Rückkehrmöglichkeiten zum Skigebiet werden solche Abfahrten unterschiedlich frequentiert. Generell werden auch hier die flacheren Hangbereiche häufiger befahren als die steileren.

Typisches Beispiel einer Lawinenauslösung im Variantengelände

In einer noch überwiegend unberührten, steilen Geländekammer sind erst zwei Spuren vorhanden (in der Abbildung S. 290 grün eingezeichnet). Ein Variantenfahrer fährt weiter oben in den Hang, wo noch keine Spuren sind (rot), und löst eine Schneebrettlawine aus. Die anderen Lawinen sind vom Vortag. Dieses Beispiel zeigt, wie im Variantengelände typischerweise zuerst flacheres Gelände befahren wird und sich Wintersportler erst später allmählich in steileres Gelände vorwagen. Solche Geländeteile sind vielmals auch generell weniger häufig befahren.

Sich informieren und beobachten

Grundsätzlich sind für die Planung und Durchführung von Variantenabfahrten die gleichen Punkte wie bei Touren wichtig. Im Gegensatz zu Skitouren sind Variantenabfahrten selten in der Tourenführerliteratur beschrieben und auf Karten meist nur vereinzelt eingezeichnet. Ortskenntnisse sind daher besonders vorteilhaft. Zudem bieten sich andere Möglichkeiten, die lokalen Verhältnisse einzuschätzen.

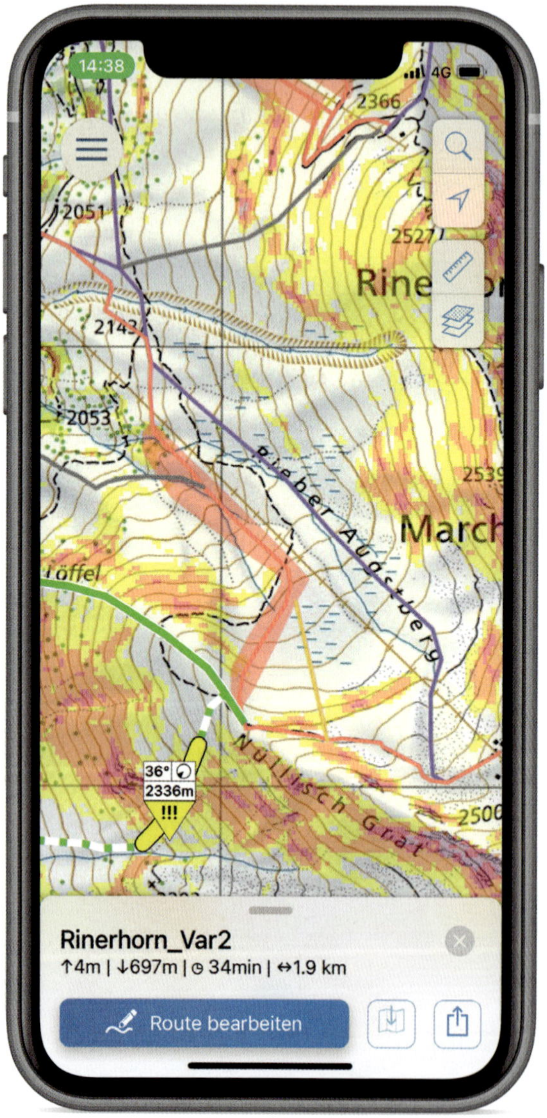

Beispiel eines Kartenlayers mit Skipisten (violett, rot, grau) aus der App »White Risk«. Die grüne sowie die grün-weiß-gestrichelte Linie sind mit der App geplante Variantenabfahrten abseits der gesicherten Pisten. Bei der gestrichelten Variante ist eine markante Schlüsselstelle gelb markiert.

Pisten und Abfahrten

Um Variantenabfahrten zu planen, ist es wichtig zu wissen, wo Skipisten vorhanden und welche Bahnanlagen in Betrieb sind. Frühmorgens sind beispielsweise vorerst oft nur wenige Anlagen geöffnet, wenn über Nacht viel Neuschnee gefallen ist.

Einige Skigebiete bieten neben den präparierten Pisten auch unpräparierte Abfahrten an. Solche Abfahrten sind gelb markiert (zumindest in der Schweiz) und werden erst freigegeben, wenn sie vor Lawinen gesichert wurden. Einsteiger können auf solchen Abfahrten erste Tiefschneeerfahrungen sammeln, ohne über spezifische Lawinenkenntnisse zu verfügen. Das Befahren anderer Geländebereiche abseits der Piste erfordert neben dem skifahrerischen Können auch Orientierungs- und Lawinenkenntnisse.

Nützlich für die Planung sind Kartenlayer mit eingezeichneten Skipisten. Obwohl diese sogenannten »Openlayer« nicht von den Bergbahnen herausgegeben werden, sind die Pisten meist korrekt eingezeichnet.

Informationen im Skigebiet

Neben der Vorbereitung (Karte, Lawinenbulletin, Webcams etc.) gibt es im Skigebiet zusätzliche Möglichkeiten, sich vor Ort zu informieren.

- In vielen Skigebieten existieren Informationstafeln mit Lawinenbulletin, Wetterbericht und allenfalls auch Informationen über typische Variantenbereiche des Skigebiets und Wildschutzzonen.
- Oft befindet sich bei Pistenübersichtstafeln eine Warnlampe. In den Schweizer Skigebieten blinkt diese, sobald der Pistenrettungsdienst von mindestens einer erheblichen Lawinengefahr (Stufe 3) ausgeht.

Freeride Checkpoint mit Warnlampe. Wenn die Warnlampe blinkt, gehen Schweizer Pistensicherungsdienste von mindestens einer erheblichen Lawinengefahr aus.

› Unter Umständen besteht auch die Möglichkeit, sich beim Pistenrettungsdienst über die aktuelle Lawinensituation zu erkundigen. Dieser beobachtet und beurteilt während des ganzen Winters die Lawinengefahr im Skigebiet. Nach Schneefällen führen die Mitarbeitenden oft auch Lawinensprengungen durch. Informationen über die Sprengerfolge geben wertvolle Hinweise über die Auslösebereitschaft von Schneebrettlawinen.
› Nach Sprengungen, bei denen keine Lawine ausgelöst wurde, sieht man in der Regel ein Sprengloch. Dies macht deutlich, dass in diesem Hang eher nicht mit einer Lawine zu rechnen und die Lawinensituation eher günstig ist.

Beobachtungen

Dank der schnellen Beförderung mit Liften lassen sich innerhalb kurzer Zeit verschiedene Geländekammern begutachten. Manchmal bietet bereits die Fahrt mit der Bergbahn die Möglichkeit, die steilen Hänge einzusehen oder zu beobachten, ob der Pistensicherungsdienst mit Sprengungen Lawinen auslösen konnte. Wer zuerst ein bis zwei Abfahrten auf der Piste macht, kann den Beobachtungsraum erweitern und zusätzliche Hänge einsehen. Dabei kann auf Folgendes geachtet werden (mehr dazu in Kap. Unterwegs beobachten, S. 153):

› Gibt es frische Schneebrettlawinen? Wie groß sind sie? In welchen Hanglagen sind sie vorhanden? Wie wurden sie ausgelöst?

Ein bis zwei Abfahrten auf der Piste zu Beginn eines Freeride-Tages ermöglichen viele Einblicke in diverse Hänge.

- Sind Windspuren sichtbar? Was sagen sie aus und wie alt sind sie?
- Gibt es Neuschnee? Wie viel?
- Welche Hänge wurden schon befahren? Wie sehen die Spuren aus?

Generell ist für Beobachtungen ein Fernglas nützlich.

Infoaustausch unter Gruppen

Vor allem für organisierte Unternehmen (z. B. Skischulen oder Bergsteigerschulen), die immer im selben Gebiet Varianten fahren, bietet es sich an, reflektierte Erlebnisse und Informationen untereinander auszutauschen. In einem »Guides Meeting« können Bergführer und/oder Skilehrer aktuelle Lawinenprobleme der Region besprechen und beraten, welche Abfahrten im Moment angemessen sind. Dabei stützen sie sich vorzugsweise auf die vielen Beobachtungen aller Beteiligten aus den Vortagen. Diese Informationen sind genauer und nützlicher als das allgemein formulierte Lawinenbulletin.

Ein solcher Austausch kann selbstverständlich auch unter Freeridern stattfinden, wenn auch mehr informell. Je mehr Augen etwas beobachtet haben, umso differenzierter lässt sich die Situation beurteilen. Es besteht jedoch die Gefahr des »Risky-Shift«-Effekts (siehe Kap. Wahrnehmungsfallen, S. 259).

EXPERTENTIPP

Der Austausch von lawinenrelevanten Informationen unter Freeridern und innerhalb von organisierten Unternehmen ermöglicht Erkenntnisse zur lokalen Lawinensituation, die das Lawinenbulletin oftmals nicht liefern kann.

Wo liegt der frische Triebschnee? Diese Frage stellt sich auch beim Freeriden.

Risikomanagement beim Freeriden

Auch beim Freeriden wird das Lawinenrisiko mit dem RiskCheck beurteilt (siehe Kap. 3x3 – Anwendung RiskCheck-Konzept, S. 219). Dabei sind zur Einschätzung von Gefahr und Konsequenzen nachfolgende Aspekte zu beachten.

Neuschnee

Im Variantenbereich werden Lawinen mehrheitlich nach Neuschnee ausgelöst. Hierbei sind bekanntlich die Altschneeoberfläche und die Eigenschaft des Neuschnees relevant (siehe Kap. Neuschneeproblem, S. 94). Wenn es viele alte Spuren gibt, sind Brüche unmittelbar am Übergang von Neu- zu Altschnee selten. Vielmehr stellt sich die Frage, ob sich innerhalb der Neuschneeschicht eine Lawine lösen könnte. Daher ist es besonders hilfreich, die Temperatur- und Windverhältnisse

EXPERTENTIPP

Gestalten eines Freeride-Tages

1. Sich anhand des Lawinenbulletins über die allgemeine Lawinensituation informieren.
2. Mögliche Variantenabfahrten mit Hangneigungskarten und Pistenlayern planen.
3. Die Lawinensituation vom Skigebiet bzw. der Bergbahn aus erkunden (Lawinenbeobachtungen, Resultate von Lawinensprengungen, Hinweisschilder).
4. Vergleich des ersten Eindrucks mit den erwarteten Verhältnissen (Neuschnee, Triebschnee, vorhandene Abfahrtsspuren).
5. LVS-Kontrolle machen.
6. Rollen und Erwartungen innerhalb der Gruppe klären.
7. Sich nicht durch Hektik anderer Variantenfahrer unter Druck setzen lassen.
8. Als erste Abfahrt eine defensive Variante wählen, um mit der Lawinensituation vertraut zu werden und um weitere Beobachtungen anstellen zu können (z. B. wo schon gefahren wurde). Bewusst nach Alarmzeichen, insbesondere gesprengten Lawinen suchen. Mit einfachen Mitteln Neuschnee, Triebschnee und Schneedecke beurteilen.
9. Mit fortlaufendem Informationsgewinn kann die Lawinensituation besser eingeschätzt werden. Unter Umständen kommen dadurch offensivere Varianten infrage. Achtung vor den Wahrnehmungsfallen »negativer Lerneffekt« und »Exklusivität«.
10. Sich mit anderen auszutauschen, kann wertvolle Informationen für die Beurteilung und Entscheidung liefern. Es ist jedoch zu beachten, dass die Risikobereitschaft je nach Person unterschiedlich sein kann.
11. Den Tag im Rückblick analysieren (Reflexion).

Powderalarm!

während oder kurz nach dem Schneefall zu beobachten (siehe Kap. Neuschnee, S. 71). Besonders im Frühwinter gilt es zudem, den Neuschnee in Kombination mit dem Altschnee zu beachten (siehe Kap. Kombi-Problem, S. 115). Nach einem Schneefall bricht bisweilen auch einmal eine Lawine in einer Schwachschicht unterhalb der Altschneeoberfläche an.

Lawinenbeobachtungen

Nach einem größeren Schneefall führen die Pistensicherungsdienste Sprengungen durch. Das bietet die Gelegenheit zu beobachten, ob und in welchem Ausmaß Lawinen ausgelöst wurden.

Häufig befahren

Wer nach einem Schneefall wissen will, welche Hänge oder Hangbereiche viele alte

Auch flachere Abfahrten mit weniger Risiko können genussvoll sein.

Häufig befahren und wenig befahren und manchmal sehr nahe beieinander. In der Traverse und unterhalb davon ist die Schneedecke aufgrund der regelmäßigen Spuren stabiler als oberhalb der Traverse, wo kaum jemand fährt.

Spuren aufweisen – wodurch die Lawinenauslösewahrscheinlichkeit in der Regel geringer ist –, benötigt gute Ortskenntnisse. Es ist wichtig, viel befahrene Hangbereiche von wenig befahrenen zu unterscheiden.

Typische Hangbereiche, die weniger häufig befahren werden, sind:

- Bereiche oberhalb von Einfahrtsspuren,
- steilere Hangbereiche und
- Stellen, die mühsamer zu erreichen sind (z. B. durch lange Traversen).

Andere Personen

Auf Variantenabfahrten befinden sich oft mehrere Personen zum selben Zeitpunkt im gleichen Hang. Selbst bei einer defensiven Spuranlage ist zu bedenken, dass womöglich andere Freerider oberhalb in steileren Hangbereichen Lawinen auslösen könnten.

Abfahrt

Die Beurteilung der Konsequenzen unterscheidet sich beim Freeriden kaum von denen bei Touren. Charakteristisch ist, dass der Hang immer nur in der Abfahrt begangen wird. Dies ermöglicht eine präzisere und unter Umständen auch steilere Spuranlage als im Aufstieg, um allenfalls Stellen mit großen Konsequenzen auszuweichen. In der Abfahrt ist es gegebenenfalls auch eher möglich, aus einer sich lösenden Lawine herauszufahren und/oder schnell unterhalb von Felsen Schutz zu finden.

HB-ZQN

Lawinenunfall – Rettung

In Zusammenarbeit mit Manuel Genswein

Die Rettung von Verschütteten ist ein Wettlauf gegen die Zeit. Die Überlebenschance sinkt in den ersten 35 Minuten rapide. Sie vermindert sich um zwei bis drei Prozent pro Minute. In den ersten 15 Minuten besteht hingegen eine gute Chance, Überlebende zu bergen. Damit keine Zeit verloren geht, müssen Rettungsmaßnahmen sofort nach dem Stillstand der Lawine durch die Gruppenmitglieder beginnen. Die Kameradenrettung kann nur erfolgreich sein, wenn die Standard-Notfallausrüstung vorhanden ist und alle Gruppenmitglieder die ersten Maßnahmen am Lawinenunfallplatz kennen und deren Anwendung beherrschen.

KURZ UND KNAPP

In den ersten 15 Minuten nach einer Lawinenverschüttung besteht die größte Chance, Verschüttete lebend zu bergen. Die Kameradenrettung hat höchste Priorität!

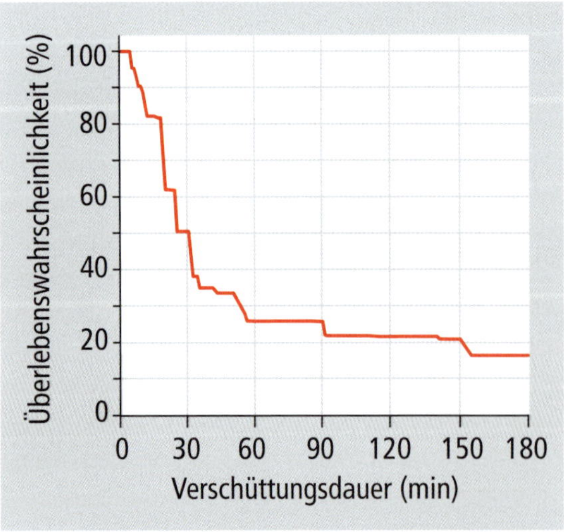

Überlebenswahrscheinlichkeit von ganz verschütteten Personen in Abhängigkeit zur Verschüttungsdauer (Datengrundlage SLF: 946 ganz verschüttete Personen im freien Gelände der Schweizer Alpen von 1981–2005).

Ausrüstung

Als Standard-Notfallausrüstung gelten das Lawinenverschüttetensuchgerät (LVS), die Lawinenschaufel und die Lawinensonde. Nur die Kombination aller drei Gegenstände ermöglicht eine schnelle und effiziente Lokalisation und Bergung von Verschütteten. LVS mit drei Antennen und Markierfunktion sind heute Standard. Auf Geräte mit anderen Eigenschaften gehen wir im Folgenden nicht ein. Das LVS zeigt uns, wo wir sondieren müssen, und der Treffer mit der Sonde, wo wir schaufeln müssen.

Die Mindestanforderungen an die **Standard-Notfallausrüstung** sind:

- LVS immer auf SENDEN (Funktionskontrolle) stellen und sicher am Körper tragen.
- Sonde mit Schnellverschluss; mind. 2,4 m lang, vorzugsweise mit UIAA-Sicherheitslog
- Lawinenschaufel mit robustem Blatt und stabilem, ausziehbarem Stiel, vorzugsweise mit UIAA-Sicherheitslogo

Es ist empfehlenswert, die Standard-Notfallausrüstung mit einem Lawinen-Airbag zu ergänzen. Ein Lawinen-Airbag kann die Verschüttungstiefe verringern und dient als zusätzliches Markierungsmittel, da er auf der Lawinenoberfläche oft gut sichtbar ist.

Das Tragen eines Lawinen-Airbags bietet aber keinen Schutz gegen schwere mechanische Verletzungen, verursacht durch Absturz oder Kollision mit Bäumen oder Felsen während des Lawinenniedergangs. Je nach Gelände rückt diese Gefahr bei einer Lawinenerfassung sogar in den Vordergrund und kann durch die Notfallausrüstung nur geringfügig reduziert werden, bestenfalls durch das Tragen eines Helms.

LVS-Kontrolle zu Beginn einer Skitour

In den Rucksack gehören zudem eine Karte zur Orientierung, das Mobiltelefon und/oder ein Funkgerät für die Alarmierung (die Mobiltelefon-Netzabdeckung im Gebirge ist unvollständig), eine Notfallapotheke (inklusive Rettungsdecke) sowie Sonnen- und Kälteschutz.

Tragen des LVS

Das LVS wird mittels Tragsystem über die unterste Bekleidungsschicht angezogen und während der gesamten Dauer der Tour, auf SENDEN eingeschaltet, am Körper getragen. Das Gerät sollte dabei immer von einer Kleidungsschicht überdeckt bleiben. Die Anzeige (Display) des LVS wird gegen den Körper getragen, damit sie besser geschützt ist.

Als weitere Tragart eignet sich eine gesicherte Hosentasche. Die Tasche muss immer mittels Reißverschluss verschlossen bleiben.

Störungen

Beim Tragen des LVS ist darauf zu achten, dass sich keine elektronischen Geräte (z. B. Mobiltelefone, Funkgeräte, Stirnlampen), Metallteile (z. B. Taschenmesser, Magnetknöpfe) oder ein weiteres LVS in unmittelbarer Nähe befinden. Ist das LVS auf SENDEN eingestellt, können alle elektronischen Geräte eingeschaltet bleiben, es gilt jedoch einen Minimalabstand von 20 Zentimeter zum LVS zu beachten. Beim SUCHEN beträgt die Minimaldistanz zu elektronischen Geräten und metallenen Gegenständen 50 Zentimeter.

Funktionskontrolle des LVS

Vor jeder Tour ist zu prüfen, ob das LVS einwandfrei funktioniert.

Geräteselbst- und Batterietest

Der Geräteselbst- und Batterietest wird bei jedem Einschalten des Gerätes durchgeführt – meist erfolgt er automatisch nach dem Einschalten. Unterhalb welcher Restkapazität die Batterien zu ersetzen sind, ist der vom Hersteller gelieferten Gebrauchsanweisung zu entnehmen.

Einfacher Gruppentest

Der einfache Gruppentest ist vor jeder Tour durchzuführen und ebenso, wenn das Risiko besteht, dass einzelne Gruppenmitglieder das LVS ausgeschaltet haben könnten (z. B. nach einem Restaurantaufenthalt oder bei Rettungsübungen). Für den einfachen Gruppentest stellen sich die Gruppenmitglieder im Abstand von mindestens drei Metern voneinander auf. Die LVS befinden sich in der gesicherten Tragposition und auf SENDEN. Der Prüfende schaltet sein Gerät auf GRUPPENTEST, oder bei älteren LVS ohne diese Funktion auf SUCHEN. Er hält das Gerät vertikal und geht an jedem Gruppenmitglied vorbei. Dabei ist wichtig, dass eine Distanz von einem Meter zwischen dem Prüfenden und dem zu kontrollierenden Gerät eingehalten wird. Aufgrund dieser definierten Distanz von einem Meter kann nicht nur überprüft werden, ob der Sender eingeschaltet ist, sondern auch, ob dieser mit genügender Leistung sendet (Reichweitentest). Bei einem Gerät mit Distanzanzeige muss die angezeigte Distanz weniger als 2.0 betragen, oder der Ton muss deutlich hörbar sein. Ist die angezeigte Distanz größer als 2.0, respektive der Ton nicht hörbar, sendet das Gerät zu schwach (Batterien schwach oder LVS beschädigt). Achtung: Die kontrollierende Person muss ihr Gerät nach dem Gruppentest auf SENDEN umschalten!

Doppelter Gruppentest

Um sowohl die Such- als auch die Sendefunktion zu überprüfen, wird der doppelte Gruppentest durchgeführt, insbesondere bei der Bildung einer neuen Gruppe, zum Beispiel zu Beginn einer Tourenwoche. Die Gruppe stellt sich wie beim einfachen Gruppentest auf (Abstand untereinander mindestens 3 m). Die Gruppenmitglieder schalten ihr Gerät zuerst auf GRUPPENTEST, oder bei älteren LVS ohne diese Funktion auf SUCHEN, und halten ihre Geräte vertikal. Die kontrollierende Person stellt ihr Gerät auf SENDEN, hält es vertikal und geht von Gerät zu Gerät. Dabei achtet sie wiederum darauf, einen Abstand von einem Meter zwischen ihrem Gerät und dem zu prüfenden LVS einzuhalten. Anschließend schalten die Gruppenmitglieder auf SENDEN und es folgt der Test gemäß dem einfachen Gruppentest.

KURZ UND KNAPP

Vor jeder Tour ist die Funktionstüchtigkeit der LVS mit dem einfachen Gruppentest zu überprüfen. Dazu wird, falls vorhanden, die GRUPPENTEST-Funktion verwendet.

EXPERTENTIPP

Beim doppelten Gruppentest wird zuerst die Such- und anschließend die Sendefunktion überprüft, sodass sich die Geräte aller Gruppenmitglieder zum Schluss der Kontrolle auf SENDEN befinden.

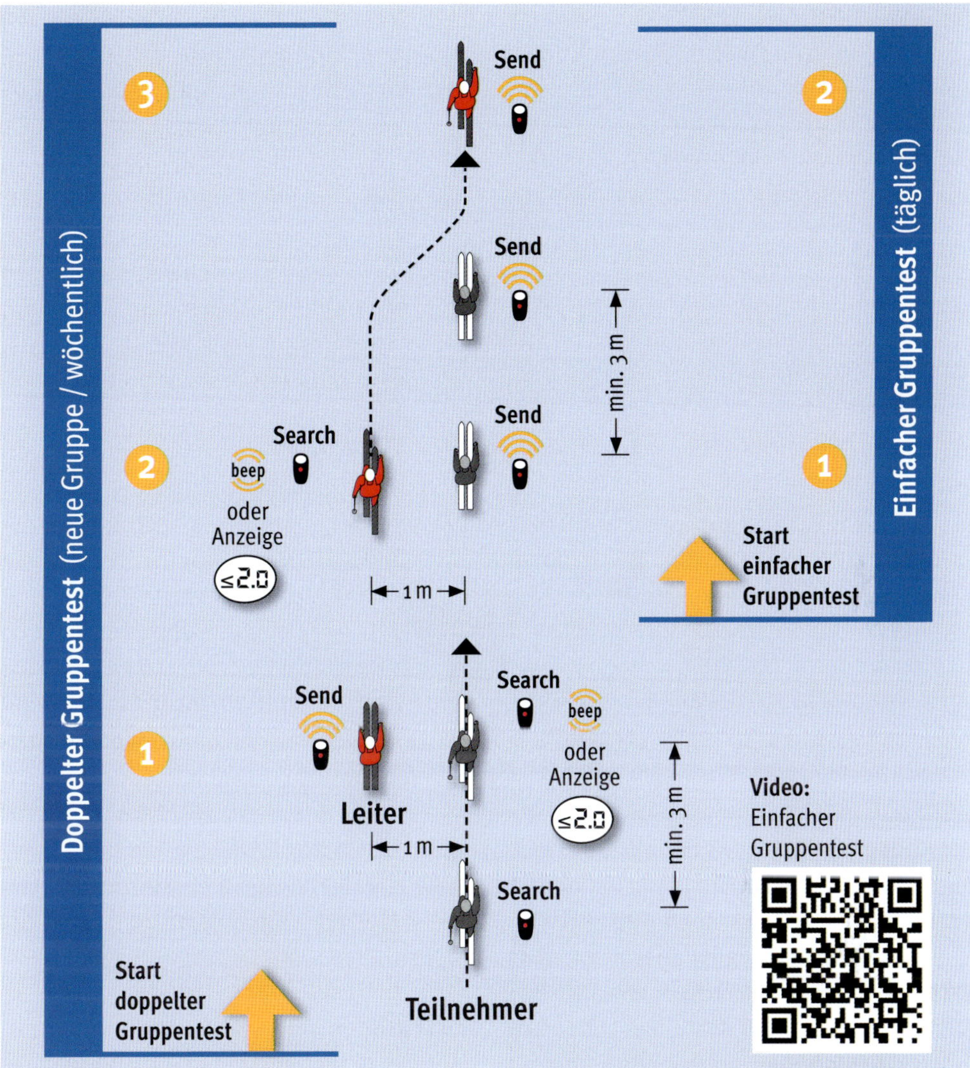

Funktionskontrolle der LVS: Beim doppelten Gruppentest wird erst die Such-, dann die Sendefunktion überprüft (links). Die Überprüfung der Sendefunktion entspricht dem einfachen Gruppentest (rechts) (Grafik: MountainSafety.info).

Lawinen-Airbag

Der Lawinen-Airbag ist die einzige Notfallausrüstung, die eine Lawinenverschüttung verhindern oder reduzieren kann. Mit dem Lawinen-Airbag nutzt man den Effekt, dass unter Schwerkraft strömende granulare Medien – in diesem Fall die Lawine – dazu neigen, sich derart zu entmischen, dass größere Partikel eher an der Oberfläche, kleinere eher in den unteren Schichten zu finden sind. Diesen Sortierungseffekt nennt man »inverse Segregation«. Der Lawinen-Airbag macht einen Wintersportler, der an sich schon ein großes Partikel ist, zu einem noch größeren Brocken, der so besser vom Sortierungseffekt profitiert. Da der Effekt der Entmischung nur in der fließenden Lawine funktioniert, ist bei einer Erfassung am Fuß eines großen Hangs

Verschütteter Dummy mit Airbag nach gesprengter Lawine im Rahmen von Feldversuchen zur Wirksamkeit. Durch den Airbag bleibt eine erfasste Person in einer fließenden Lawine eher an der Oberfläche.

der Airbag weniger wirksam, als wenn sich die erfasste Person im Steilhang befindet.
Die Wirksamkeit des Lawinen-Airbags ist erwiesen. Voraussetzung ist allerdings, dass die erfasste Person geistesgegenwärtig den Auslösegriff zieht und somit das Füllen des Airbags aktiviert. Eine umfassende Studie mit ernsthaft erfassten Personen – mit und ohne Lawinen-Airbag in derselben Lawine – zeigte, dass sich die Sterbewahrscheinlichkeit für Erfasste mit aufgeblasenem Lawinen-Airbag etwa halbiert.
Der Lawinen-Airbag ist ein wertvoller Zusatz für den Notfall, er garantiert allerdings nicht, in einer Lawine zu überleben. Bei großer Verletzungsgefahr nützt er kaum. Ebenfalls zu beachten ist, dass bei rund jedem fünften Fall die erfasste Person den Airbag nicht ausgelöst hat, meist weil ihr der Reflex zum Ziehen fehlte. Es ist daher wichtig, die Handbewegung zum Auslösegriff vorab zu üben, um diesen Reflex anzutrainieren.

Rettung

Bei der Kameradenrettung muss sofort gehandelt werden. Der Verschwindepunkt, Hinweise an der Oberfläche und ein gutes Gesamtverständnis, was wo geschieht, machen die Kameradenrettung zielgerichteter: Eine Minute schneller retten, bedeutet eine höhere Überlebenschance von zwei bis drei Prozent! In den meisten Fällen lohnt es sich, sofort zu alarmieren.

Die ersten Minuten bei der Kameradenrettung sind besonders wichtig. Sie kann nur erfolgreich sein, wenn alle Gruppenmitglieder die ersten Rettungsmaßnahmen beherrschen.

Verhalten während des Lawinenniedergangs

Als Betroffener

Wird man von einer Lawine erfasst, soll eine Fluchtfahrt zur Seite versucht werden. Am Rand der Lawine ist die Chance, bei Stillstand nicht oder nur teilverschüttet zu sein, größer als in der Mitte. Wenn, wie leider oft der Fall, keine Flucht möglich ist, sollte sich die erfasste Person möglichst schnell von den Schneesportgeräten und Stöcken befreien. Diese wirken, solange sie am Körper befestigt sind, als Anker und können dadurch zu einer größeren Verschüttungstiefe führen. Falls ein Lawinen-Airbag mitgeführt wird, soll dieser sofort ausgelöst werden. Solange der Schnee fließt, mit aller Kraft versuchen, an der Oberfläche zu bleiben. Wenn die Lawine langsam zum Stillstand kommt, die Arme vor das Gesicht halten, sodass die Atemwege möglichst frei bleiben.

Als Beobachter

Diejenigen Gruppenmitglieder, die nicht von der Lawine erfasst worden sind, beobachten den Lawinenabgang und merken sich den Verschwindepunkt des Erfassten und die Fließrichtung der Lawine. Anhand dieser Beobachtungen kann der primäre Suchbereich festgelegt werden.

Erste Maßnahmen am Unfallplatz

Nach dem Stillstand der Lawine sind sofort folgende Maßnahmen zu treffen:

1. Person bestimmen, welche die Leitung der Rettung übernimmt.
2. Angrenzende Hänge meiden.

Alle europäischen Länder		**112**
Länderspezifische Nummern:		
Österreich	Alpin-Notruf (Inland) aus dem Ausland mit Vorwahl, z.B. 0043 512 für Innsbruck	140
Schweiz	Rega: Inland Rega: aus dem Ausland	1414 0041 333 333 333
Italien	Bergrettung	118
Frankreich	Zentraler Notruf Rettungsleitstelle Chamonix (PGHM)	15 0450 53 16 89

Nummern der Bergrettung

Punktsuche: Die letzte der vier Suchphasen. Mit dem LVS wird bestimmt, wo sondiert wird. Der Sondentreffer markiert, wo geschaufelt werden muss.

3. Alarmierung: Falls keine Verbindung, sofort mit der Kameradenrettung beginnen und später alarmieren.
4. Vor der Suche prüfen, dass Personen, die nicht mit dem LVS suchen, ihr Gerät ausschalten Fortgeschrittene: falls verfügbar, »Rettungs-/Stand-by/Backup-SEND«.
5. Mindestens ein Retter sucht sofort mit Auge, Ohr und LVS. Wenn möglich bis zum Start der Feinsuche Schneesportgerät an den Füßen tragen, gegebenenfalls mit Fellen. Den Rucksack mit allem Material jederzeit bei sich behalten.
6. Sonde und Schaufel erst zusammenbauen, wenn Feinsuche abgeschlossen ist.
7. LVS-Suche abgeschlossen: Alle LVS auf SENDEN stellen.
8. Bergen.
9. Erste Hilfe.

Alarmierung – Unfallmeldung
WO – ist der Unfallort?
WAS – ist geschehen?
WIE VIELE – Personen sind betroffen (Art der Verletzungen) / Wie viele Retter?
WANN – ist das Ereignis passiert?
WETTER – Situation vor Ort?
WER – ruft an?

Je nach Ausgangslage und Anzahl der Suchenden im Verhältnis zu den Verschütteten sind die obigen Maßnahmen anzupassen. Sind Personen komplett verschüttet, wird dringend empfohlen, baldmöglichst die organisierte Bergrettung und damit medizinische Hilfe anzufordern.

EXPERTENTIPP

Tragen die vollständig verschütteten Personen ein LVS, hat die Kameradenrettung höchste Priorität. Je aufwendiger die Alarmierung (z. B. wenn kein Mobilnetz oder keine Funkverbindung zur Verfügung stehen) und je länger die erwartete Interventionszeit der organisierten Rettung (z. B. kein Flugwetter), desto später kann die Alarmierung erfolgen.

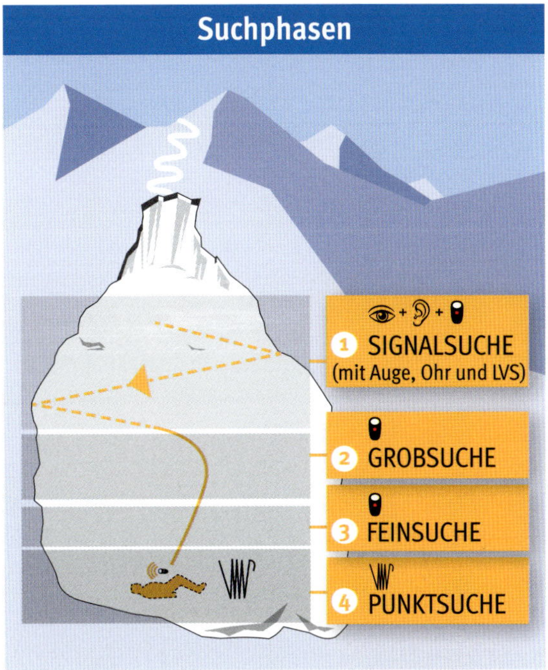

Die verschiedenen Phasen bei der LVS-Suche (Grafik: MountainSafety.info).

Suchphasen

Die Suche wird in vier Phasen unterteilt: Signalsuche, Grobsuche, Feinsuche und Punktsuche.

Balance zwischen Suchgeschwindigkeit und -genauigkeit

Die LVS-Suche ist vergleichbar mit der Landung eines Flugzeugs: »**Airport Approach**«. Ist die Distanz zum Ziel (»Verschütteter/Flughafen«) groß und die Geschwindigkeit hoch (wir nähern uns möglichst schnell), ist keine hohe Suchgenauigkeit erforderlich. Das LVS wird auf Brusthöhe gehalten (Signal-/Grob-

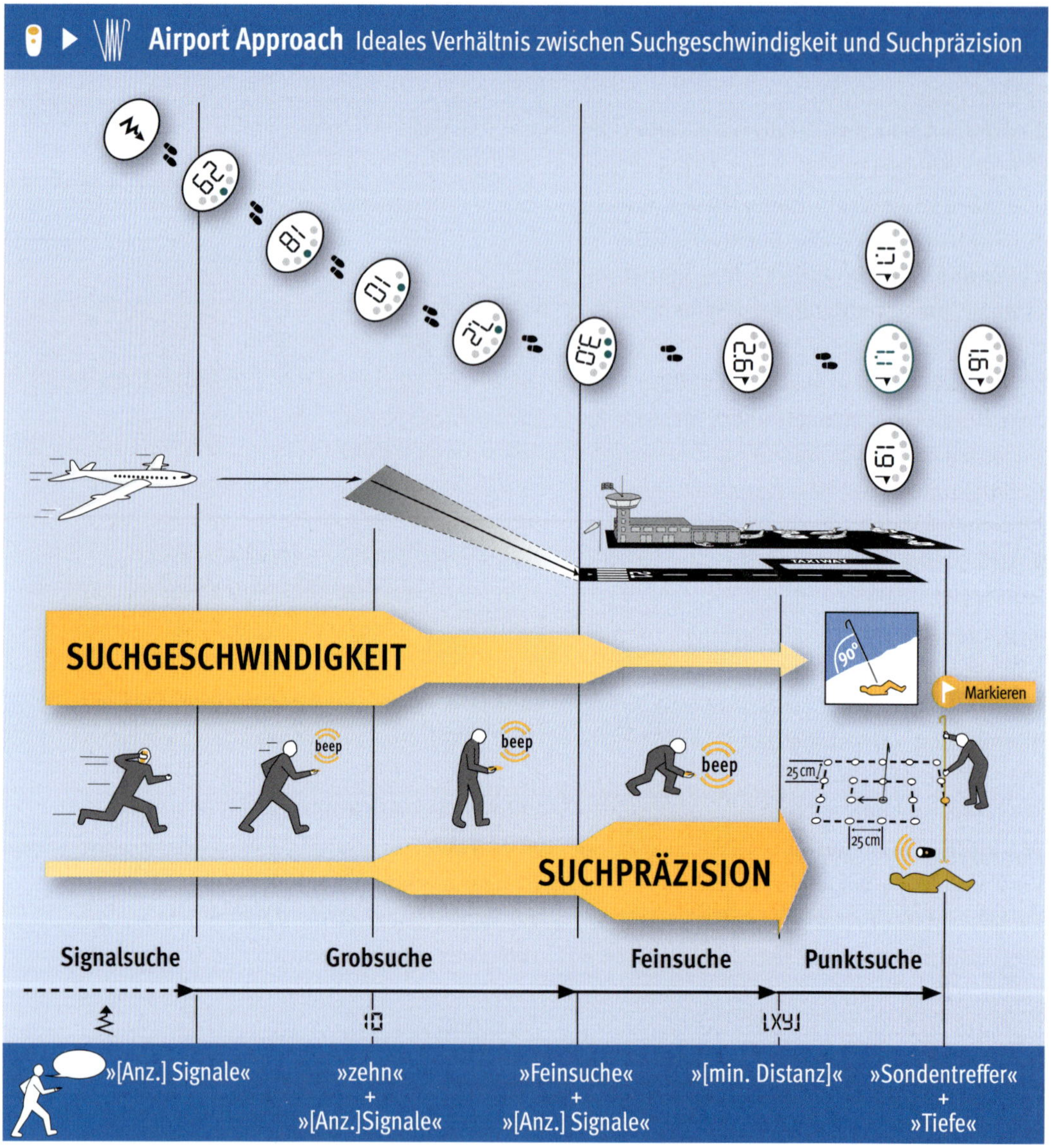

Airport Approach (Grafik: MountainSafety.info)

suche). Sobald die Distanz zum Ziel gering ist (in unmittelbarer Umgebung des Verschütteten), muss die Geschwindigkeit drastisch vermindert werden, womit die erforderliche Steigerung der Suchgenauigkeit erreicht wird. Dazu wird das LVS direkt auf Kniehöhe gehalten (Feinsuche).

Signalsuche

Die Suche beginnt mit der Signalsuche, welche mit dem Empfang des ersten hörbaren Signals oder einer Distanzanzeige auf dem LVS endet (sämtliche LVS geben am Übergang zur Grobsuche ein Tonsignal). Das LVS seitlich am Kopf halten, sodass der visuelle

Fokus auf der Lawinenoberfläche ist. Während der Signalsuche ist die Suchgeschwindigkeit hoch.
Der Abstand zwischen suchenden Rettern in der Signalsuche nennt man die Suchstreifenbreite. Sie ist je nach Gerät unterschiedlich groß und auf der Rückseite des LVS ersichtlich. Grundsätzlich ist es nicht gravierend, wenn die Suchstreifenbreite zu groß gewählt wird – im Gegenteil. Das Risiko, einen Verschütteten deswegen nicht zu finden, ist klein, der Zeitgewinn aber groß.

Grobsuche

Sobald ein Signal deutlich hörbar ist oder eine Distanz angegeben wird, beginnt die Grobsuche, die in die unmittelbare Umgebung des Verschütteten führt. Dabei kommt das Feldlinienverfahren zur Anwendung. Das LVS wird horizontal gehalten und der Retter geht in die vom Pfeil angezeigte Richtung. Die Suche erfolgt schnell und zielstrebig; ruckartige Bewegungen sind zu vermeiden. Nimmt die angezeigte Distanz ab, so nähert sich der Retter dem Verschütteten. Nimmt die Distanz zu, entfernt sich der Retter in die um 180 Grad falsche Suchrichtung. In diesem Fall muss er die Richtung unverzüglich ändern und die Suche in entgegengesetzter Richtung fortsetzen. Je mehr sich der Suchende dem Verschütteten nähert, umso besser ist die Genauigkeit der Distanzangabe.

Feinsuche

Die Feinsuche beginnt, sobald sich der Retter in unmittelbarer Umgebung des Verschütteten befindet (Distanzanzeige ‹ 3.0). Das LVS wird nun auf Kniehöhe geführt. Die Geräteorientierung darf nicht mehr verändert werden. Weniger geübte Retter gehen bis zur kleinsten Distanzanzeige auf einer Geraden weiter (»Landebahn«) und markieren diese Stelle, zum Beispiel mit einem Skistock. Fortgeschrittene kreuzen von dieser Stelle ausgehend systematisch ein bis zur absolut kleinsten Distanzanzeige und markieren die Stelle ebenfalls durch Einstecken des Skistocks. Das Einkreuzen erhöht die Suchgenauigkeit. Ungeübte verlieren dabei jedoch zu viel Zeit.
Die mit einem Skistock oder einem anderen Gegenstand markierte Stelle der kleinsten

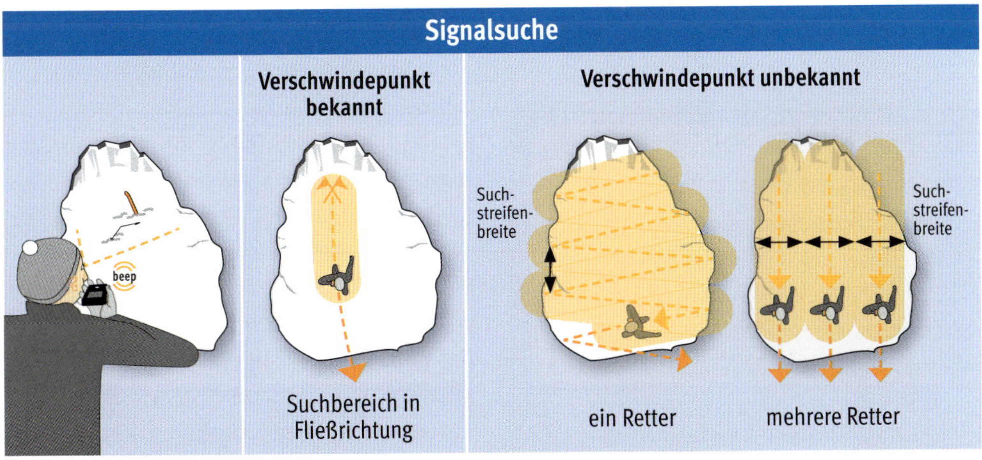

Signalsuche: Je nachdem, ob der Verschwindepunkt bekannt ist und ob die Suche allein oder mit mehreren Rettern durchgeführt wird, gestaltet sich das Vorgehen bei der Signalsuche unterschiedlich. (Grafik: MountainSafety.info)

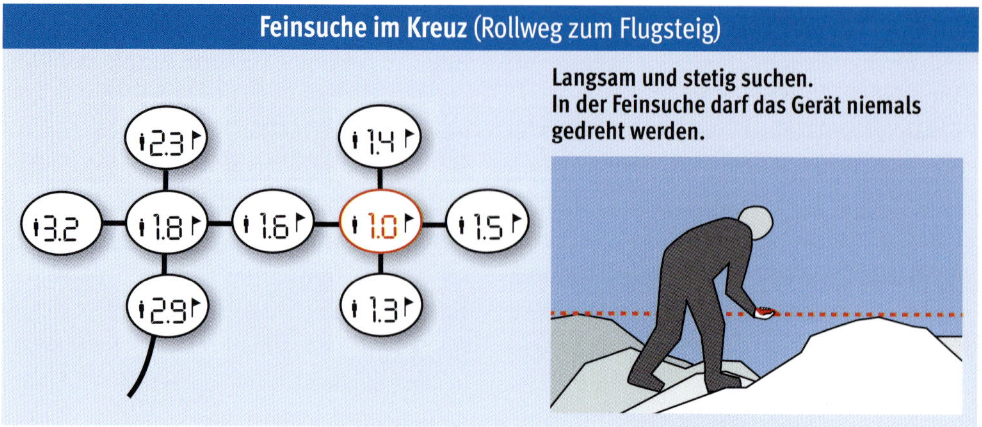

Bei der Feinsuche wird das LVS auf Kniehöhe geführt und nicht mehr gedreht. (Grafik: MountainSafety.info)

Distanzanzeige ist das Zentrum für den Beginn der Punktsuche mit der Sondierstange.

Punktsuche

Eine punktgenaue Ortung ist mittels LVS kaum möglich. Um die verschüttete Person exakt zu lokalisieren, wird sondiert. Beim Sondieren wird ein spiralförmiges Muster angewendet. Die Stelle mit der kleinsten Distanzanzeige bildet das Zentrum der Sondierspirale. Von diesem Punkt aus wird mit einem Abstand von rund 25 Zentimetern spiralförmig nach außen hin sondiert. Der Retter stellt sich hangaufwärts schauend auf, was das

KURZ UND KNAPP

- In der Signalsuche wird das LVS um alle Achsen gedreht, bis ein Signal empfangen wird.
- In der Grobsuche wird das LVS auf Brusthöhe gehalten und schnell gesucht.
- In der Feinsuche wird das LVS langsam, präzise und ohne Lageänderungen auf Kniehöhe geführt.
- In der Punktsuche führt die Sonde zur verschütteten Person.

Sondieren im rechten Winkel zur Schneeoberfläche erleichtert. Bei einem Sondentreffer wird die Sonde stecken gelassen. Sie dient während des Ausgrabens als Wegweiser zum Verschütteten.

Suchstrategien bei mehreren Verschütteten

Sind mehrere Personen verschüttet, ist es besonders wichtig, die Situation mittels mentaler Karte zu erfassen. So lassen sich die vorhandenen Retter möglichst effizient einsetzen. Die Distanzanzeige und Verschüttetenliste des LVS, aber auch Funktionen wie »Scan« oder der Analogton liefern dazu ebenfalls wichtige Informationen. Die meisten LVS ermöglichen mittels Markierfunktion, die Signale der bereits aufgefundenen Geräte auszublenden. Das LVS führt den Retter sodann zum nächsten noch nicht als gefunden markierten Verschütteten. Das korrekte Funktionieren der Markierfunktion setzt voraus, dass das LVS die Signale aller Verschütteter zuverlässig voneinander unterscheiden kann. In anspruchsvollen Situationen sind diesem Vorgehen Grenzen gesetzt. Treten Probleme bei der Suche nach mehreren Verschütteten

EXPERTENTIPP

SoundCheck (falls Analogton vorhanden)
Das Zählen der Anzahl verschiedener Tonfolgen ergibt die Anzahl der Verschütteten. Weitere im Analogton hörbare Verschüttete befinden sich in maximal ca. +50% der angezeigten Distanz.
Abfrageschema zur einfachen und zuverlässigen Bestimmung von einem bis drei und mehr Verschütteten:

1. Kann dies nur ein Verschütteter sein? Nein: mind. zwei
2. Können dies nur zwei Verschüttete sein? Nein: mind. drei

Beispiel mit drei Tonfolgen und Distanzanzeige 4.0: Ein Verschütteter ist maximal vier Meter entfernt, die weiteren zwei Verschütteten befinden sich in etwa vier bis sechs Metern Entfernung.

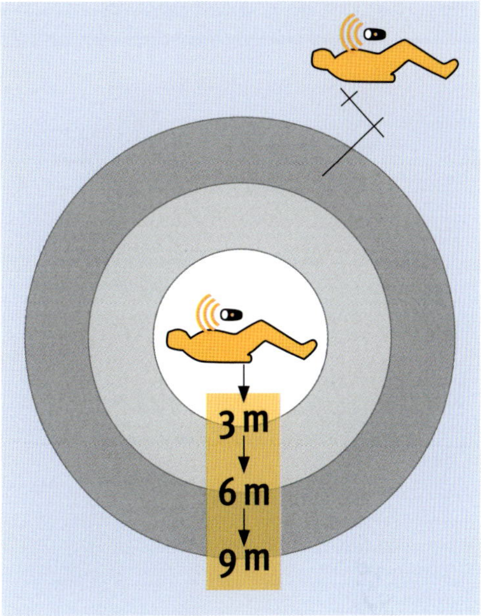

Mit der Drei-Kreis-Methode werden Flächen im Drei-, Sechs- und Neun-Meter-Radius abgesucht. (Grafik: MountainSafety.info)

auf, müssen alternative Suchstrategien wie die Mikrosuchstreifen oder die Drei-Kreis-Methode eingesetzt werden.

Drei-Kreis-Methode:
Ist der erste Verschüttete geortet, wird dieser von den weiteren Rettern ausgegraben und betreut. Der Suchende entfernt sich drei Meter vom bereits aufgefundenen Verschütteten. Dieser wird nun auf einem Kreis mit einem Radius von drei Metern umrundet, während das Gerät auf die Schneeoberfläche gehalten und die Distanz (Lautstärke oder Distanzanzeige) zum ersten Gefundenen betrachtet wird. Stellt man ein deutlich stärkeres Signal respektive eine deutlich kleinere Distanzangabe fest, liegt ein weiterer Verschütteter in unmittelbarer Nähe. Erkennt man auf dem ersten Kreis kein deutlich stärkeres Signal, so wird dasselbe Vorgehen mit Kreisen von sechs und neun Metern Radius wiederholt.

Bergung

Das Ausgraben beansprucht in der Regel viel mehr Zeit als die Suche mit dem LVS. Daher muss das Ausgraben ebenso geübt werden. Die Sonde wird nach dem Auffinden des Verschütteten stecken gelassen – sie markiert, wo und wie tief geschaufelt werden muss. Die Retter stellen sich in Falllinie unterhalb der Sonde im Abstand einer Schaufellänge auf und beginnen in einem Förderbandsystem zu schaufeln. Die Länge des »Schneeförderbandes« entspricht bei flacher Ablagerung rund zweimal der Verschüttungstiefe (eingesteckte Sonde), bei steiler Ablagerung rund einmal der Verschüttungstiefe. Der erste Retter gräbt der Sonde folgend in Richtung Patient. Die Retter hinter ihm befördern den Schnee wie auf einem Förderband weiter, graben jedoch in allen Positionen auch in die Tiefe, sobald sie der Schneetransport nicht komplett auslastet. Auf Kommando des Retters an der

Schneeförderband

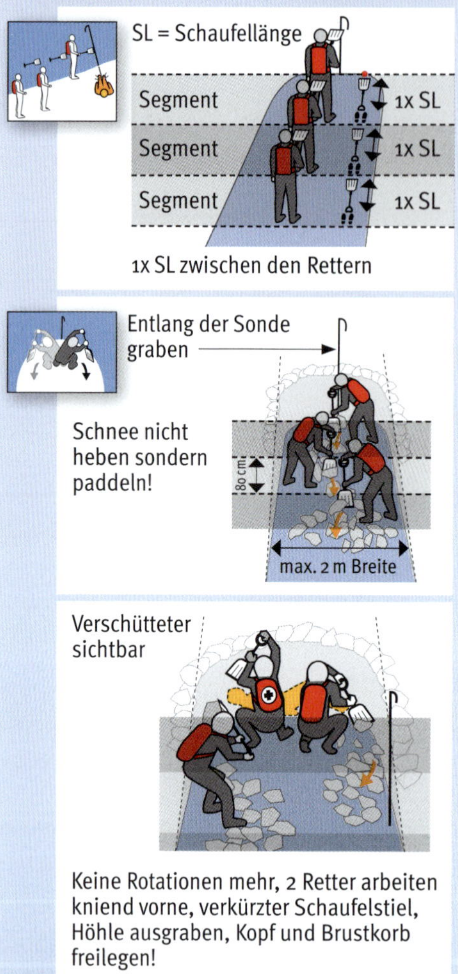

- Sondentreffer: als Wegweiser zum Verschütteten bei der Bergung Sonde stecken lassen
- Auf Atemhöhle achten, Verschütteten nicht zertrampeln
- Länge des Schneeförderbandes:
  · flache Ablagerung: 2× Verschüttungstiefe
  · steile Ablagerung: 1× Verschüttungstiefe
- Optimale Anzahl Retter: 1 Retter pro 80 cm Länge des Schneeförderbandes
- Mannschaft auf Kommando des Retters an der Spitze regelmäßig im UZS rotieren (ca. alle 2-4 Min.)
- Wenn im Segment kein Schnee mehr liegt, sofort weiter in die Tiefe graben.
- Blöcke stechen, wenn der Schnee hart ist.

Das Schneeförderband erhöht die Effizienz beim Ausgraben und Freilegen von Verschütteten. (Grafik: MountainSafety.info)

KURZ UND KNAPP

So schnell wie möglich Kopf freilegen und Atemwege vom Schnee befreien.

Spitze rotieren die Retter ungefähr alle vier Minuten im Uhrzeigersinn, damit die Effizienz möglichst hoch bleibt. Das Ausgraben muss sehr schnell erfolgen. Werden die ersten Körperteile oder Bekleidungsstücke sichtbar, schaufeln zwei Retter kniend weiter in Richtung Kopf. In unmittelbarer Nähe des Kopfes ist Vorsicht geboten. Sobald das Gesicht freigelegt ist, müssen sofort die Atemwege von

Ausgraben beansprucht in der Regel mehr Zeit als die Suche mit dem LVS. Effizientes Schaufeln muss geübt werden.

Schnee befreit werden. Während ein Retter den Patienten beim Kopf betreut, schaufeln die restlichen Retter den Körper soweit frei, bis Erste Hilfe geleistet werden kann.

Erste Hilfe beim Lawinenunfall

Nach einer Lawinenverschüttung sinkt die Überlebenswahrscheinlichkeit kontinuierlich und liegt nach 35 Minuten bei unter 40 Prozent. In diesem Zeitintervall sterben die meisten Verschütteten am Erstickungstod aufgrund verschlossener Atemwege oder ungenügender Atemhöhle.

Um eine Lawinenverschüttung zu überleben, sind freie Atemwege eine wichtige Voraussetzung. Bei der Rettung ist daher Folgendes entscheidend:

› Kopf und Brustkorb müssen schnell befreit werden.
› Zeigt der Verschüttete keine Lebenszeichen, muss er sofort reanimiert werden.

Im Gegensatz zu einem Herzversagen sollten bei Lawinenverschütteten zu Beginn der Reanimation fünf Beatmungsstöße gegeben werden. Dadurch können bewusstlose Patienten mit Sauerstoffmangel allenfalls wieder zu Bewusstsein kommen. Falls dies

Kopf und Brust müssen möglichst schnell von Schnee befreit werden. Leblos erscheinende Patienten müssen reanimiert werden, bis der Arzt eintrifft und das weitere Vorgehen bestimmt (Bild: Szene bei Übung mit Puppe).

Oft sind erst nach Eintreffen der Rettungsmannschaft genügend Personen für die Hilfeleistung vorhanden.

erfolglos bleibt, wird wie folgt weiter reanimiert:

- Wenn man die Beatmung nicht beherrscht oder sie in der gegebenen Situation unzumutbar ist, erfolgt die Reanimation mit 100 Thorax-Kompressionen pro Minute ohne Beatmung.
- Ansonsten: Reanimation mit 30 Thorax-Kompressionen gefolgt von zwei Beatmungsstößen.

Ist der Patient bei Bewusstsein, erfolgt die weitere Erste Hilfe mit einem systematischen »Body Check« von Kopf bis Fuß.

Unterkühlung

Bei wachen Patienten, die bei vollem Bewusstsein sind, soll das Wiederaufwärmen durch aktive Bewegung und die Einnahme von warmen, zuckerhaltigen Getränken erfolgen. Ist das Bewusstsein des Patienten bereits beeinträchtigt, er reagiert jedoch auf verbale Stimulation, soll er nur vorsichtig bewegt und weiteres Auskühlen sollte vermieden werden. Wenn möglich, soll versucht werden, ihm warme, zuckerhaltige Getränke zu verabreichen. Bewusstlose Patienten sollen möglichst vorsichtig bewegt werden, weiteres Auskühlen ist unbedingt zu vermeiden und eine Überwachung ist erforderlich.

KURZ UND KNAPP

Lawinenopfer müssen als mehrfach verletzte Patienten betrachtet werden. Sorgsam bergen! Nach der Bergung muss der Patient vor weiterem Auskühlen geschützt werden (Wind, Witterung).

Sind keine Lebenszeichen vorhanden, muss der Patient reanimiert werden.

Verletzungen

Eine Lawinenerfassung kommt oft einem Absturz gleich, was zu lebensbedrohlichen Verletzungen führen kann. Es können innere Verletzungen von Knochen, Organen (Lunge, Leber, Milz), Gefäßen und Weichteilen auftreten, die zu einem großen Blutverlust führen. Deshalb ist jedes Lawinenopfer als mehrfach verletzter Patient zu betrachten und sorgsam zu bergen.

Luftrettung

Bei Lawinenunfällen mit ganz verschütteten Personen ist die Alarmierung der Luftrettung immer gerechtfertigt. Die Kommunikation mit der Besatzung des Helikopters findet mittels »**Y**es/**N**o«-Zeichen (siehe Abbildung) statt. In der Nähe von Helikoptern sind folgende Maßnahmen wichtig:

- Die Einweisung des Helikopters sollte mind. 100 m von der Unfallstelle entfernt und hindernisfrei sein.
- Keine losen Gegenstände liegen lassen. Vorsicht mit Skiern, Sondierstangen etc. Lange Gegenstände flach am Boden halten!
- Bei Nachteinsätzen keine Lichtquellen direkt auf den Helikopter richten.
- Beim Anflug des Helikopters bleibt die einweisende Person am Standort und geht in Kauerstellung (Referenz für Pilot).
- Augenkontakt zum Piloten halten.
- Annäherung an den Helikopter erst bei stillstehendem Rotor oder klarem Zeichen der Besatzung.
- Ein- und Aussteigen bei laufendem Rotor nur in Begleitung eines Besatzungsmitglieds.

Kommunikation mit Flugrettung – YES: Ja, wir brauchen Hilfe. NO: Nein, wir brauchen keine Hilfe.

Eingetroffene Rettung und Notarzt am Unfallplatz

Register

Im Register finden nur die relevantesten Stellen Erwähnung.

Literaturverzeichnis

Berther, A., Wicky, M., 2010. Varianten und Touren. Schneesport Schweiz, Band 7. SSSA, Belp.

Züblin, R., Schneider, M., Gyger, M., Burnand, P., 2019. J+S Merkblatt: Faktor Mensch. Bundesamt für Sport.

Brugger, H., Durrer, B., Adler-Kastner, L., Falk, M.,Tschirky, F., 2001. Field management of avalanche victims. Resuscitation, 51(1): 7–15.

Brugger, H., Kern, M., Etter, H.-J., Falk, M., 2003. Effizienz am Lawinenkegel. Bergundsteigen, 12(4): 60–65.

de Bono, E., 1985. Six thinking hats: An essential approach to business management. Little, Brown, & Company, London, UK.

Engler, M., 2001. Die weisse Gefahr. Verlag Martin Engler, Sulzberg.

Etter, H.J., Schweizer, J., Stucki, T., 2009. Nicht ohne mein LVS: Lawinennotfallsysteme im Vergleich. Die Alpen, 85(2): 24–29.

Figner, B., Mackinlay, R.J., Wilkening, F., Weber, E.U., 2006. Affective and deliberative processes in risky choice: Age differences in risk taking in the Columbia Card Task. J. Exp. Psychol. Learn., 35(3): 709–730.

Fischer, A., Lamprecht, M., Stamm, H., 2006. Risikoverhalten im Sport. Zwischenbericht: Theoretische Grundlagen und ein allgemeines Modell, SUVA.

Fredston, J.A., Fesler, D., 1988. Snow sense – A guide to evaluating snow avalanche hazard. Alaska Mountain Safety Center, Anchorage AK, USA.

Gaume, J., Gast, T., Teran, J., van Herwijnen, A., Jiang, C., 2018. Dynamic anticrack propagation in snow. Nat. Commun., 9(1): 3047.

Gaume, J., van Herwijnen, A., Gast, T., Teran, J., Jiang, C., 2019. Investigating the release and flow of snow avalanches at the slope-scale using a unified model based on the material point method. Cold Reg. Sci. Technol., 168: 102847.

Genswein, M., Eide, R., 2007. Schaufel Strategie – das V-förmige Schneeförderband. Bergundsteigen, 16(4): 76–79.

Genswein, M., 2010. J+S Merkblatt Lawinenunfall, J+S Handbuch Bergsport. Bundesamt für Sport.

Gigerenzer, G., 2020. Risiko. Pantheon Verlag, 400 pp.

Haegeli, P., 2010. Avaluator Avalanche Accident Prevention Card – Second Edition. Canadian Avalanche Centre, Revelstoke BC, Canada.

Haegeli, P., Falk, M., Brugger, H., Etter, H.-J., Boyd, J., 2011. Comparison of avalanche survival patterns in Canada and Switzerland. Can. Med. Assoc. J., 183(7): 789–795.

Haegeli, P., Falk, M., Zweifel, B., Procter, E., Jarry, F., Logan, S., Kronholm, K., Biskupi , M., Brugger, H., 2014. Die Wirksamkeit des Lawinenairbags. Bergundsteigen, 23(4): 94–101.

Hammonds, K., Greene, E., 2016. Leave your thermometer at home ... but don't forget your loupe. The Avalanche Review, 35(1): 22–23.

Harvey, S., Nigg, P., 2009. Praktisches Beurteilen und Entscheiden im Lawinengelände. Ein Blick über Konzepte und Tools in der Schweiz. Tagungsband ISSW 2009, Davos, 654–658.

Harvey, S., Schweizer, J., 2018. Wann geht das Brett ab? – Prozessdenken bei der Beurteilung der Lawinengefahr. Panorama – Magazin des Deutschen Alpenvereins, 70(1): 58–61.

Harvey, S., 2002. Lawinen und Bulletin, Facts aus Schweizer Datenbank. Bergundsteigen, 11(4): 48–52.

Harvey, S., 2008. Mustererkennung in der Lawinenkunde. Sicherheit im Bergland. Österreichisches Kuratorium für Alpine Sicherheit, Innsbruck, 88–94.

Harvey, S., 2011. Lawinensituationen als Muster erkennen. bergundsteigen – Zeitschrift für Risikomanagement im Bergsport. Österreichischer Alpenverein, Innsbruck, 20(4): 58–67.

Harvey, S., 2015. Unschärfen im Risikomanagement. Bergundsteigen, 24(4): 86–95.

Harvey, S., 2018. Entscheidung im Einzelhang. Bergundsteigen, 27(1): 92–96.

Harvey, S., Rhyner, H.U., Dürr, L., Schweizer, J., Henny, H.J. 2022. Merkblatt: Achtung Lawinen! Kern-Ausbildungsteam "Lawinenprävention Schneesport". Achte Auflage.

Heierli, J., Zaiser, M., Gumbsch, P., 2010. Der Knall im Lawinenhang. Die Ursache von Schneebrettlawinen. Physik in unserer Zeit, 41(1): 31–34.

Hoffmann, M., 2000. Lawinengefahr, Schneebretter: Risiken erkennen – Entscheidungen treffen. BLV.

Jamieson, J.B., 2000. Backcountry avalanche awareness. Canadian Avalanche Association, Revelstoke BC, Canada.

Kahneman, D., 2012. Thinking, Fast and Slow. Penguin Books Ltd.

Kern, M., Tschirky, F., Schweizer, J., 2001. Feldversuche zur Wirksamkeit einiger neuer Lawinen-Rettungsgeräte. Jahrbuch 2001. Österreichische Gesellschaft für Alpin- und Höhenmedizin, 127–145.

Kurzeder, T., Feistl, H., 2010. Powderguide Lawinen: Risiko-Check für Freerider. Tyrolia-Verlag.

Mair, R., Nairz, P., 2010. Lawine. Die 10 entscheidenden Gefahrenmuster erkennen: Praxis-Handbuch. Tyrolia-Verlag.

McCammon, I., 2002. Evidence of heuristic traps in recreational avalanche accidents. Tagungsband ISSW, Penticton BC, Canada, 244–251.

McClung, D.M., Schaerer, P., 2006. The Avalanche Handbook. The Mountaineers Books.

Mersch, J., 2008. Intuition, Wiedererkennung und Muster. Bergundsteigen, 17(4): 46–51.

Mersch, J., Fleischmann, M., Mittermayer, H., 2021. Lawinen: Erkennen – Beurteilen – Vermeiden. Bergwelten

Mitterer, C., Schweizer, J., 2013. Gleitschneelawinen. Bergundsteigen, 22(4): 42–49.

Mitterer, C., Schweizer, J., 2014. Nassschneelawinen. Bergundsteigen, 23(1): 52–57.

Mitterer, C., Reuter, B., Proksch, M., Schweizer, J., 2016. Das Schneeprofil. Bergundsteigen, 25(4): 44–49.

Munter, W., 2003. 3x3 Lawinen – Risikomanagement im Wintersport. Pohl&Schellhammer.

Pinzer, B.R., Schneebeli, M., 2009. Snow metamorphism under alternating temperature gradients: Morphology and recrystallization in surface snow. Geophys. Res. Lett., 36(23), L23503.

Proksch, M., Schneebeli, M., 2016. Schneemetamorphose. Bergundsteigen, 25(1): 44–55.

Reuter, B., Schweizer, J., 2018. Describing snow instability by failure initiation, crack propagation, and slab tensile support. Geophys. Res. Lett., 45(14): 7019–7027.

Reuter, B., Semmel, C., 2018. Gefahren, Konsequenzen, Massnahmen und Risiko. Bergundsteigen, 27(1): 98–105.

Reuter, B., Semmel, C., 2020. Winterjournal.

Reuter, B., Semmel, C., Mallon, A., Schweizer, J., 2020. Risikomanagement da capo. Bergundsteigen, 29(4): 48–55.

Reuter, B., Semmel, C., Mallon, A., Chabot, D., Birkeland, K., Schweizer, J., 2021. Avalanche risk management – An intuitive path to D×C–M=R. The Avalanche Review, 39(4): 36–38.

Rhyner, H.U., 2009. Kernausbildungsteam Lawinenprävention Schneesport, 5. Dreiländerkongress D, A, CH. "Sport – mit Sicherheit gewinnen", Magglingen.

Schmudlach, G., 2019: Quantitative Reduktionsmethode (QRM). Bergundsteigen, 28(1): 30–42.

Schweizer, J., Reuter, B., 2011. Einfluss von Erwärmung und Strahlung auf die Schneedecke. Bergundsteigen, 20(4): 80–83.

Schweizer, J., Reuter, B., 2013. Schlüsselfaktor Gelände revisited. Bergundsteigen, 22(4): 36–41.

Schweizer, J., Reuter, B., 2015. Lawinenbildung. Bergundsteigen, 24(4): 42–53.

Schweizer, J., Harvey, S., 2004. Das unbekannte Wesen – oder: ohne Schneedecke keine Lawinen ... Bergundsteigen, 13(4): 20–25.

Schweizer, J., 2000a. Des Schnees Gespür für Schi und Board – Wie lösen Schifahrer und Snowboarder Schneebretter aus? Bergundsteigen, 9(4): 31–35.

Schweizer, J., 2000b. Die typische "Schifahrerlawine" – Untersuchung zu den Charakteristiken von Schifahrerlawinen. Bergundsteigen, 9(1): 30–35.

Schweizer, J., 2002. Zufall und Muster – Die Variabilität der Schneedecke in neuem Licht. Bergundsteigen, 11(4): 53–56.

Schweizer, J., 2003. Rutschblock 73 – Verifikation der Lawinengefahr. Bergundsteigen, 12(4): 56–59.

Schweizer, J., 2006a. Der Nietentest. Bergundsteigen, 15(4): 66–69.

Schweizer, J., 2006b. Hangneigung – Das Gelände als Schlüsselgrösse zur Verminderung des Lawinenrisiko. Bergundsteigen, 15(4): 42–45.

Schweizer, J., Bartelt, P.,van Herwijnen, A., 2021. Snow avalanches. In: W. Haeberli and C. Whiteman (Editors), Snow and Ice-Related Hazards, Risks, and Disasters (Second Edition). Elsevier, 377–416.

Schweizer, J., Mitterer, C., Reuter, B., Techel, F., 2021. Avalanche danger level characteristics from field observations of snow instability. Cryosphere, 15(7): 3293–3315.

Schweizer, J., Mitterer, C., Techel, F., Reuter, B., 2018. Wie viele sind viele? – Ein Versuch die Gefahrenstufen zu quantifizieren. Bergundsteigen, 27(4): 48–54.

Schweizer, J., Reuter, B., van Herwijnen, A., Gaume, J., 2016. Avalanche release 101. Tagungsband ISSW 2016, Breckenridge, 1–11.

Simenhois, R., Birkeland, K.W., 2006. The extended column test: a field test for fracture initiation and propagation. Tagungsband ISSW 2006, Telluride, 79–85.

SLF, 2022. Lawinenbulletins und weitere Produkte, Interpretationshilfe, WSL-Institut für Schnee- und Lawinenforschung SLF, Davos.

Techel, F., Winkler, K., 2015. Fürchtet den Altschnee. Bergundsteigen, 24(1): 34–40.

Techel, F., Müller, K., Schweizer, J., 2020. On the importance of snowpack stability, the frequency distribution of snowpack stability, and avalanche size in assessing the avalanche danger level. Cryosphere, 14(10): 3503–3521.

Techel, F., Winkler, K., Walcher, M., van Herwijnen, A., Schweizer, J., 2020. On snow stability interpretation of extended column test results. Nat. Hazards Earth Syst. Sci., 20(7): 1941–1953.

Tremper, B., 2008. Staying Alive in Avalanche Terrain. The Mountaineers Books, Seattle WA, USA.

Trottet, B., Simenhois, R., Bobillier, G., Bergfeld, B., van Herwijnen, A., Jiang, C.F.F., Gaume, J., 2022. Transition from sub-Rayleigh anticrack to supershear crack propagation in snow avalanches. Nat. Phys., 18(9): 1094–1098.

Utzinger, C., 2003. Human factors usa (1). Bergundsteigen, 13(4): 38–43.

Utzinger, C., 2004. Human factors usa (2). Bergundsteigen, 14(1): 50–57.

Wicky, M., Marbacher, D., Müller, M.,Wassermann, E., 2012. Lawinen und Risikomanagement : Für Touren mit Ski, Snowboard oder Schneeschuhen. Edition Filidor, Reichenbach.

Wiese, M. and Schneebeli, M., 2017. Early-stage interaction between settlement and temperature-gradient metamorphism. J. Glaciol., 63(240): 652–662.

Winkler, K., Brehm, H.P., Haltmeier, J., 2021. Bergsport Winter: Technik/Taktik/Sicherheit. Verlag des SAC, Bern.

Wolfsperger, F., Rhyner, H.U., Schneebeli, M., 2018. Pistenpräparation und Pistenpflege. WSL-Institut für Schnee- und Lawinenforschung SLF, Davos.

Zweifel, B., 2014. Gruppendynamik. Bergundsteigen, 23(1): 46–51.

Dank

Wir bedanken uns bei folgenden Personen, die uns in irgendeiner Weise unterstützt haben:
Roman Cortesi, Lukas Dürr, Andreas Egloff, Julian Fisch, Eliane Friedli, Manuel Genswein, Cyrill Hänni, Hansmartin Henny, Christine Huovinen, Ivo Keller, Henning Löwe, Colin Lüönd, Josef Malaun, Christoph Mitterer, Markus Müller, Benjamin Reuter, Martin Ruggli, Chris Semmel, Thomas Stucki, Alec vanHerwijnen, Kurt Winkler, Roger Würsch, Benjamin Zweifel
Nicht zuletzt bedanken wir uns ganz herzlich bei unseren Liebsten, die uns immer wieder aushalten müssen.

Impressum

Produktmanagement: Johannes Abdullahi, Julia Vogl
Lektorat: Christine Huovinen, Susen Truffel-Reiff
Layout: BUCHFLINK Rüdiger Wagner
Repro: Cromika/LUDWIG:media
Herstellung: Alexander Knoll
Printed in Poland by CGS Printing

★★★★★

Sind Sie mit diesem Titel zufrieden? Dann würden wir uns über Ihre Weiterempfehlung freuen.
Erzählen Sie es im Freundeskreis, berichten Sie Ihrem Buchhändler, oder bewerten Sie bei Onlinekauf.
Und wenn Sie Kritik, Korrekturen, Aktualisierungen haben, freuen wir uns über Ihre Nachricht an Bruckmann Verlag, Postfach 40 02 09, D-80702 München oder per E-Mail an lektorat@verlagshaus.de.

Unser komplettes Programm finden Sie unter www.bruckmann.de

Bildnachweis:
Alle Aufnahmen stammen von den Autoren mit folgenden Ausnahmen:
Alpine Rettung Schweiz: 298/299; Nigg Conrad: S. 118; Pius Fähndrich: S. 102, 160; Stefan Felix: S. 186; Matthias Gerber: S. 305, 306; André Henzen: S. 290; Bruno Jelk: S. 66, 182; Kantonspolizei Wallis: S. 67; Berna Köchle: S. 28; Nina Levi: S. 64; Josef Malaun: S. 87, 88, 200/201, 266/267, 284/285, 296; Stefan Margreth: S. 46; Lorenz Meier: S. 304; Vali Meier: S. 44/45, 315; Marcia Phillips: S. 122; Christoffer Sjöström: S. 169 (Fahrer: Mike Douglas); Martin Schneebeli und Bernd Pinzer: S. 35, 36; Tiziano Schneidt: S. 165, 259; Daniel Schneuwly: S. 96, 127; Andreas Schweizer: S. 110; SLF Archiv: S. 58, 59, Walter Steinkogler: S. 6, 237; Thomas Stucki: S. 65; Christoph Suter: S. 2/3, 103; Thomas Villars: S. 156; Patricia Weber: S. 203; Marc Weiler: S. 26, 86, 137, 250/251, 312.

Grafiken:
Alle Grafiken stammen von Eliane Friedli mit folgenden Ausnahmen: S. 303, 307,308, 309, 310, 311, 312

Abbildungsnachweis Karten:
Die Basiskarten der Kartenabbildungen sind Geodaten von Swisstopo.

Umschlagvorderseite: Skifahrer löst Schneebrettlawine aus (Foto: Josef Malaun)
Umschlagrückseite: Aufstieg einer Skitourengruppe in sicherem Gelände (Foto: Christoph Suter)

Die Deutsche Nationalbibliothek verzeichnet diese Publikation in der Deutschen Nationalbibliografie; detaillierte bibliografische Daten sind im Internet über http://dnb.d-nb.de abrufbar.

ISBN 978-3-7343-1574-9